聚苯胺及其复合材料

王延敏 韩永芹 韦玮 编著

化学工业出版社

·北 京·

内 容 简 介

聚苯胺由于具有优异的性能和广泛的应用价值而成为最受青睐的导电高分子材料之一。近年来，聚苯胺及其复合物的制备、性能和有特色的应用成为研究热点，具有较高的理论研究意义和实际应用价值，对于推动导电高分子材料的研究具有重要的意义。

全书共 6 章，包括聚苯胺的研究历史、结构、掺杂、导电机理、特性、聚苯胺的制备及合成机理、聚苯胺复合材料、聚苯胺防腐涂料、聚苯胺吸波材料和聚苯胺超级电容器。

本书适用于高分子材料专业及相关专业研究生和本科生阅读，也可为从事导电高分子材料尤其是聚苯胺生产和研究的科技人员提供参考。

图书在版编目（CIP）数据

聚苯胺及其复合材料/王延敏，韩永芹，韦玮编著.
—北京：化学工业出版社，2021.8
ISBN 978-7-122-39359-3

Ⅰ.①聚⋯　Ⅱ.①王⋯　②韩⋯　③韦⋯　Ⅲ.①苯胺-
高分子材料　Ⅳ.①TB324

中国版本图书馆 CIP 数据核字（2021）第 123275 号

责任编辑：王　婧　杨　菁　　　　　　　　装帧设计：李子姮
责任校对：宋　夏

出版发行：化学工业出版社（北京市东城区青年湖南街 13 号　邮政编码 100011）
印　　装：北京捷迅佳彩印刷有限公司
710mm×1000mm　1/16　印张 13½　字数 258 千字　2021 年 8 月北京第 1 版第 1 次印刷

购书咨询：010-64518888　　　　　　　　售后服务：010-64518899
网　　址：http://www.cip.com.cn
凡购买本书，如有缺损质量问题，本社销售中心负责调换。

定　　价：98.00 元　　　　　　　　　　　版权所有　违者必究

前　言

聚苯胺因原料价廉易得、制备方法简便、物理化学性能优异、化学稳定性好等优点而成为最受青睐的导电高分子之一，其在防腐、抗静电、微波吸收、电磁屏蔽、超级电容器、电致发光等领域具有实际或潜在的应用价值，具有广阔的应用前景。聚苯胺复合材料集合了聚苯胺和其他组分的优点以及组分之间的协同作用，更加拓宽了其应用领域。近些年来，聚苯胺的制备及合成机理、聚苯胺复合材料、聚苯胺防腐涂料、聚苯胺吸波材料、聚苯胺超级电容器等一直是国内外的研究和应用领域的热点，本书以这些热点为主要内容全面系统地阐述了聚苯胺及其复合材料的制备、性能和应用。

鉴于聚苯胺及其复合材料日新月异的发展，笔者根据多年的科研经验，在查阅大量相关文献资料的基础上，编写了本书。本书共分为 6 章，第 1 章绪论部分简述了聚苯胺的研究历史、结构、掺杂、导电机理、特性、应用前景等知识；第 2 章分类介绍了聚苯胺的制备及合成机理；第 3 章全面系统地叙述了聚苯胺复合材料的制备方法、性能及应用；第 4 章阐述了聚苯胺防腐涂料，包括防腐机理、防腐方式、防腐性能的影响因素、不同的聚苯胺防腐体系及其性能以及聚苯胺防腐涂料的应用等；第 5 章叙述了聚苯胺吸波材料的优势和吸波机理、聚苯胺的电磁参数和吸波性能、掺杂酸的种类和用量以及聚苯胺的微观形态对吸波性能的影响、聚苯胺/无机复合吸波材料以及聚苯胺/绝缘聚合物复合吸波材料；第 6 章首先阐述了质子酸掺杂聚苯胺、锂掺杂聚苯胺和纳米结构聚苯胺作为超级电容器电极材料的电化学性能，随后叙述了聚苯胺复合电极材料及其他聚苯胺超级电容器，最后简介了聚苯胺超级电容器的显著特征和发展方向。

本书由王延敏、韩永芹、韦玮编著，马勇对本书进行了认真的校对，在此表示感谢！由于编者学识水平和能力所限，文中难免有疏漏之处，恳请相关专家和广大读者批评指正。

王延敏

2021 年 1 月

目 录

第1章 绪论

传统的有机化合物及聚合物由于分子间的相互作用弱，一般皆认为其是绝缘体，因此过去一直只注重高分子材料的力学性能和化学性能。20 世纪 50 年代初人们发现有些有机物具有半导体性质；20 世纪 60 年代末又发现了一些具有特殊晶体结构的电荷转移复合物；20 世纪 70 年代初发现了具有一定导电性的四硫富瓦烯-四腈代对苯醌二甲烷（TTF-TCNQ）。1975 年 Ni 等在实验室合成了低温下具有超导性且导电能力可与银相媲美的聚硫化氮（SN）$_x$，实现了高分子由绝缘体向半导体或导体的成功转变。1977 年日本筑波大学 Shirakawa 教授发现掺杂聚乙炔（PA）呈现金属特性，新兴交叉学科——导电高分子科学诞生了。由于导电高分子具有特殊的结构和优异的物化性能，使其自发现之日起就成为材料科学的研究热点。导电高分子材料作为新兴不可替代的基础有机材料之一，几乎可以用于现代所有新兴产业及高科技领域之中，因此对导电高分子的研究不仅具有重大的理论意义，而且具有巨大的应用价值。

随着人们不断深入研究，相继发现了聚吡咯、聚对亚甲基苯、聚苯硫醚、聚噻吩、聚苯胺等导电高分子。在众多的导电高分子材料中，聚苯胺由于各种优异的特性一跃成为当今导电高分子研究的热点和推动力之一，并成为现在研究进展最快的导电高分子之一，备受人们的广泛关注。聚苯胺具有以下诱人的独特优势：①原料易得，合成简单；②拥有良好的环境稳定性；③具有优良的电磁微波吸收性能、电化学性能、化学稳定性及光学性能；④独特的掺杂现象；⑤潜在的溶液和熔融加工性能；⑥耐高温及抗氧化性能良好；⑦易成膜且膜柔软坚韧；⑧具有优良的电致变色性。

聚苯胺被认为是最有希望在实际中得到应用的导电高分子材料之一。以导电聚苯胺为基础材料，目前正在开发许多新技术，例如电磁屏蔽技术、抗静电技术、船舶防污技术、全塑金属防腐技术、太阳能电池、电致变色、传感器元件、催化材料和隐身技术。1991 年美国的 Allied Singal 公司推出的牌号为 Versicon 的聚苯胺和牌号为 Incoblend 的聚苯胺/聚氯乙烯共混物塑料产品，成为最先工业化的导电高分子材料。

1.1 聚苯胺的研究历史

1826 年 Unverdorben 通过热解蒸馏靛蓝首次制得苯胺（aniline），产物当时被称作"krystallin"，这是因为其可与硫酸、磷酸形成盐的结晶。1840 年 Fritzsche 从靛蓝中得到无色的油状物苯胺，并将其命名为 aniline，他还把苯胺氧化成聚苯胺（polyaniline，PANI）。虽然聚苯胺很容易从"$(NH_4)_2S_2O_8 +$ $HCl + H_2O +$ 苯胺"的体系中获得，但文献上对现象的描述却不尽相同，所得产品有深蓝色、紫色、浅棕色、棕红色、墨绿色等，作者都声称制备出了聚苯胺，这些众说纷纭的现象直到后来才得到公允的解释。20 世纪初 Willstatter 和 Green 对苯胺氧化产物的本质展开了激烈的争论。Willstatter 将苯胺的基本氧化产物和缩合产物通称为"苯胺黑"，而 Green 分别以 H_2O_2、$NaClO_3$ 为氧化剂合成了五种具有不同氧化程度的苯胺八隅体，基于颜色变化、元素分析和溶解性实验，他提出苯胺的基本氧化产物（八隅体）不是"苯胺黑"，而是形成"苯胺黑"的中间产物，并分别命名为：leucoemeraldine（完全还原态）、emeraldine（中间氧化态）等，这种命名至今仍在使用。

20 世纪 60 年代末，Jozefowicz 等采用过硫酸铵为氧化剂，制备出电导率为 10S/cm 的聚苯胺。研究表明，聚苯胺具有质子交换、氧化还原和吸附水蒸气的性质。他们还组装了以聚苯胺为电极的二次电池，但这一研究结果当时并未引起人们注意。20 世纪 80 年代，MacDiarmid 等对聚苯胺做了较为系统的研究。他们在"$(NH_4)_2S_2O_8 + HCl$"体系中氧化苯胺合成聚苯胺，研究聚苯胺膜在电极上不同电势下结构与颜色的变化，测量了聚苯胺在 HCl 掺杂后电导率与 pH 值的关系，并提出这种导电聚合物可用在轻便的高能电池中。在 20 世纪 80~90 年代，聚苯胺都是学术界一个热门的领域，这期间除了 MacDiarmid 的突出贡献外，还有许多其他人的工作。例如，Armes 对合成条件的优化选择，Diaz 等用电化学方法制备聚苯胺薄膜，Mengoli 等对聚苯胺作了详尽的表征。

1.2 聚苯胺的结构

聚苯胺的分子是由氧化单元 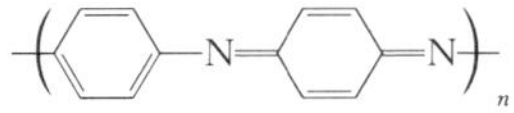 和还原单元 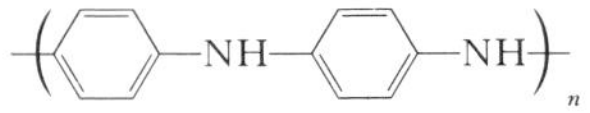 组成，MacDiarmid 等最早给出本征态聚苯胺的结构：

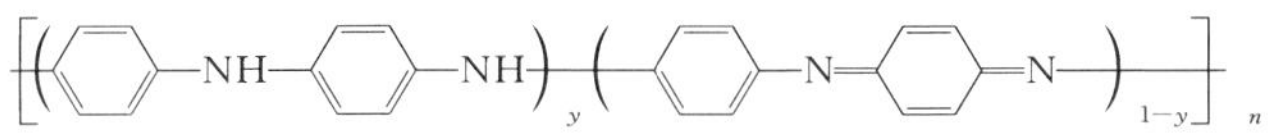

其中，$y(y=1\sim0)$ 代表聚苯胺的还原程度，根据 y 的大小，聚苯胺主要分为以下状态：全还原态（$y=1$，leucoemeraldine，LB 态）、中间氧化态（$y=0.5$，emeraldine，EB 态）和全氧化态（$y=0$，pernigraniline，PNB 态）。LB 态和 PNB 态都是绝缘态，只有氧化单元数和还原单元数相等的中间氧化态通过质子酸掺杂后才可变成导体。氧化度不同的聚苯胺表现出不同的组分、结构、颜色

及导电特性，如从完全还原态向完全氧化态转化的过程中，随氧化度的提高聚苯胺依次表现为黄色、绿色、深蓝、深紫色和黑色。Barta 等曾从量子化学理论计算得到了中间氧化态聚苯胺的结构。根据他们的计算和实验结果，C—N—C 键的夹角约为 125°，而不是通常认为的 180°，各个芳香环均偏离基准面；聚苯胺属于反式构型，是一个不完全的锯齿状线形结构。

Green 和 Woodhead 用八聚体的形式形象地说明了聚苯胺的五种氧化态，如图 1-1 所示。第一种是完全还原的聚苯胺。第二种至第五种分别给出 4 种氧化态和它们的颜色，需要强调的是第一种（pH≥10）、第二种（2 ≤pH ≤5）是聚苯胺未掺杂的状态，而从第三种（pH＜2）开始氧化程度加深的同时发生质子化。掺杂态的聚苯胺的普通分子结构如图 1-2 所示。

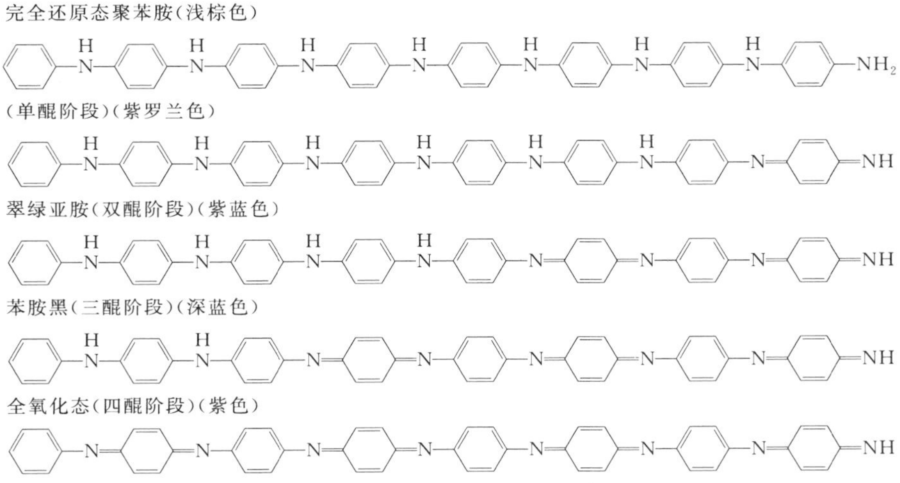

图 1-1　聚苯胺的五种氧化态

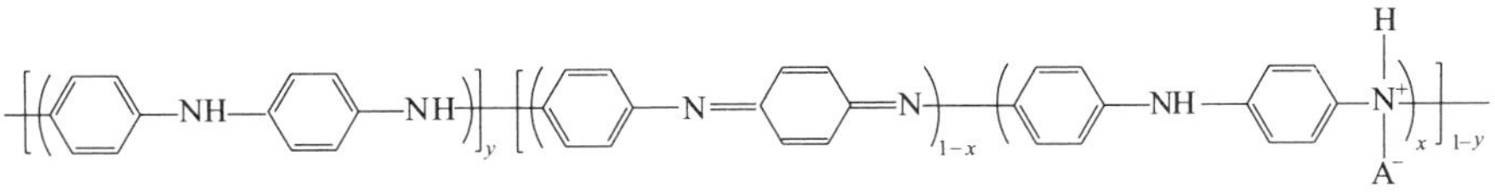

图 1-2　掺杂态聚苯胺

其中，A^- 是对阴离子；x 是质子化程度的因子，代表聚苯胺的掺杂程度；y 表示聚苯胺的氧化-还原程度。对阴离子越大，越易掺杂到聚苯胺中降低聚苯胺分子间的相互作用力，聚苯胺以伸展链构象存在，更有利于其电荷离域化，从而使其具有更高的电导率。

Pouget 反复研究了聚苯胺的粉末、膜和纤维，认为其只有两组形式：翠绿亚胺碱 1/翠绿亚胺盐 1 [emeraldine base 1/emeraldine salt 1（EB1/ES1）] 和翠绿亚胺碱 2/翠绿亚胺盐 2 [emeraldine base 2/emeraldine salt 2（EB2/ES2）]，如

图 1-3 所示。这两组形式不仅颜色存在差别，而且通过 X 射线衍射发现在各自晶胞中分子链的堆叠形式不同。Pouget 的观点是：①未掺杂的 ES1 盐在任何情况下都是非晶态的，另一方面 ES1 本身是一个部分晶化的结构；②掺杂的和未掺杂的 ES2 盐，或者是完全非晶态的结构，或者是部分晶化的结构，这依赖于具体的反应条件；③如果 ES2 盐有一种部分晶化的结构并能够发生脱掺杂过程，则在任何条件下都能得到非晶态的材料。

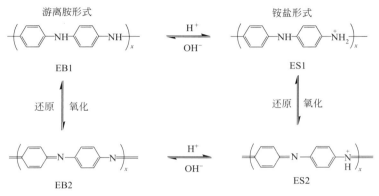

图 1-3 聚苯胺的两种形式

1.3　聚苯胺的掺杂

聚苯胺经过离子注入或质子酸掺杂后可以变为导体，有可能成为非常实用的导电高分子材料。聚苯胺的掺杂一般通过化学掺杂、电化学掺杂、质子酸掺杂和物理掺杂等手段来实现。半氧化型半还原型的本征态聚苯胺可进行质子酸掺杂，全还原型聚苯胺可进行碘掺杂和光助氧化掺杂，全氧化型聚苯胺只能进行离子注入还原掺杂。

1.3.1　聚苯胺的物理掺杂

物理掺杂是采用离子注入的方式用物理方法控制分子聚集状态进行材料表面改性的技术，其基本原理是：材料被离子束辐照后，离子束与材料中的分子与原子发生一系列物理的和化学的相互作用，入射离子逐渐损失能量，最后停留在材料中，并引起材料表面成分、结构和性能发生变化，从而优化材料表面性能或获得某些新的性能。

1.3.1.1　聚苯胺离子注入的特征

封伟等认为离子注入是一个还原过程。离子注入聚苯胺薄膜表面，可以大大提高其导电性能，注入剂量与注入能量对提高聚苯胺薄膜表面电导率均有贡献，而能量贡献最大。红外、紫外及 X 射线衍射分析均表明：离子注入聚苯胺薄膜使其化学结构发生变化，其中醌式结构随注入剂量与注入能量的增加而逐渐消失，如超过一定界限，则聚苯胺薄膜表面将发生石墨化。离子注入聚苯胺薄膜不仅是一个物理过程，也是一个化学过程。它在破坏聚合物分子链结构的同时，又产生了新的化学基团。因此，离子注入聚苯胺的导电机理是由于注入离子经过碰撞，把能量传递给聚苯胺薄膜中的原子，从而引起薄膜中的一些化学微观结构的变化，产生一定程度的结构损伤，促使了极性基团的产生与电离。大量自由基的生成将导致聚合物分子链形成更多的活性反应基团，经过分子碰撞则有利于新的共轭结构生成。同时，离子注入聚合物后，造成聚合物的自由体积增大，有利于载流子的运输，从而引起聚合物电导率的增加。

王辉等认为离子注入聚苯胺的热稳定性分析表明：在能量沉积过程中，荷能离子将引起大分子主链的降解或交联。由于共轭聚合物聚苯胺由成千上万个单体聚合而成，因此即使在低注入剂量下所引起的少量化学键变化也足以极大地改变聚苯胺的稳定性。强度变化不大，这一点也证明了注入离子在聚苯胺分子中的有效掺杂点为醌式结构，经离子注入后醌式结构含量大大减少。采用低能氮离子对聚苯胺薄膜进行离子注入，可使本征态聚苯胺薄膜电导率最大提高 9 个数量级，即由本征态的大于 $1 \times 10^{-12} \mathrm{S/cm}$ 提高到 $1.76 \times 10^{-3} \mathrm{S/cm}$（注入剂量：$3 \times 10^{17} \mathrm{ions/cm^2}$，注入能量：$35 \mathrm{keV}$）；经离子注入的样品暴露于大气中数月后，电导率基本不变；材料在可见光范围内的吸收情况得到明显改善。

1.3.1.2　聚苯胺离子注入诱导的化学反应及结构的变化

离子注入会引起聚苯胺交联和降解，瞿茂林等认为在离子束的辐照下，由于入射离子在入射路径中具有高密度的能量沉积，同一高分子链受到多次轰击，因而有多处键断裂变成小的碎片或交联形成网络结构。但是这些变化的部分所占的比例比较少，聚合物主体的性能不会发生变化。到目前为止，人们对聚合物离子注入的化学过程认识还不是很完善，Rao 等认为离子束的辐照引起聚合物中的大分子链的变化与电子束的辐照类似，聚合物受辐照后可生成气体（主要是氢气），其发生最重要的反应是辐射交联和辐射降解，但单体自由基辐射降解值不超过10，然而如此小的变化却可引起聚合物性能的显著变化。当离子注入聚苯胺时，主要发生交联反应。其过程主要是：离子注入产生自由基；自由基与聚合物分子或自由基之间反应产生新的自由基、不饱和键及气体；临近激发分子间相互反应使聚合物产生交联。

1.3.1.3　聚苯胺离子注入对导电性能的影响

通常聚合物的导电模型主要有 3 种：在最接近的相邻键之间的可变距离跳跃

模型（1D VRH）、颗粒金属导电岛模型和三维可变距离跳跃模型（3D VRH）。郑建邦等认为离子注入聚苯胺的导电机理比较符合颗粒金属导电岛模型。注入离子与聚苯胺分子之间的碰撞有随机性，在聚苯胺内部沿离子注入的入射路径方向形成了许多不连续的、不均匀的导电岛，它们存在于未发生掺杂反应的聚合物母体之中。当注入剂量和能量较低时，注入离子与聚合物的碰撞概率较小，形成导电岛较少，因而其对电导率贡献不大；当注入剂量进一步增大，使得导电岛的数量增加，并且使导电岛的尺寸迅速增大，形成新的大的导电岛，使电导率急剧提高；但当进一步增大注入剂量时，导电岛的数量和尺寸增加速率下降，使得电导率增加速率变缓，此时聚合物内的分子电导将在总电导中占主要地位。

采用离子注入技术，在一定的能量和束流量下，对聚合物材料进行离子注入，由于离子注入后形成富碳层，使注入膜的电阻率大幅度降低，用高能离子注入时，电阻率随束流量的增加降低十几个数量级，束流量进一步增加时，电阻率变化很慢，且出现饱和趋势。饱和电阻率随注入能量的增加而降低。与单一离子注入聚合物材料相比，多种离子的混合注入则更有利于聚合物材料电导率的提高，Aleshin 等用能量为 30keV、束流量为 $10^5 ions/cm^2$ 的 Ar^+ 注入聚苯胺薄膜，然后再用能量为 62keV、束流量为 $2×10^{15}$ $ions/cm^2$ 的 Ga^+ 注入聚苯胺（Ar^+）薄膜。该薄膜的电阻率从 10^{15} Ω/cm^2 下降为 10^3 Ω/cm^2，得到了较高的电导率（150S/cm）。同时发现：用 Ar^+ 和 Ga^+ 先后进行离子注入的聚苯胺薄膜比只用 Ar^+ 注入的聚苯胺电导率明显提高，这是由于 Ar^+ 的注入提供了一个有效的导电层，从而对 Ga^+ 在聚苯胺薄膜中的深度掺杂更有利。其原因是离子注入产生的损伤及缺陷使聚合物内部分子空隙增大，自由体积增大，有利于离子的迁移，载流子迁移率增大，也有助于聚合物基体中正离子的扩散，因而可提高电导率；另一个原因是高能离子注入在聚合物中形成游离基和自由载流子，链节之间的电荷跳跃产生电导电流。

表 1-1　聚苯胺在不同离子、剂量、能量下离子注入后电导率的变化

材料	离子	能量/keV	剂量 /（ions/cm²）	注入前电导率 /（S/cm）	注入后电导率 /（S/cm）
聚苯胺（本征）	K^+	100	$1.0×10^{17}$	$5.0×10^{-14}$	$3.3×10^{-6}$
聚苯胺（掺杂）	K^+	100	$1.0×10^{17}$	$2.2×10^{-3}$	$1.0×10^{-4}$
聚苯胺	$Ar^+：Ga^+$	30：62	$2.3×10^{17}$	$1.0×10^{-15}$	150
聚苯胺	Ar^+	100	$5.0×10^{16}$	$5.0×10^{-14}$	100

表 1-1 列出了聚苯胺在不同离子、剂量、能量下离子注入后电导率的变化值。由表 1-1 可以看出：在离子注入中，注入离子的种类、能量和剂量都对聚苯胺的电导率产生很大影响。通常电导率随注入离子剂量的增加而增大，当注入剂

量增至一定程度时，电导率变化开始缓慢且趋于定值。这对于多数聚合物材料来说是一个较为普遍的现象。

1.3.1.4 聚苯胺离子注入的优点

离子注入聚苯胺是采用物理方法达到化学转化目的，它可以进行任意元素的掺杂，且离子注入的能量和束流量可以任意选择而不受化学方法中某些条件的限制，同时离子注入均匀性好，重复性高，有利于规模化生产。

1.3.1.5 聚苯胺离子注入的应用

聚苯胺在离子束表面改性后呈现出许多优良的特性，特别是在表面硬度及耐磨损性能方面更显现出独特的优越性。聚苯胺具有密度小、成本低、易成形、耐腐蚀等优点，如果再使其具有高硬度、高耐磨性和高的导电性能，这种材料将对航空、航天、车辆、机械、化工及核电等领域产生巨大影响。因聚苯胺薄膜经 Ar^+ 和 Ga^+ 处理后，其导电能力可随温度变化，有望在温度传感方面有所应用。

1.3.2 聚苯胺的质子酸掺杂

质子酸可以掺杂全还原态、中间氧化态、全氧化态的聚苯胺大分子，但掺杂后聚苯胺的电导率却有很大差别，全氧化态和全还原态的聚苯胺经质子酸掺杂后，电导率较低，而中间氧化态的聚苯胺在掺杂后却有很高的电导率，其电导率比之前两者可高出 12 个数量级，这说明聚苯胺掺杂导电的必要条件是苯二胺和醌二亚胺的相邻并存。聚苯胺大分子中的掺杂质子酸可以与碱反应，使聚苯胺重新变成绝缘体，该过程称为"脱掺杂"。这种掺杂、脱掺杂的可逆反应可以在水相、有机相进行。然而，聚苯胺的掺杂过程与其他的导电聚合物掺杂过程截然不同，通常导电聚合物的掺杂总是伴随着主链上电子的得失，而聚苯胺在用质子酸掺杂时，其电子数不发生变化，只是质子进入聚苯胺链使链带正电，为了维持电中性对阴离子也进入聚苯胺主链。

质子酸掺杂聚苯胺的模型主要可以分为极化子晶格模型和四环苯醌变体模型。两者的共同特点是：掺杂反应是从亚胺氮的质子化开始，质子携带的正电荷经过分子链内部的电荷转移，沿分子链产生周期性的分布。但前者电荷分布的重复单元包括两个芳环，而后者的重复单元包含 4 个芳环。换句话说，聚苯胺大分子的质子酸掺杂，本质上是一种大分子内的氧化还原反应，掺杂后的大分子依然记忆着掺杂前的结构特征，大分子链上的氧化还原反应，不会使大分子链完全均匀化，而是呈周期性分布，如图 1-4 所示。耿延候等进行了本征态和掺杂态的聚2,5-二甲基苯胺的 ^{1}H-NMR 和 ^{13}C-NMR 测定，掺杂态聚苯胺的 ^{13}C-NMR 可分辨出 4 个 CH 碳，8 个季碳，恰好和"四环苯醌变体模型"预言的碳原子个数相同。这一实验结果确切地支持了"四环苯醌变体模型"。

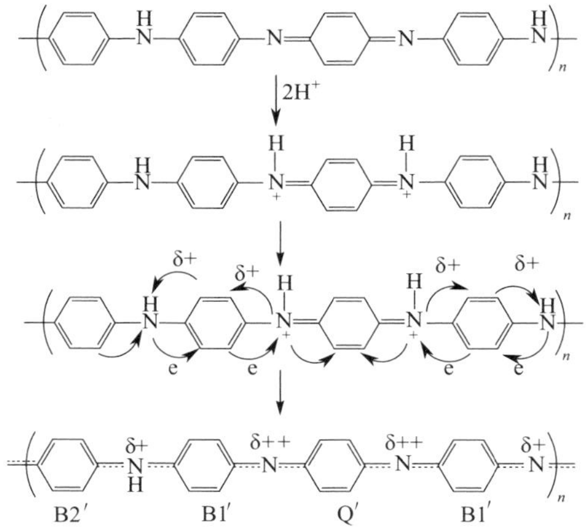

图 1-4 四环苯醌变体模型

1.3.2.1 聚苯胺质子酸掺杂的特征

掺杂的聚苯胺可以在碱和酸的作用下，反复地脱掺杂和再掺杂，只要聚苯胺不发生分解，这个过程就可无限次地进行。用普通有机酸及酸性弱的无机酸作掺杂剂，都不能获得高电导率的掺杂产物。用酸性较强的质子酸如 H_2SO_4、H_3PO_4、HBF_4、HBr、HCl 作掺杂剂，则可得到电导率较高的掺杂态聚苯胺。由于 HBF_4 具有腐蚀性，H_2SO_4、H_3PO_4 是不挥发性酸，所以最常用的无机酸是 HCl。无机小分子酸尺寸小，易于扩散，其掺杂过程简单，通过控制溶液的 pH 值就可控制掺杂程度，小分子酸掺杂的聚苯胺电导率较高但稳定性及可溶性较差。

用大分子质子酸掺杂聚苯胺在解决其溶解性的同时还可以提高其电导率，这主要是因为：一方面大分子质子酸具有表面活化作用，相当于表面活性剂，掺杂到聚苯胺当中可以提高其溶解性；另一方面，大分子质子酸掺杂到聚苯胺中，使聚苯胺分子内及分子间的构象更有利于分子链上电荷的离域化，电导率得到大幅度提高。有机酸中应用最多的就是有机磺酸，如对甲苯磺酸、聚氯乙烯磺酸、磺基水杨酸、十二烷基苯磺酸（DBSA）、二壬基萘磺酸、丁二酸二辛酯磺酸、酞菁铜磺酸等，后来逐渐出现了 DBSA 直接参与苯胺的聚合，使聚合与掺杂同步完成，大大简化了制备工艺。除有机磺酸外，人们还研究了杂多酸、酒石酸、共聚物酸等对聚苯胺的掺杂，对聚苯胺的某些方面性能都有不同程度的提高。聚苯胺的掺杂受掺杂剂浓度、掺杂温度、掺杂时间等因素影响，并且不同掺杂剂具有不同的最佳掺杂条件。

用不同种类质子酸作介质酸时，所得聚苯胺性能如表 1-2 所示。由表 1-2 可看出：采用不同质子酸时，所得产物电导率及黏度相差较大，用对甲基苯磺酸作质子酸时，黏度比用盐酸作质子酸时低，但产物电导率最高，这是因为对甲基苯磺酸对阴离子较大，掺杂到聚苯胺中，降低了聚苯胺分子间相互作用力，聚苯胺分子以伸展链构象存在，这样有利于其电荷离域化，从而使其具有较高的电导率；高氯酸作质子酸时，产物黏度很低，但电导率却很高，可能是由于聚苯胺在高氯酸中降解速率较快，无法生成大分子量的聚苯胺，同时高的电导率表明用高氯酸掺杂时，分子链的结构和排列可能更有利于电子云的离域和电子的跃迁。

表 1-2　不同酸掺杂的聚苯胺性能

酸	产物/%	黏度/（dL/g）	掺杂后电导率/（S/cm）
HCl	87	1.08	2.5319
HClO$_4$	90	0.19	9.8495
CH$_3$C$_6$H$_5$SO$_3$H	83	0.42	13.0331

1.3.2.2　聚苯胺质子酸掺杂的化学反应及结构的变化

聚苯胺的主要掺杂点是亚胺氮原子，且苯二胺和醌二亚胺必须同时存在才能保证有效的质子酸掺杂。聚苯胺的质子酸掺杂可以看作是一个成盐的过程，加入亚胺基上的质子给大分子链带来了导电所需的载流子，掺杂前后的电导率变化可以高达 9～10 个数量级。本征态聚苯胺（中间氧化态）经质子酸掺杂后呈绿色，一般称为掺杂态聚苯胺。盐酸掺杂本征态聚苯胺，作为掺杂剂的质子酸首先向高分子链扩散，质子酸到达高分子链上后，其质子结合到高分子链上醌环的 N 原子上，使得醌环还原为苯环，且高分子链带上正电荷。为了保持链的电中性，掺杂剂的阴离子（例如 Cl$^-$）也随之依附在高分子链附近，掺杂过程实际上是一个酸碱中和的成盐反应，类似于氨水与质子酸的反应。

聚苯胺的掺杂反应可以表示如下：

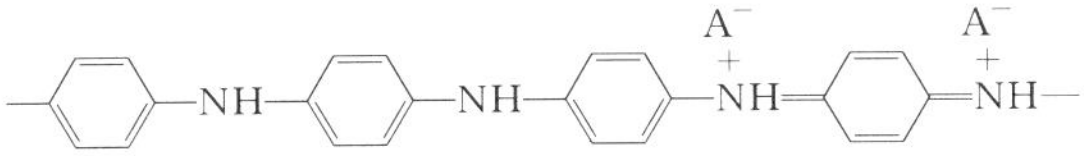

这里 A$^-$ 为质子酸中的阴离子（或基团）。因此，从理论上讲，聚苯胺的掺杂率可表示如下：

$$掺杂率 = \frac{\overset{\cdot}{N^+}}{N} = \frac{A}{\overset{\cdot}{N^+}}\frac{(Cl}{N}或\frac{S)}{N}$$

式中，N 为氮的总原子数；$\overset{\cdot}{N^+}$ 为经掺杂反应后所生成的带正电荷氮的自由基的原子数；Cl 为氯的原子数；S 为硫的原子数。聚苯胺的导电性与 N 的浓度有直接的关系，其浓度越大，聚苯胺的导电性越好。

从动力学上看，因为成盐反应速率很快，整个掺杂过程的速率由质子酸在聚苯胺颗粒中的扩散过程控制。质子酸的扩散速率受质子酸的体积、酸性强弱和聚苯胺的颗粒形貌等因素的影响。质子进入到高分子链上后，高分子链上的正电荷均匀分布于整个高分子链上。根据有关聚苯胺的导电理论，该电荷均匀分布的过程相当于双极化子分离为极化子。有关实验表明，参与聚苯胺导电的载流子是极化子，极化子可以看作是均匀分布在大分子链上的自由电荷的一种集体行为。

1.3.2.3　聚苯胺质子酸掺杂对导电性能的影响

MacDiarmid 研究了聚苯胺的质子酸掺杂，本征态聚苯胺在质子酸中掺杂时，电导率可以提高 12 个数量级。张柏宇等认为聚苯胺的电导率随掺杂剂用量的增加而提高。苏静等认为用不同质子酸作介质酸进行苯胺化学氧化聚合，所得聚苯胺的黏度和电导率不同，质子酸对阴离子越大，聚苯胺黏度越小，电导率越大。通过对聚苯胺本征态和掺杂态的红外和紫外可见吸收光谱的分析，发现聚苯胺经质子酸掺杂后，分子链上电荷发生离域，电子云重排，形成了共轭结构，π 电子容易跃迁使聚苯胺具备导电性；质子酸对阴离子越大，π 电子跃迁特征吸收峰红移程度越大，聚苯胺电导率越高。

1.3.2.4　聚苯胺质子酸掺杂对光学性能的影响

聚苯胺掺杂前后电导率相差近 10 个数量级，而许多特殊的光学性质也受其掺杂度的影响，因此掺杂一直是聚苯胺研究中的重点。能够提供较高 H^+ 浓度的浓盐酸、浓硫酸等无机强酸是过去研究中常用的掺杂剂，而随着对聚苯胺研究的深入，樟脑磺酸（CSA）和 DBSA 等有机酸在提高电导率和改善掺杂聚苯胺溶解性等方面表现出了良好的潜力，正在逐渐取代无机强酸。Majidi 等在对樟脑磺酸掺杂的聚苯胺研究中，通过圆二色性光谱的观察，证明聚苯胺在有机酸掺杂时具有对映选择性，随樟脑磺酸中不同位置阴离子的参与，会优先产生单螺旋的聚合物链。Namazi 在实验中制备了樟脑磺酸掺杂的聚苯胺/聚氯乙烯混合物，利用循环伏安法测定了该混合物的逾渗阈值，并利用光学显微镜和傅里叶变换红外光谱分别表征了该混合物的形貌和结构。随着电化学表面等离子共振仪（ESPR）和电化学石英微天平（EQCM）等技术的应用，聚苯胺掺杂研究正逐步从定性走向定量，Baba 和 Damos 分别在实验中利用 ESPR 和 EQCM 技术研究掺杂聚苯胺纳米薄膜的光学特性，获得了聚苯胺薄膜电致变色特性的相关数据，证明了掺杂聚苯胺纳米薄膜的光学行为严格遵循 Sauerbray 方程，并在薄膜中质子电导占优势时表现显著。

1.3.3　无机材料掺杂聚苯胺

除质子酸掺杂外，对纳米金属颗粒和高价金属盐等无机材料在聚苯胺中的掺杂研究也正受到广泛关注。Pethkar 等通过电化学聚合的方法制备了 CdS 纳米颗粒掺杂的聚苯胺复合薄膜，并利用吸收光谱、光致发光谱、X 射线衍射（XRD）和透射电镜（TEM）等手段对 CdS 颗粒在聚苯胺薄膜中的分散情况进行了表征和研究。马锡英等利用层层自组装的方法制备了 CdS 纳米晶掺杂的磺化聚苯胺复合薄膜，研究了 CdS 纳米晶量子效应对聚苯胺薄膜光学特性的影响。Kulesza 和 Azevedo 分别制备了高铁酸镍盐和高铁酸银盐掺杂的聚苯胺复合薄膜，并考察了所制备薄膜的光学性能，通过紫外-可见红外光谱和循环伏安法测试表明，经掺杂的聚苯胺复合薄膜具有良好的光活性。

在电磁波吸收材料方面，碳纳米管掺杂的聚苯胺为光学透明吸波材料的研制提供了可行的途径。纪建超等在实验中研究了碳纳米管掺杂聚苯胺的光电性能，通过对材料的光学、电学、电磁参数以及电磁屏蔽性能的测试表明，碳纳米管的掺入可以有效地提高聚苯胺材料的电性能，但对光性能有着相反的影响。Ferrer-Anglada 等也研究了单壁碳纳米管掺杂的聚苯胺薄膜的光学性能和导电性能，并尝试通过优化反应条件制备了光学透明的聚苯胺薄膜。

1.4 聚苯胺的导电机理

物质的能带结构决定其电学性质，物质的能带由各分子或原子轨道重叠而成，分为价带和导带。通常禁带宽度>10.0eV 时，电子很难激发到导带，物质在室温下是绝缘体；而当禁带宽度为 1.0eV 时，电子可通过热、振动或光等方式激发到导带，物质为半导体；经掺杂的聚苯胺，其 π 成键轨道组成的价带与 π 反键轨道组成的导带之间能带宽度（禁带）为 1.0eV 左右，所以聚苯胺有半导体特性。聚苯胺是典型的 π-π 共轭导电高分子，它的主链中含有单双键交替的重复单元，这种分子结构排列方式可以使分子主链的反键分子轨道非定域化。当聚苯胺被掺杂以后，其分子结构中的 π 或 π* 键轨道通过形成电荷迁移复合物而被充满或空着，此时聚苯胺便具有了导电性。

聚苯胺的导电机理同其他导电高聚物的掺杂机制完全不同：它是通过质子酸掺杂，质子进入高聚物链上，使链带正电，为维持电中性，对阴离子也进入高聚物链，掺杂后链上电子数目不发生变化，其导电性能不仅取决于主链的氧化程度，而且与质子酸的掺杂程度有关。其他大多数导电高聚物如聚乙炔（PA）、聚吡咯等属于氧化还原掺杂，掺杂后链上电子数目要发生变化，影响导电稳定性。聚苯胺的掺杂由扩散和化学反应两个过程控制，掺杂初期主要由扩散过程控制，分子量较小的无机酸易于扩散，所以掺杂效果好；分子量较大的有机酸扩散速率较慢，且影响因素较多。用质子酸掺杂时优先在分子链的亚胺氮原子上发生质子化，生成荷电元激发态极化子，使聚苯胺链上掺杂价带上出现空穴，即 p 型掺杂，使分子内醌环消失，电子云重新分布，氮原子上正电荷离域到大共轭键中，使聚苯胺呈现出高导电性。

聚苯胺的导电机理主要可以分为两种：一是定态间电子跃迁——质子交换助于电子导电模型，二是颗粒金属岛模型。这两种模型解释并非互相矛盾，只是目前仍未有一种权威的理论将二者融通，并且聚苯胺导电机理相当复杂，不仅与聚苯胺的分子量大小、聚合条件、掺杂程度有关，也与其结晶结构有关。现有实验检测技术虽已证明了这两种模型都具有一定正确性，然而很多实验现象仍旧无法用这两种导电模型来解释。

1.4.1 质子交换助于电子导电模型

质子交换助于电子导电的模型是基于水的存在有利于聚苯胺导电的实验事实。Nechtschein 等报道，真空干燥后聚苯胺的电导率随吸水量的增加而增大。将干燥的聚苯胺置于一定的蒸气压下，其电导率随时间的增长而迅速增大，24h后达到稳定，研究证实有两种类型的质子存在于聚苯胺中，分别对应于游离的和固定的吸附水，当将聚苯胺减压抽真空时，可观察到游离水的信号迅速下降，但突然引入重水时，其信号又显著增强，表明水分子在固定相和游离相之间存在交换作用。为解释这些实验现象，王利祥等认为聚苯胺的导电过程是通过电子跃迁来实现的，即电子从还原单元迁移到氧化单元上，而电子发生跃迁的基本前提是水在单元之间交换，改变热力学状态。电子可以从—NH—基团上失去，导致定态间的电子跃迁，有利于导电。但这一模型只考虑到双极化子态，不适用于高掺杂时所形成的极化子晶格，显得有些不够完善。最近，电导率的频率依赖性研究结果否定了以上结论。当将聚苯胺进行真空处理时，其声频电导值和介电常数均显著下降，类似直流电导的情况。但当频率在质子交换发生区间变化时，电导率基本不变，表明电子导电不依赖于质子在固相和液相中的交换。

1.4.2 颗粒金属岛模型

颗粒金属岛模型的提出是基于如下的实验事实。

① 掺杂态聚苯胺的电导率与温度的关系符合下式：

$$\sigma = \sigma_0 \exp(\theta_0/\theta)^{-1/2} \tag{1-1}$$

式中，σ、σ_0 代表电导率；θ、θ_0 代表温度；σ_0 为 $\theta_0 = 25℃$ 时的电导率。

② 中等掺杂程度聚苯胺（掺杂率小于30%）的 Pauli 磁化率随掺杂率的升高成线性增加。这种现象被认为是由于不均匀掺杂产生的金属区和非金属区的相分离结果。充分掺杂的三维微"金属岛"存在于未掺杂的绝缘母体中，若掺杂进一步进行，"岛"的尺寸可稍微增大，形成新的"金属岛"。计算表明，"金属岛"内的电导率约为 250S/cm，大于宏观所测的电导率；"金属岛"的尺寸约 20nm，

与掺杂聚苯胺中结晶区的相关长度相吻合。聚苯胺中痕量水的存在可降低导电金属区之间的隧道障碍，从而利于导电。Nechtschein 等采用脉冲和连续波技术用电子自旋共振技术（ESR）研究了掺杂态聚苯胺的自旋动力学，形象地描述了"金属岛"的形状，认为每个"金属岛"仅含有一个分子链。然而，有些实验现象似乎与"金属岛"模型相矛盾。Jozefowicz 等报道，掺杂聚苯胺膜的 Pauli 磁化率与掺杂率的关系完全不同于聚苯胺粉末。当掺杂率小于 25％时，Pauli 磁化率基本不变；而掺杂率大于 25％时，磁化率却急剧增加。这一变化对应着聚苯胺晶型的变化，表明掺杂率小于 25％时，掺杂只发生在非晶区。进一步掺杂，导致结晶结构和磁化率的改变，说明反映极化子晶格形成的自旋信号只有在结晶相存在时，才能被观察到，而非晶区的质子化只是导致无自旋缺陷的形成，它们可能是双极化子和$-\overset{\cdot}{N}H_2-$单元。

1.5 聚苯胺的特性

1.5.1 聚苯胺的导电性

本征态聚苯胺是绝缘体，当经过质子酸掺杂或电氧化后都可以使聚苯胺电导率提高十几个数量级。聚苯胺的电导率主要取决于两个因素：掺杂率和氧化程度。氧化程度一定时，随掺杂率的提高，电导率也不断提高。可以通过控制 pH 值来控制掺杂率，从而控制电导率。华南理工大学曾幸荣等选用盐酸为掺杂剂得出 pH 值对聚苯胺的掺杂百分率及电导率的影响。pH＞4 时，掺杂百分率很小，产物是绝缘体；当 pH 值减小至 4 后，掺杂百分率则迅速增大，电导率也大幅度提高；当 pH 值为 1.5 时，掺杂百分率已超过 40％，掺杂产物已具有较好的导电性；此后，pH 值再减小时，掺杂百分率及电导率变化幅度不大，并趋于平稳。实验表明，用 12.0mol/L 的盐酸，掺杂百分率也只有 46.7％，即分子链中平均每两个氮原子只有近一个被质子化。氧化程度对电导率的影响，以电化学法合成的聚苯胺研究较多，因为电化学法合成的聚苯胺，氧化程度可由电极电位来控制。实验表明，在一定 pH 值下，随电位升高，电导率逐渐增大，随后达到一个平台。但电位继续升高时，电导率却急剧下降，最后呈现绝缘体行为。扫描电位的变化反映在聚苯胺的结构上，说明聚苯胺表现三种"导电"状态：最高氧化态和最低还原态均为绝缘状态，而只有中间的半氧化态呈导电性。

Das 等用聚偏氟乙烯制得厚度大约为 $4\mu m$ 的多孔薄膜，并安置在工作电极上，在动态电压模式中聚合苯胺。此方法制得的聚苯胺的电导率比传统形态聚苯胺的电导率高几个数量级。电化学合成的聚苯胺由电极电位来控制氧化程度，合成的聚苯胺的电导率与电极电位和溶液 pH 值都有关系。Xia 等用超声波辅助反向微乳液聚合法合成聚苯胺，超声波起到加快聚合速率的作用，并且将很容易聚集在一起的聚苯胺纳米颗粒进行分散，能够较好地控制聚苯胺颗粒的形态和尺寸，颗粒尺寸的减小有利于更有效地进行掺杂，因而提高了聚苯胺电导率。磁场能诱导大多数有机聚合物分子和生物大分子的取向，将磁场引入聚苯胺的合成过程中，可使聚苯胺链更规整、有序地形成，有效提高聚苯胺的掺杂度、电导率和溶解性等。马利等采用外加恒定磁场，以磺基水杨酸为掺杂剂，在磁场环境中对聚苯胺进行再掺杂。在磁场环境中，由于磁场和掺杂酸对聚苯胺性能影响的协同效应，聚苯胺的电导率、溶解性和热稳定性得到了明显的改善，与无磁场相比，其电导率从 0.5S/cm 增加到了 3.2S/cm。

提高聚苯胺导电性一直是研究热点之一。相同条件下以无机酸掺杂，尤其是盐酸掺杂后的聚苯胺导电性最好。曾幸荣等制备了墨绿色粉末状盐酸掺杂聚苯胺，其电导率为 13.2S/cm。利用特定有机酸掺杂可以有效提高聚苯胺导电稳定性，目前烷基苯磺酸、樟脑磺酸等作为有机酸掺杂剂被广泛研究。夏林等用 DB-SA 掺杂得到的聚苯胺可完全溶解于氯仿，其电导率为 11.60S/cm。宋月贤等采用 $K_2Cr_2O_7$/HCl 混合溶液体系合成掺杂态聚苯胺，脱掺杂后与樟脑磺酸以机械研磨法反应所得的自支撑薄膜电导率高达 370S/cm。

聚苯胺的导电性也与其微观结构有关，大量微纳米结构及具有特殊形貌的导电聚苯胺相继问世。Li 采用界面聚合法制备了直径在 100nm 左右且形貌均匀的聚苯胺纳米纤维。采用原位聚合法以 MnO_2 纳米管为硬模板可合成聚苯胺纳米管。其后，球状、各种花状、复杂分层状的聚苯胺也相继出现。大量研究表明，溶剂体系种类及配比、pH 值、有无模板、模板种类、掺杂剂种类用量、掺杂方式、温度等因素，皆能导致不同微观形貌的聚苯胺的形成，从而影响其导电性能。

聚苯胺也常与无机材料和有机材料通过共混、化学反应等方法，制备具有一定机械强度和导电性的复合材料。苏碧桃等直接将苯胺单体在纳米二氧化钛（TiO_2）表面原位化学氧化聚合，制备了 PANI/TiO_2 纳米复合材料，电导率可达到 2.86S/cm。Jacobo 等在间甲酚溶液中，利用樟脑磺酸掺杂聚苯胺和纳米四氧化三铁（Fe_3O_4）制成具有高电导率和高磁化率的 PANI-CSA$_{0.5}$/Fe_3O_4 膜材料。聚苯胺与蒙脱土（MMT）复合形成的纳米复合材料不仅具有很高的电导率，还具有良好的防腐蚀性、热稳定性和溶解性。利用阴离子表面活性剂十二烷基磺酸钠作为软模板，制备的聚苯胺/聚乙烯醇（PVA）复合材料具有较高的分子量，电导率高达 32S/cm。Armes 等制备了聚苯胺/聚苯乙烯（PS）的核/壳复合粒子，当聚苯胺含量达到 8% 时，可达到和本体相当的电导率。正是基于聚苯胺导电性研究大量涌现，以聚苯胺为原料制备各种传感器、电致变色材料、电磁屏蔽材料和防腐蚀材料的相关研究得以开展，聚苯胺在医用、生物、化学、电化学等领域应用前景广阔。

1.5.2 聚苯胺的光电性质及非线性光学性质

聚苯胺是一种 p 型半导体，其分子主链上含有大量的共轭 π 电子，尤其是用质子酸掺杂后形成了空穴载流子，当受强光照射时，即 $h_\nu > Eg$ 时，聚苯胺价带中的电子将受激发跃迁至导带，出现附加的电子-空穴对，即本征光电导，同时激发导带中的杂质能级上的电子或空穴从而改变其电导率，具有显著的光电转换效应。Genies 发现，聚苯胺在不同的光源照射下响应非常复杂，同光强与聚苯胺的氧化态有密切关系，且对光的响应非常迅速。在激光作用下，聚苯胺表现出非线性光学特性，皮秒（ps）级光转换研究表明：聚苯胺具有较高的三阶非线性系数。它将用于信息存储、调频、光开关和光计算机等技术上。西安交大研究人员发现，DBSA 掺杂聚苯胺在光照射下，光生载流子明显增大，感光材料的加入有利于聚苯胺在可见光区的吸收，并增加其导电性。

1.5.3 聚苯胺的电化学活性

聚苯胺在许多方面的应用，如电池、传感器、膜和电化学装置等都依赖其电化学活性。聚苯胺可从绝缘体转换成优良的导体（电导率可达 3×10^4 S/m）。对聚苯胺进行不同的技术加工可改变其电导率，用功能表面活性剂平衡离子可改善其加工性能且提高电导率，而二次掺杂可以提高聚苯胺的结晶度。在处于 N-甲基吡咯烷酮（NMP）的翠绿亚胺碱溶液中，制得单轴向拉伸的聚苯胺薄膜，用强酸掺杂后，在拉伸方向显示出较高的电导率（2×10^4 S/m）。在聚苯胺与绝缘聚合物的混合物中，通过改变混合物中聚苯胺的含量，可控制其电导率在 $10^{-3} \sim 10^4$ S/m 范围内变化。对聚苯胺低聚物的研究实际上是为研究分子内电导率 σ_{intra}，分子间电导率 σ_{inter} 和区域间电导率 σ_{domain} 对导电聚合物主体电导率 σ_{bulk} 的贡献提供了机会：$\sigma_{bulk} = f(\sigma_{intra}) : f(\sigma_{inter}) : f(\sigma_{domain})$。结晶度的提高会直接提高 σ_{inter}，从而显著提高聚苯胺的 σ_{bulk}。

1.5.4 聚苯胺的充放电性能

用作二次锂电池的正极材料时，聚苯胺的充放电性能受到聚合条件的影响。在含有 2.0mol/L HBF_4 和 1.0mol/L 苯胺的水溶液中，聚合时扫描电位不同，其放电能力不同，在 $0 \sim 1.05$V（vs. Ag/AgCl）下合成的聚苯胺比在 $0 \sim 0.85$V（vs. Ag/AgCl）下合成的聚苯胺的放电能力差。这是由于在水溶液中，当阳极电位大于 0.8V（vs. SCE）时，聚苯胺产生氧化降解，从而影响其放电能力。在非水介质中，可以避免这个情况，因此非水介质中合成的聚苯胺放电容量大一些，而在不同非水介质中合成的聚苯胺充放电性能也不一样。聚合时的电流密度也影响聚苯胺充放电性能。在 1.0mol/L 的 HBF$_4$ 和 1.0mol/L 苯胺的乙腈溶液中，聚苯胺在 0.1A/m^2 时有最大的放电容量，这可能是因为在 0.1A/m^2 下合成的纤维状聚苯胺有较大比表面积的缘故。另外，影响聚苯胺充放电性能的因素还有聚苯胺的晶体结构及其交联度等。

1.5.5　聚苯胺的电致变色性

电致变色现象是指在外加偏电压感应下，材料的光吸收或光散射特性的变化，这种颜色的变化在外加电场移去后仍能完整地保留。聚苯胺的一个重要特性就是电致变色性，聚苯胺的电致变色效应与氧化还原反应和质子化过程（pH值）有关。在中性或碱性条件下制得的聚苯胺薄膜是黑色的，在可见光谱中不显示电致变色现象，只有在酸性条件下制得的聚苯胺薄膜才能显示可逆多重颜色的电致变色现象。当电位在 $-0.2 \sim +1.0$V（vs. SCE）之间扫描时聚苯胺的颜色随电位变化而变化，由亮黄色（-0.2V）变成绿色（$+0.5$V），再变至暗蓝色（$+0.8$V），最后变成黑色（$+1.0$V），呈现完全可逆的电化学活性和电致变色效应。在 $0.2 \sim 1.0$V（vs. SCE）聚苯胺膜的颜色变化为浅黄 ⟷ 绿 ⟷ 蓝黑 ⟷ 黑，但变化不稳定。若控制电位在 $0.2 \sim 0.6$V 之间，则可稳定地在浅黄 ⟷ 绿色间可逆变化 10^6 次以上，响应时间为 100ms。显然聚苯胺作电显示材料具有良好的性能。

1.5.6　聚苯胺的热稳定性

聚苯胺的许多特性都跟热稳定性有关。Lacroix 等认为聚苯胺材料热降解分两步：第一步是水分子的损失，第二步是聚苯胺骨架的降解。然而 Patil 等报道了盐酸掺杂导电态聚合物的三步分解：第一步是水分子的损失（100℃），第二步为质子酸损失（200℃），第三步为聚合物开始降解并产生乙炔和氨等气体（500℃）。当温度升高到 150℃ 时，结晶度升高，温度再升高，结晶度下降。电化学合成的聚苯胺比化学法制得的稳定性好。在空气中 $T>150$ ℃或在氮气中 $T>200$ ℃时，可看到用化学法制得的聚苯胺的大部分电活性不可逆地损失。对电化学合成的聚苯胺进行热处理时，当 $T>150$ ℃，在空气中电活性的损失率比在 N$_2$ 中要快些，当 $T>200$ ℃在空气中聚苯胺的电活性完全损失。但在 N$_2$ 中，当温度达到 300 ℃时，聚苯胺仍有一定的电活性。在空气中聚苯胺的稳定性较差，可能是 O$_2$ 与高度共轭的聚苯胺反应所致。

1.6　聚苯胺的应用前景

（1）二次电池

以聚苯胺为代表的导电聚合物，较多地被用于锂二次电池的正极材料。其原理主要是利用导电聚合物在电极反应过程中掺杂和脱掺杂的可逆性来实现氧化还原反应，完成电池的充放电过程。20世纪80年代，人们研究了电化学法制备的聚苯胺阴极在含有 $LiClO_4$ 的碳酸丙烯酯（PC）溶液中的电化学性质。在膜状、粉末状和圆片状的聚苯胺电极中，发现膜状电极性能最好，其比能量为 352W·h/kg（放电容量为 106A·h/kg），聚苯胺膜每个单体（C_6H_4N）能储集 0.45 个 ClO_4^- 离子。但这种聚苯胺电极在 $LiClO_4$-PC 中发生自放电，影响了电极的电化学稳定性，因此需要解决聚苯胺和锂电极与电解质的相容性问题。Goto 等报道，电化学合成的聚苯胺在 $LiClO_4$-PC 电解质溶液中呈现良好的可逆性，当充电容量为 120A·h/kg 时，库仑效率接近 100%；而呈纤维状的聚苯胺由于掺杂效率较高（70%），可获得较高的比容量（164A·h/kg），充电容量为 83A·h/kg，经 $0.1mA/cm^2$ 的电流密度循环 100 次，库仑效率接近 100%。由于电池的性能与组装工艺、辅助材料的研究密切相关，因而不同学者研究结果各异。MacDiarmid 等报道，以 $0.2mA/cm^2$ 的电流密度放电，电池比容量为 147.7A·h/kg（以本征态聚苯胺质量计算），平均比能量为 539.2W·h/kg；如果考虑 $LiClO_4$ 的质量，则减少至 338.3W·h/kg，这个数值是现有聚合物中最高的，约为聚乙炔电池比能量的两倍。1987 年日本桥石公司组装了纽扣式 Li-Al/$LiBF_4$-PC/聚苯胺电池，已作为商品投放市场，成为第一个商品化的塑料电池。

1989 年 Genies 等用电化学方法制备的聚苯胺自支撑膜组装了纽扣式和卷绕式的二次模型电池，以 $0.25mA/cm^2$ 的电流密度放电，其比能量和比容量分别为 400W·h/kg 和 130A·h/kg，充放电可达几百次以上。日本东京农业大学 Sotomuka、Naoi 等与松下电器公司开发了一种有机硫化物电池。该电池的正极由有机硫化物和液态聚苯胺混合制得，负极材料采用锂离子金属，电解质为凝胶聚合物，这是一种高能量密度的新型聚合物电池。所用有机硫化物是 2,5-二巯基-1,3,4-噻二唑（DMcT），这种硫化物每个二巯基团可积蓄 2 个正电荷，所以它的能量密度较高（630W·h/kg），是用金属氧化物制成的正极的 1.5 倍。用聚苯胺与 DMcT 复合能弥补 DMcT 电导率较低的缺陷，促进电子移动。唐晓辉等以二硫二磺酸为掺杂剂的聚苯胺为正极，组装成实验锂电池，实验结果表明其可明显地改善聚苯胺的电化学活性，使聚苯胺与掺杂剂中的"S—S"键在相同的区域内共同参与氧化还原反应，提高了聚苯胺的电容量和充放电循环性。

2007 年马萍等采用原位聚合法合成了聚苯胺/硫复合材料，当聚苯胺含量为 15% 时，复合材料的首次放电容量为 1134.01mA·h/g，比硫电极增加了 82.42%；在充放电循环 30 次后，聚苯胺/硫复合材料放电比容量为

526.89mA•h/g，因此，该复合材料具有放电比容量高的优点，可作为电池正极材料。2013年中国科学院长春应用化学研究所在水溶液中以铁氰化钾为氧化剂引发苯胺单体聚合生成空心微球结构的聚苯胺，这种高分子材料廉价易得，具有较高的电导率，能够作为锂氧电池的正极材料独立、高效地催化电池反应的发生，在首次充放电过程中，该正极材料的能量密度能够达到2631mA•h/g，是非空心聚苯胺材料的2倍左右。

目前已上市的聚合物-锂二次电池主要有3个品种，AL-920、AL-2061、AL-2032。尽管聚苯胺已应用于二次电池中，但目前市场并不大，仍然存在一些问题：聚合物电极在空气和水中不稳定，电池需加密封，导电聚合物需要的有机电解液多。作为电极，其发展方向可能有两方面：一是作为锂二次电池的正极材料，以解决锂电池充电的结晶化问题；二是向全塑电池方向发展，研制出易于回收、任意形状、安全可靠、不受资源限制的绿色电池。

（2）防腐蚀材料

自1985年DeBerry首先报道了聚苯胺作为一种新型的金属表面防腐涂层和缓蚀剂以来，世界各国许多学者相继开始了这方面的研究。DeBerry对涂饰聚苯胺和未涂饰聚苯胺的410型不锈钢进行对比研究，在25℃开路电位大于0.0V条件下，分别测定两种样品在1.0mol/L H_2SO_4 介质中的腐蚀速率，前者金属腐蚀速率远小于后者，仅为后者的1/124倍。苏光耀等研究了由聚苯胺修饰的不锈钢电极在酸性介质中的腐蚀行为。不同的聚苯胺表面膜耐腐蚀能力有显著区别，只有均匀致密的聚苯胺膜才有较好的耐腐蚀能力。Ding等在聚硫橡胶的乙氰溶液中对苯胺进行聚合，使其在钢材表面上形成一层聚苯胺/聚硫橡胶复合物。这种复合涂层在中碳钢上的附着力和防腐性能比较好，都胜过单纯的聚苯胺涂料。这是由于电沉积时聚硫橡胶作为一种黏结剂将聚苯胺微粒黏结在网状结构中，聚硫橡胶填充了聚苯胺的微孔，使水或其他盐离子不易渗透而起到保护作用。

2000年10月10日瑞典皇家科学院在该年诺贝尔化学奖的公告中亦提到聚苯胺有防腐蚀作用。聚苯胺防腐涂料具有独特的抗划伤和抗点蚀性能，广泛应用于结构钢、不锈钢、镀锌钢、铝铜等金属材料防腐，也可用于化学工业上的输送管线、钢构件、炼油厂、造纸厂、食品加工厂等防腐涂层，还可适用于海洋船舶、海上石油钻井平台、海港等重要领域的防腐以及航天等严酷条件下的新型金属腐蚀防护涂料。德国的Wessling对聚苯胺防腐涂料进行了深入的研究，发表了许多文章，并成立了Ormecon公司，专门从事聚苯胺的研究与开发，已建成工业化的生产装置，把聚苯胺防腐涂料工业推进到了一个新的水平。中科院长春应用化学研究所率先在国内研发出具有中国自主知识产权的聚苯胺防腐涂料、聚苯胺防腐油脂、聚苯胺防腐密封胶、聚苯胺防冻液、防腐添加剂等系列高附加值聚苯胺下游产品。在国内建立了第 1 条 100 吨/年的导电聚苯胺原料生产线、第 1 条年产千吨的导电聚苯胺涂料生产线，其产品已获得美国杜邦公司的质量认可和批量订货，百公斤级出口美国。

虽然聚苯胺防腐涂料已取得了一定范围的商业应用，但还有许多问题亟待解决：①对聚苯胺的防腐机理研究还有待深入，由于机理不清，给开发性能优良的涂料造成了困难；②聚苯胺在共混复合涂料中的分散性能还有待进一步改善，分散性能的提高不但可以提高涂料的防腐性能，同时也可以减少涂料中聚苯胺的含量，降低成本。

聚苯胺类防腐涂料未来的主要发展方向为：①聚苯胺直接分散于常规涂料体系，使其具有良好的防腐效果；②利用聚苯胺的热稳定性、化学稳定性，开发特殊条件下使用的聚苯胺特种防腐涂料，如在航天航空、海洋领域的应用；③替代目前一些对环保不利的有毒缓蚀剂，开发聚苯胺绿色环保防腐涂料；④开发聚苯胺类涂料在其他金属防腐上的应用。

（3）电磁屏蔽和吸波材料

聚苯胺具有高电导率、高介电常数、密度低、韧性好、耐腐蚀、价格低、易加工的优点，已被证明是一种良好的电磁波屏蔽材料。根据美国联邦通讯委员会（FCC）标准，军用电磁屏蔽材料要求达到 80 dB 的屏蔽效能，民用电磁屏蔽材料要求达到 40dB 的屏蔽效能。Paligová 等将包覆一层聚苯胺的碳纤维作为导电填料加入环氧树脂中，电磁频率在 1300 MHz 下，屏蔽效果达到 46.4dB，而不包覆聚苯胺时只有 11.6dB。聚苯胺与聚苯乙烯-丙烯腈（SAN）以质量比为 4∶6 共混时，得到的复合聚合物对电磁波的屏蔽效果可达 70dB。

利用聚苯胺高导电及高介电常数的特性，可以实现电磁屏蔽和在微波频段有效吸收电磁辐射的功能，已被应用于远距离加热器件和微波加热塑料焊接中。利用聚苯胺吸收微波的特性，可用作军事上的伪装隐身。与添加碳纤维或炭黑的高分子材料相比，聚苯胺复合材料密度低、共混性好、力学性能不会下降。Kathirgamanathan 将镍炭黑/聚苯胺核壳结构材料与乙烯-丙烯共聚物共混，形成复合导电膜，对低频电磁波具有屏蔽作用，屏蔽效能大于 20dB。Wessling 将聚苯胺分散在一些特定高分子基质中，如聚氯乙烯（PVC）、聚甲基丙烯酸甲酯（PMMA）等，制备得到复合导电膜，屏蔽效能高于与炭黑的复合材料。Park 等通过在玻璃纤维/环氧树脂复合物中加入聚苯胺、多壁碳纳米管等导电材料，制备出具有良好吸波性能的电磁屏蔽材料，屏蔽能力 90％以上都在微波频率范围内。Koul 等在丙烯腈-丁二烯-苯乙烯共聚物中，加入对甲苯磺酸（p-TSA）和 DBSA 混合有机酸掺杂的聚苯胺，复合材料屏蔽效能最高达 60dB。利用聚苯胺吸收微波的特性，法国已研制出了隐形潜艇。科学家还发现某些聚苯胺共聚物呈现出铁磁性，并且采用化学复合法第一次合成了含有纳米尺寸铁磁体的聚苯胺复合物，在1～18GHz微波范围内兼具电磁损耗，可以用作军事中的隐身材料。

（4）抗静电材料

高分子材料表面的静电积累和火花放电是引发灾难性事故的重要原因。人们开发了许多抗静电技术，其中最常用的是添加抗静电剂，主要有导电炭黑、金属粉、表面活性剂和无机盐；但是其制品的颜色深，不能作为（半）透明抗静电的导电产品或涂层，而且存在用量大、易逃逸、抗静电性能难持久等缺点。聚苯胺电导率可调范围在 10^{-5}～10^5 S/cm，与其他高分子材料相比，相容性好于金属和炭黑，并具有较好的稳定性、耐腐蚀性，因而可开发为抗静电材料。

作为防静电涂层，将掺杂态聚苯胺与其他高分子化合物共混制得具有防静电功能的导电高分子材料，防止高分子材料表面的静电积累和火花放电，减少火灾事故的发生。导电聚苯胺涂料和包装材料提供了防止静电的可靠且方便的方法。UNIAX公司用有机磺酸掺杂的聚苯胺和商用高聚物共混，制得了各种颜色的抗静电板。日本还制得了透明的聚苯胺防静电涂层，用于4MB的软盘上，效果非常好。Amres等在聚苯胺合成的聚合体系中加入少量和聚苯胺发生接枝且有较强的相互作用的水溶性聚合物（如含少量胺基苯乙烯基吡咯烷酮）制得了可逆分散的聚苯胺水乳液，可用作防腐和抗静电涂料。目前正在研究这些材料未来在航天器和存储器中的应用，它们也可以用在高速发射物和输送机的输送带之类的静电敏感的电子消散和易燃物品的静电消散。

（5）变色材料

利用聚苯胺掺杂/脱掺杂时发生可逆颜色变化，可以开发聚苯胺变色材料。聚苯胺变色机理尚不明确，受到业界普遍认可的是氧化还原、质子化-脱质子化、离子迁移这三个理论。与液晶材料相比，聚苯胺具有无视角限制、颜色变化可调节、可大面积化、响应速度快、重复性好等优点，因此聚苯胺可以作为新一代显色材料。聚苯胺也可作为隐身涂层材料，在装备表面涂层聚苯胺，通过掺杂/脱掺杂手段，可呈现不同的可见光伪装颜色，同时由于其红外发射率不同而实现白天夜间红外隐身。另外，聚苯胺也可调节玻璃对光的透射和反射，使光线舒适柔和。因此，聚苯胺类电致变色材料在新型显示元件、伪装、智能材料等方面具有潜在的应用价值。

研究者们已经研究了 PANI/WO$_3$ 复合物的电致变色现象。复合膜在阴极被染成蓝色，在阳极由绿色变成紫罗兰色。在 WO$_3$ 和聚苯胺染色之间有一个电致变色窗口，这种 PANI/WO$_3$ 膜用于多色显示设备。高玲玲等将三氧化钨（WO$_3$）作为阴极着色剂，聚苯胺作为阳极着色剂，在氧化铟锡（ITO）导电玻璃上分别镀膜后用高分子电解质黏结形成智能窗，展现了良好的电致变色性。Lin 等构造了聚苯胺/氯化钾/酞菁锰（MnPc）电致变色窗，智能窗的光透过率可以根据电压变化而在 17%～60% 之间变化。

聚苯胺与其他电致变色材料的层层组装可得到变色范围更宽的复合膜。Lu 等采用交替沉积方法（LBL assembly）将多面低聚倍半硅氧烷（POSS）-聚苯胺与磺化聚苯胺制备成多层 POSS-聚苯胺/磺化聚苯胺层层组装膜，具有较高的光对比度和较快的响应时间。在后续的研究中，他们在聚苯乙烯磺酸钠（PSS）水溶液中，将苯胺单体与对苯二胺功能化单壁碳纳米管进行共聚合反应，得到的薄膜材料具有更快的电致变色响应性。金俊平等采用涤棉混纺织物作为基底，以全氟壬烯氧基苯磺酸钠（OBS）作为掺杂剂，三氯化铁为氧化剂，通过原位化学氧化法得到了聚苯胺/涤棉复合导电织物（PANI/CPCCT），表明该复合织物表面颜色可快速响应外界酸度的变化，随着 pH 从 1 增大至 14 而发生由墨绿色到褐色之间的变化。卢明等进一步利用聚苯胺/蚕丝复合织物，研究了 pH 值对复合织物表面反射光谱、颜色的响应性，结果表明，可以通过该复合织物的表面颜色变化判断环境的酸碱性，并且具有重复可逆使用的"开关"效应。

（6）超级电容器电极材料

导电高分子超级电容器的研究主要集中在寻找具有优良掺杂性能的导电聚合物，提高聚合物电极的放电性能、循环寿命和热稳定性等方面。无论是在水相电解液中还是在有机非水电解液中，聚苯胺电极材料的性能都相当稳定。Be-Langer 等研究了聚苯胺电化学电容器的长期性能和特性，在 0.1mol/L 苯胺＋1.0mol/L HCl 水溶液中恒电流聚合形成聚苯胺，采用 4.0mol/L 的 HBF_4 水溶液作为电解液，得到了能量密度为 2.7W·h/kg、功率密度为 1.0kW/kg 的电化学电容器。经过 2 万次充放电循环后，电化学活性仅损失 5%。Fusalba 将电化学合成的聚苯胺用于有机非水电解液（电解质为 Et_4NBF_4，溶剂为乙腈，Et 为乙基）中，其工作电位与在水相电解液相比，从 0.75V 提高到 1.0V，能量密度达到 315W·h/kg，功率密度达到 113kW/kg，但经过 1000 次充放电循环后，放电容量损失了近 60%。彭佳等采用化学氧化法合成高电导率的聚苯胺，取代原有的液体电解质作为阴极，成功地研制成导电聚合物固体铝电解电容器。日本东京农业和工业大学开发了一类全新的聚合物电极材料，即氨基蒽醌类聚合物电极材料，既可进行 n 型掺杂又可进行 p 型掺杂。这类电极材料的结构主链为聚苯胺骨架，重复单元为氨基蒽醌或氨基萘醌，醌结构的存在提供了氧化还原活性。由于聚苯胺导电骨架与醌活性基团存在于同一个重复单元中，所以由这类材料构成的电容器可以确保在充放电循环过程中，具有氧化还原活性的醌基团不会离开电极，使电极材料具有良好的循环性能。

（7）选择性透过膜

聚苯胺膜具有很高的气体分离性能，是一种很有应用前景的气体分离膜材料。与普通高分子气体分离膜材料的复合，可有效提高聚苯胺膜的力学性能。通过掺杂剂的选择和掺杂过程的优化，可从分子水平上改善聚苯胺膜的结构，提高聚苯胺膜的气体分离性能，但该途径对气体分离性能的提高有限。以前报道的聚苯胺膜的厚度均在微米级或者以上，对纳米厚度的聚苯胺膜材料及其支撑材料的制备和研究，是一个具有实际意义的研究方向。Anderson 等研究了氢卤酸掺杂聚苯胺膜的气体分离性能，并得到了很高的气体分离系数。通过对氢卤酸掺杂聚苯胺膜透气机理的研究，发现掺杂剂的尺寸对共轭聚合物的膜形态有很大的影响，气体渗透能力随溶剂化卤离子尺寸的增大而降低。Hachisuka 等通过低分子量掺杂剂（盐酸、甲基磺酸）和聚合物掺杂剂（聚乙烯磺酸、聚异戊二烯磺酸、聚乙烯磺酸盐）对聚苯胺膜气体选择性和渗透性影响的研究发现，膜分离性能由于掺杂剂阴离子结构及大小不同而略有差异，除聚乙烯磺酸掺杂聚苯胺膜中 CO_2/CH_4 体系的分离系数达到 2.2×10^3 外，其他几种掺杂聚苯胺膜的分离系数都在 10^2 量级，相差不大。杜军等采用聚苯胺与聚偏氟乙烯（PVDF）共混制膜，对共混膜和 PVDF 膜的气体分离性能进行对比，发现加入聚苯胺后，共混膜的气体渗透速率和理想分离因数 α 发生了明显的变化，有利于 α_{O_2/N_2}、α_{O_2/CO_2} 的提高。

通过改变掺杂剂的种类和浓度调整材料的形态，可精确控制聚苯胺薄膜的离子透过率及气体透过率或分子尺寸，因此聚苯胺也可用来制作选择性透过膜。1990 年美国 Kaner 首次报道聚苯胺薄膜对 He、H_2、N_2、O_2、CO_2、CH_4 等气体有很好的分离特性。聚苯胺对 H_2/N_2、O_2/N_2、CO_2/CH_4 的分离系数达 3590、30、336，而现有的聚三氟氯乙烷、硝酸纤维素、氯化聚酰胺薄膜对它们的分离系数仅为 313、16、60。Hisao 等研究认为氧化态的聚苯胺对气体（CO_2）的透过性较大，而还原态的聚苯胺对气体的吸附能力大。用大分子的有机酸提高聚苯胺的掺杂水平，可提高聚苯胺的选择性渗透能力。用聚苯乙烯磺酸掺杂聚苯胺的选择渗透能力从未掺杂的 37 提高到 2000。

（8）传感器

基于聚苯胺的氧化还原活性和质子酸掺杂原理，聚苯胺薄膜可以应用于传感器。处于不同氧化态的聚苯胺的电导率不同，某些气体分子，例如 NO_x、H_2S、SO_2、NH_3 等，通过改变气体浓度而改变聚苯胺薄膜的电导率，可以用此原理来检测某些气体的浓度。此外，聚苯胺的电导率也随着溶液的 pH 值变化而变化，其可用于检测溶液的 pH 值。Cao 等研究了在气体氨的脉冲下聚苯胺及其复合物涂层的光学响应。首先用化学氧化法合成了聚苯胺，并在 PM-MA 薄片上沉积，得到聚苯胺薄膜，而聚苯胺复合物涂层的制备是将 PMMA 薄片溶解，加入苯胺，然后加入氧化剂使苯胺聚合，从而得到聚苯胺复合物涂层。涂层是半导体，其电导率与聚苯胺成分、浓度有关。PANI/PMMA复合物涂层样品对极低浓度的氨也很敏感，同时对氨还有很大的吸收。相对而言，PANI/PMMA复合物涂层由于其更好的化学稳定性，比聚苯胺薄膜更适合做氨的检测元件。关于聚苯胺在传感器方面的研究，只是一些基础应用研究，尚未进入实用阶段。

（9）分子导线和分子器件

导电高分子作为分子级电路的最佳材料已引起了人们的极大兴趣。这是因为硅芯片的微电子元器件已达到了理论极限（$0.3\mu m$），一旦可用导电高分子代替硅芯片，信息存储密度将提高到$1015\sim1018bit/cm^3$。例如，将聚苯胺在计算机中用作加法器和乘法器的逻辑开关，分子开关的连接线也可采用导电高分子。据报道，IBM已经开发出$0.25mm$导电高分子导电线，该技术可工业放大，尤其可在计算机芯片中应用。万梅香等合成出的纳米结构聚苯胺可望作为分子导线。随着超大规模集成技术的发展，传统的微电子工艺已经不能适应发展的要求，由分子材料以及电子工程向分子工程的过渡是微电子技术发展的趋势。导电聚苯胺作为导电高分子材料在新型纳米级、光电子功能器件方面具有很大的应用前景。

（10）人造肌肉

聚苯胺在不同的氧化态变化时，体积发生明显的变化，因而可以将电能转变为机械能。Li以聚苯胺做阴阳极，制作了骨干型和甲壳型执行器，前者是以$44Hz$的频率反复弯曲，后者则可在自由空间操作，是很有潜力的人造肌肉。Kaneto等将一韧性绝缘层插入聚苯胺导电层和另一韧性导电层之间制成一种可控变形的聚苯胺膜，该膜可用于机器人和内部组织的人造肌肉，利用拉伸的聚苯胺膜制备的此类元件可举起自身质量200倍的物体，反应频率达$45Hz$。丹麦科技大学用聚苯胺做的人造肌肉，虽然印刷线路板目前的使用寿命仅为100次，但有望在将来用于机器人的人造肌肉。

（11）电催化反应

沉积了某种金属微粒的聚苯胺电极对某些电化学反应具有很高的电催化活性。吴婉群等以电位扫描法把铂微粒沉积在聚苯胺薄膜上制得铂微粒修饰的聚苯胺薄膜电极。该电极的催化活性以甲醛在$0.5mol/L$硫酸溶液中的电化学氧化测定，它集催化活性和电活性于一体，对甲醛在酸性介质中的电化学氧化显示了非常高的电催化活性。李五湖等选用多聚磷酸为支持电解质电聚合苯胺，然后将钯微粒嵌入沉积到聚苯胺中，研究其对甲酸氧化的电催化作用，认为聚苯胺/Pd电极的高催化活性可能来源于聚苯胺与Pd微粒的协同效应。

（12）电致发光器件

自从1990年英国剑桥大学Friend首次报道A1/PPV/SnO$_2$夹心电池在外加

电压的条件下可发出黄绿光以来，聚合物发光二极管（LED）已成为导电高分子领域的研究热点。但作为典型的导电高分子，聚苯胺却在 LED 研究中处于"配角"地位。1992 年美国 UNIAX 公司报道了柔韧可弯曲的聚合物发光二极管，该二极管的第一层是聚对苯二甲酸乙二酯，第二层为聚苯胺薄膜（正电极），第三层是发光薄膜（MEH-PPV）和钙膜（负电极）。如此制得的发光二极管在 2～3V 电压下可发出橘黄色光，使用不同的发光层还可获得不同的光，并在通常的室内光线下很容易观察到。

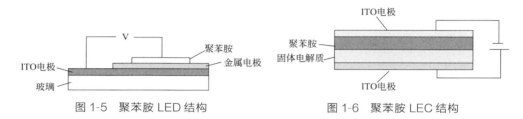

图 1-5　聚苯胺 LED 结构　　　　　图 1-6　聚苯胺 LEC 结构

Cao 等报道了以 CSA 和 DBSA 为掺杂剂的聚苯胺可作为 LED 的透明电极，其结构如图 1-5 所示。而裴启兵、李永舫等发明了聚苯胺 LEC（图 1-6）。LEC 是在两电极之间夹入一层含有导电高分子和离子导电高分子的聚固体电解质的复合膜，当施加电场时，导电高分子在正极上被氧化发生 p-掺杂，在负极上被还原发生 n-掺杂，形成的两种载流子向内部扩散形成 p-n 结发光区，当电位在 -0.2V～1.0V 范围扫描时，聚苯胺的颜色可在黄色-绿色-深绿色-黑色之间可逆变化，聚苯胺作为电致变色材料的优点是可制成全固态电致变色窗口，在信息存储、显示上有应用前景。

（13）导电材料

导电性是聚苯胺的一个非常重要的特征，本征态聚苯胺电导率很低，通过质子酸掺杂后其电导率可提高 12 个数量级。利用聚苯胺的导电性，可用它作为导电材料及导电复合材料。曾幸荣等用盐酸掺杂得到墨绿色粉末状聚苯胺，其电导率为 13.21S/cm。夏林等用 DBSA 掺杂得到完全溶解于氯仿的聚苯胺，其电导率为 11.60S/cm。陈贻炽等使苯胺在热塑性丁苯橡胶（SBS）/LPB（液体聚丁二烯）的三羟甲基丙烷三丙烯酸酯（TMPTA）溶液中聚合得到 SBS/LPB/PANI 导电橡胶复合物，电导率可以达到 0.08S/cm。李丹等研究了聚苯胺/聚丙烯酸自组装超薄膜的制备和性能，得到了聚苯胺取向排列、电导率很高的纳米级超薄膜。汪雨明等采用甲基丙烯酸甲酯/丙烯酸丁酯/丙烯酸胶乳的钠盐或锌盐离聚体改性聚苯胺也得到了导电和力学性能良好的复合物。

（14）防污材料

聚苯胺是一种良好的防污材料，用它作为主剂制成的防污涂料不仅能防除藤壶等海生物，还能对海生物的前期附着物黏泥有防除作用，因此能达到长效防污的目的。除此之外，该防污涂料不含氧化亚铜、有机锡等物质，不仅节省了金属，同时也不会对环境造成污染，是新一代的无毒防污涂料。以氯化橡胶为基料，用聚苯胺为防污剂制成的防污涂料，经海港挂板试验，半年以上未附着海生物。洛阳船舶材料研究所也用聚苯胺制成防污涂料，发现这种涂料用于船体，能使钢板的电位发生正向移动，即使在海水中有部分涂料脱落，裸钢依旧光亮如新。

（15）塑料的焊接

导电高分子可以通过微波辐射加热，这种效应可以用来焊接塑料，美国将其用作远距离加热材料，用于航天飞机中的塑料焊接技术。加压浇铸聚苯胺粉末和塑料粉末混合材料形成导电垫圈，垫圈放置在连接块之间，放到微波炉中就可以达到很好的焊接效果。乔庆东等用聚苯胺粉末代替金属粉和碳粉作导电填料填充环氧树脂制备新型导电胶，可用于雷达、磁管及开关、摄像管导电玻璃及装箍环、三极管芯、电缆接地等导电部件的黏接。

（16）光学器件及非线性光学器件

由于聚苯胺的光电特性，光化学器件的半导体电极可以通过涂覆聚苯胺来提高性能。通过涂覆聚苯胺还可以有效地提高电子迁移速率并防止光腐蚀。聚苯胺具有极短的光学响应时间和较大的非线性光学系数，这表明其作为快速非线性光学材料使用的巨大潜力。三阶非线性光学特性在光学双稳或四波频元件中，还可用于处理高速信号。

通过广泛深入地研究导电聚苯胺的物理化学性质，人们已经发现它具有许多独特的光、电、磁性能，于是便产生了许多独特的应用领域。以导电聚苯胺作为基础材料，目前正在开发许多高新技术，例如全塑金属防腐技术、船舶防污技术、抗静电技术、太阳能电池、传感器元件、电致变色、电化学和催化材料、隐身技术等。由于聚苯胺的众多优良特性以及人们已在聚苯胺的研究中所取得的成果，再加上人们在聚苯胺的研究和开发上投入了大量的资金和技术力量，还有广大研究者的不断努力和对聚苯胺研究的不断深入，聚苯胺必将具有更加广阔的应用前景。

参 考 文 献

[1] 王科，张旺玺. 导电聚苯胺的研究进展 [J]. 合成技术及应用，2004，19（1）：23-27.

[2] 唐英，张进，李维一，等. 导电聚苯胺的研究进展 [J]. 西南民族大学学报：自然科学版，2003，29（5）：544-547.

[3] Macdiarmid A G，Chiang J C，Richter A F. "Polyaniline"：A New Concept in Conducting Polymers [J]. Synthetic Metals，1987，18：285-290.

[4] 周媛媛，余旻，李松，等. 导电高分子材料聚苯胺的研究进展 [J]. 化学推进剂与高分子材料，2007，5（6）：14-19.

[5] 杜新胜，马利. 聚苯胺掺杂的研究与进展 [J]. 上海涂料，2008，46（1）：22-24.

[6] 赵振云，高兵，李兰倩，等. 导电聚苯胺的研究进展及应用 [J]. 成都纺织高等专科学校学报，2016，33（4）：147-153.

[7] 黄惠，许金泉，郭忠诚. 导电聚苯胺的研究进展及前景 [J]. 电镀与精饰，2008，30（11）：9-13.

[8] 刘展晴. 聚苯胺导电性能的研究进展 [J]. 中国科技信息，2010（6）：24-25.

[9] 于黄中，陈明光，贝承训，等. 导电聚苯胺的特性，应用及进展 [J]. 高分子材料科学与工程，2003，19（4）：18-21.

[10] Mandic Z，Duic L，Kovacicek F. The Influence of Counter-ions on Nuleation and Growth of Electro-chemically Synthesized Polyaniline Film [J]. Electrochimica Acta，1997，42（9）：1389-1402.

[11] 马利，汤琪. 导电高分子材料聚苯胺的研究进展 [J]. 重庆大学学报：自然科学版，2002，25（2）：124-127.

[12] 刘素琴，刘建生，黄可龙. 功能高聚物聚苯胺及其应用研究进展 [J]. 湖南化工，1999，29（4）：1-32.

[13] 高宇. 导电聚合物聚苯胺的研究进展 [J]. 渝州大学学报：自然科学版，2001，18（1）：68-74.

[14] Naoi K，Kawase K，Inoue Y. A New Energy Storage Material：Organosulfur Compounds Based on Multiple Sulfur-Sulfur Bonds [J]. Journal of The Electrochemical Society，1997，144（6）：L170-L172.

[15] 吕生华，王飞，周志威. 聚苯胺导电聚合物应用新进展 [J]. 化工新型材料，2008，36（4）：7-91.

[16] 井新利，王杨勇. 一种聚苯胺防腐涂料的制备工艺 [P]：CN011381531. 2002-07-17.

[17] 卢华军，曾波. 聚苯胺防腐涂料的研究现状及发展 [J]. 涂料工业，2007，37（1）：30-35.

[18] Paligova M，Vilcakova J. Electromagnetic Shielding of Epoxy Resin Composites Containing Carbon Fibers Coated with Polyaniline Base [J]. Physica，2004，335（3-4）：421-429.

[19] Wojdiewicz J L，Fauveaux S. Electromagnetic Shielding Properties of Polyaniline Composites [J]. Synthetic Metals，2003，135-136（4）：127-128.

[20] 刘丹丹，宁平，夏林. 导电聚苯胺的研究进展及应用开发前景 [J]. 合成材料老化与应用，2004，33（3）：43-47.

[21] Fusalba F，Gouérec P，Villers D，et al. Electrochemical Characterization of Polyaniline in Nonaque-ous Electrolyte and Its Evaluation as Electrode Material for Electrochemical Supercapacitors [J]. Journal of The Electrochemical Society，2001，148（1）：A1-A6.

[22] 彭佳，王清华，孟大伟，等. 低抗阻聚苯胺铝电解电容器的研究 [J]. 电子元件与材料，2006，25（4）：14-19.

[23] 苏小明，王景平，邓祥，等. 聚苯胺气体分离膜研究进展 [J]. 膜科学与技术，2006，26（4）：66-70.

[24] Anderson M R，Mattes B R，Reiss H，et al. Conjugated Polymer Films for Gas Separations [J]. Science，1991，252：1412-1415.

[25] Cao Y，Qiu J J，Smith P. Effect of Solvents and Co-solvents on the Processibility or Polyaniline：I. Solubility and Conductivity Studies [J]. Synthetic Metals，1995，69：187-190.

[26] 路元丽. 导电高聚物 PANI 的开发应用 [J]. 合成树脂及塑料，1999，16（2）：50-54.

［27］ Zhang L，Wan M. Self-Assembly of Polyaniline from Nanotubes to Hollow Microspheres ［J］. Advanced Functional Materials，2003，13（10）：815-820.

［28］ Kaneto K，Kaneko M，Min Y，et al. Artificial muscle：Electromechanical Actuators Using Polyaniline Films ［J］. Synthetic Metals，1995，71：2211-2212.

［29］ Li D，Jiang Y，Li C，et al. Self-Assembly of Polyaniline/Polyacrylic Acid Films via Acid-Base Reaction Induced Deposition ［J］. Polymer，1999，40（25）：7065-7070.

第2章 聚苯胺的制备及合成机理

关于聚苯胺的合成研究始于 20 世纪初期，人们曾采用各种氧化剂和反应条件对苯胺进行氧化，得到了一系列具有不同氧化程度的聚苯胺产物。但直到 20 世纪 80 年代，聚苯胺才得以受到较为系统的研究。目前常用的聚苯胺制备方法主要有两大类，即化学氧化聚合法与电化学氧化聚合法。

2.1 聚苯胺的化学氧化聚合法

采用化学氧化聚合法可定量获得具有一定氧化程度、高导电态的聚合物，减少异构副反应的发生。所得到的聚合物溶液可通过流延法来制备大面积自撑膜，适用于制备大构件元件和进行结构剪裁，并可通过选用合适的氧化还原剂来调节聚合物的氧化态。化学氧化聚合法制备聚苯胺通常是在酸性介质中，采用水溶性引发剂引发单体发生氧化聚合。

苯胺的氧化取决于氧化剂的类型和反应条件，如苯胺的浓度、pH 值、氧化剂/苯胺的物质的量比、反应溶剂和温度等，主要以两种类型来进行。如果氧化剂具有相对强的氧化势（中度或强的电子受体）而不含活性氧原子，可以从苯胺分子中俘获电子，产生 4-氨基二苯胺、2-氨基二苯胺、联苯胺或氢化偶氮苯，苯胺的各种氧化态如 N-苯基-1,4-苯醌二亚胺或偶氮苯，二苯胺的环化氧化产物如吩嗪，以及较高分子量的直链或支链苯胺寡聚物或聚苯胺。含有活性氧原子的氧化剂在与苯胺发生氧化反应时，从苯胺分子上夺走质子或电子，其氧原子能与苯胺反应生成含有氧原子的苯胺氧化物，如苯基羟胺、亚硝基苯、硝基苯、对氨基苯酚、对苯醌或硝基苯磺酸等。常见的氧原子给体有过磷酸、过硫酸或过羟酸（乙酸酐、三氟乙酸酐等），相应的阳离子有 $Fe(III)$、$Ce(IV)$、$Cu(II)$、$Au(III)$、$Pt(IV)$、$Pd(II)$ 和 $Ag(I)$ 等离子，其他类型的氧化剂有 H_2O_2。高温和碱性环境有利于 O—O 的均裂和高活性氧自由基的形成，而低温和酸性环境对氧化剂如 H_2O_2 和过硫酸盐倾向于按电子受体反应机制氧化苯胺。

2.1.1 化学氧化的聚合机理

化学氧化聚合法制备聚苯胺的反应过程大致可分为三个阶段：①链诱导和引发期；②链增长期；③链终止期。在苯胺的酸性溶液中加入氧化剂，则苯胺将被氧化为聚苯胺。在诱导阶段生成二聚物，然后聚合进入第二阶段，反应开始自加速，沉淀迅速出现，体系大量放热，进一步加速反应直至终止。聚苯胺的低聚物是可以溶于水的，因此初始时反应在水溶液中进行。苯胺的高聚物不溶于水，因此高聚物大分子链的继续增长是界面反应，反应在聚苯胺沉淀物与水溶液的两相界面上进行。

关于苯胺的化学氧化聚合机理仍然存在一些争议。从 20 世纪 60 年代开始，Mohiner 等首先提出苯胺在酸性环境下氧化成聚苯胺的机理，经过不同研究者的完善，一致认为苯胺氧化聚合的引发关键取决于氧化剂类型、阳极电势、反应介质的 pH。一方面，苯胺及其质子化形态的氧化性取决于 pH；另一方面，反应体系的氧化还原属性及 pH 导致氧化聚合按不同的反应机理进行，即单电子氧化（苯胺二价阳离子自由基、苯胺阳离子自由基、苯胺中性自由基）还有双电子氧化（苯胺二价离子、胺阳离子、氮宾），其引发机理见图 2-1。

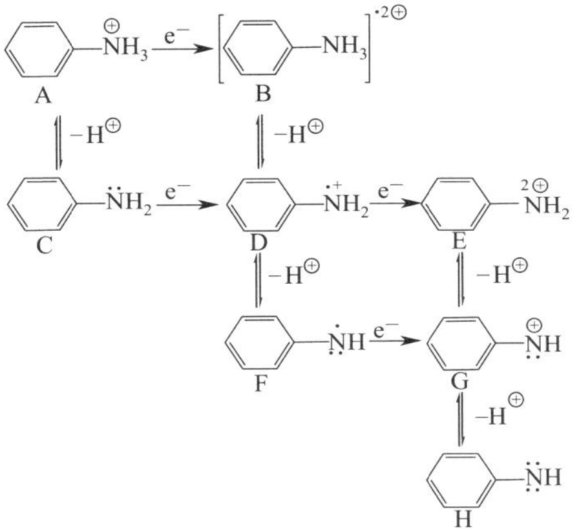

图 2-1　苯胺的不同引发形态

A—苯胺阳离子；B—苯胺二价阳离子自由基；C—苯胺；D—苯胺阳离子自由基；

E—苯胺二价离子；F—苯胺中性自由基；G—苯胺阳离子；H—氮宾

Marjanovic 等在研究过硫酸根离子对苯胺的氧化时，对苯胺及通过单电子氧化（苯胺阳离子自由基或中性自由基）或双电子（苯胺阳离子）生成物的生成热 H_f 进行了半经验量子化学计算，结果显示，从热力学角度出发，过硫酸根离子在酸性条件下对苯胺的氧化更倾向于双电子氧化模式，即生成苯胺阳离子，而不是单电子氧化模式。关于苯胺的引发态的路径，目前的共识是在酸性条件下按照 C ⟶ D ⟶ E ⟶ G 进行，在碱性条件下按照 C ⟶ D ⟶ F ⟶ G 进行。

在苯胺电化学氧化聚合寡聚苯胺和聚苯胺反应中，酸度决定了苯胺的二聚反应的选择性。在高度酸性环境中，反应会生成 4-ADPA（对氨基二苯胺）和联苯胺；在弱酸性或中性环境中，反应会生成 4-ADPA；而在碱性环境下，反应生成4-ADPA 和氢化偶氮苯/偶氮苯。随着 pH 的减小，联苯胺的生成量就会增加，当 pH＞4 时，仅有痕量的联苯胺被检测到，而当 pH＜1 时，联苯胺的生成量可达到 20％，当处于 pH≤1 的超高度酸性环境中时，联苯胺的生成量可接近

50％，随着 pH 的增加，氢化偶氮苯/偶氮苯的生成量也随之增加。这种现象与不同酸碱环境下的反应机理有关，如图 2-2 所示。

一种原因是苯胺中的胺阳离子更多地存在于强酸性环境中，而苯胺阳离子自由基或中性自由基更多地存在于弱酸性及碱性环境，相应的在强酸性环境中是倾向于双电子氧化模式，在弱酸性或碱性环境中倾向于单电子氧化模式，头-尾（N—C$_4$）和尾-尾（C$_4$—C$_4$）的连接相应二聚体 4-ADPA 和联苯胺。

在过去寡聚苯胺/聚苯胺的链增长机理一直被研究，到目前也依然在不断地被修正和完善。20 世纪 90 年代 Gospodinova 和 Terlemezyan 认为寡聚苯胺/聚苯胺的链增长在 pH<2 的酸性介质中是氧化还原过程，质子化的寡聚苯胺/聚苯胺是氧化剂，苯胺是还原剂；苯胺不断加成到质子化的寡聚苯胺/聚苯胺上形成新的氧化形态，而寡聚苯胺/聚苯胺链也不断增长，目前被接受的各种机理模型也是基于此而改进和完善的。

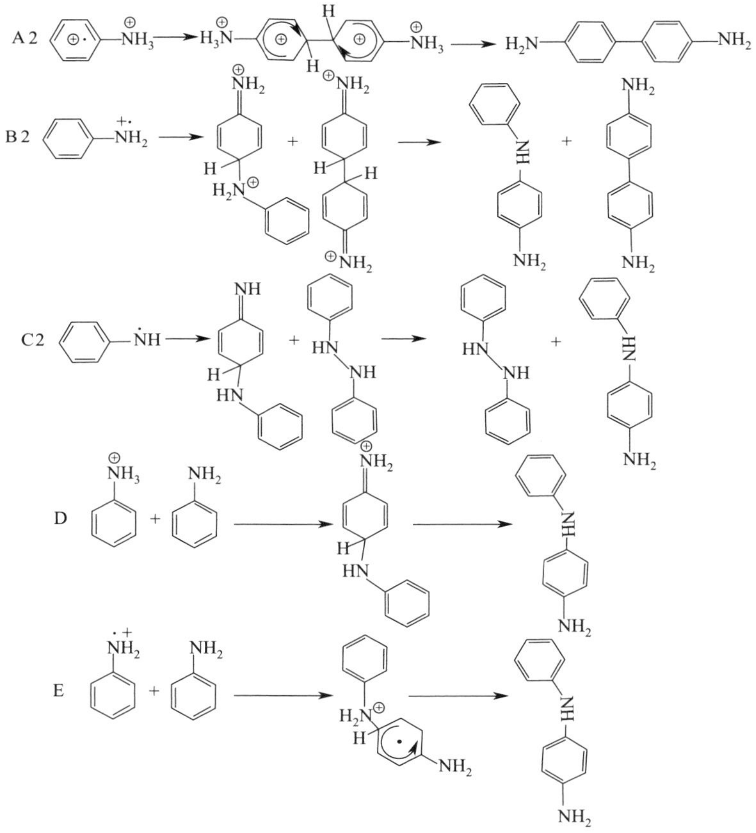

图 2-2　苯胺生成二聚物机理

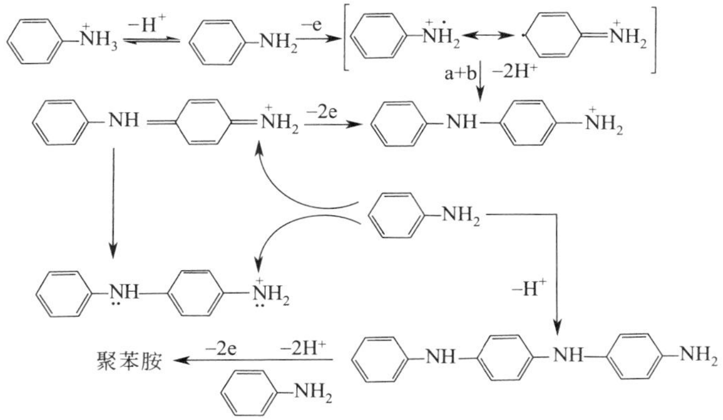

图 2-3　Wei 等提出的苯胺化学聚合反应机理

在 Gospodinova 提出的机理和 Ding 等在 20 世纪 90 年代末的实验研究即寡聚苯胺/聚苯胺的链传播是通过自由基而不是胺阳离子的基础上，结合对苯胺电化学聚合动力学研究，Wei 等提出了普遍被认可的苯胺聚合机理（图 2-3）：苯胺首先被慢速氧化为阳离子自由基，两个阳离子自由基再按头-尾连接的方式形成二聚体。然后，该二聚体被快速氧化为醌式结构，该醌式结构的苯胺二聚体直接与苯胺单体发生聚合反应而形成三聚体。三聚体分子继续增长形成更高的聚合度，其增长方式与二聚体相似，链的增长主要按头-尾连接的方式进行。1994 年Wei 等对该聚合机理进行了修正，认为苯胺的聚合是一种非典型的链聚合，或者说是一种介于典型逐步增长与典型自由基链增长之间的聚合反应。他认为由于苯胺的氧化电位远高于二聚体，苯胺单体氧化形成二聚体物种（如对氨基二苯胺、N,N'-二苯肼、二氨基联苯等）是聚合反应的控制步骤；二聚体形成后，它的氧化电位比单体低，立即氧化成阳离子自由基，通过芳环亲电取代机理进攻单体，进一步氧化脱氢芳构化而生成三聚体；重复亲电取代-芳构化过程，即可使链增长持续进行，直至所生成的聚合物阳离子自由基的偶合活性消失，反应即结束。

Gospodinova 等认为苯胺氧化形成二聚体的反应并不是聚合反应中最慢的步骤，只是表现出需要最高的电化学氧化电位，认为速率的决定步骤是与体系平衡电位由 0.40V 上升到 0.78V（相对于 SCE）的聚合阶段相关。而 Genie 等认为，苯胺氧化形成二聚体经历了氮阳离子（$C_6H_5NH^+$）过程，经现场电子吸收光谱（EAS）观察，发现在聚合的初始几秒钟内，在 420nm 处出现了一个中等强度的吸收，显示 $C_6H_5NH^+$ 的存在。很多研究者研究后认为这个阶段只是一个引发过程，而如果根据 Wei 的观点，在该阶段各种氧化低聚物种和完全氧化物已经形成。Gospodinova 等采用现场电位、pH 值监控和 EAS 等方法，详细研究了苯胺聚合物的链引发、链增长、链终止过程，并提出了如图 2-4 所示的聚合物链增长机理。

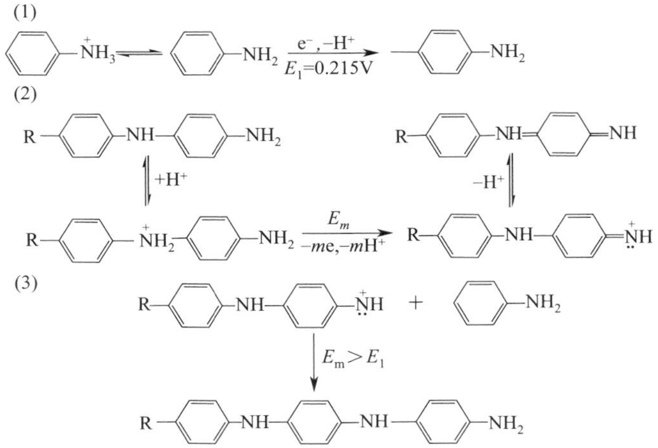

图 2-4　Gospodinova 等提出的苯胺化学聚合物链增长机理

Marjanovic 等在研究过硫酸铵/苯胺反应体系时，提出苯胺在弱酸性及碱性环境下氧化聚合成寡聚物时按 Micheal 加成反应进行，其中苯胺作为亲核试剂与亚胺醌中间体如单氨基-1,4-苯醌发生支链寡聚苯胺。综合这两种路线，苯胺的氧化聚合可归纳为按如图 2-5 所示的机理进行。

Nicolas-Debarnot 等认为苯胺氧化聚合是按类似于缩聚反应的历程进行的，即各种阳离子自由基间缩合形成聚合物。其机理如下：首先苯胺氮原子失去一个电子形成自由基阳离子［图 2-6（a）］，与 pH 值大小无关；这是速率决定步骤，可通过氧化剂来加速，随后的反应便是自动加速的。阳离子自由基存在三种共振形式［图 2-6(b)］，其中形式（Ⅱ）取代基诱导效应最强而位阻最弱，因此反应性最强；接着自由基阳离子与共振式（Ⅱ）在酸性介质中发生"头-尾"偶合反应，从而形成二聚体［图 2-6(c)］，二聚体氧化形成新的自由基阳离子［图 2-6(d)］，再与单体阳离子自由基或二聚体阳离子自由基反应形成三聚体或四聚体［图 2-6(e)］；根据上述机理继续进行缩合反应形成聚合物［图 2-6(e)］。

2.1.2　聚苯胺化学氧化聚合法的影响因素

苯胺的化学氧化聚合过程受多种因素的影响，包括氧化剂性质、聚合体系 pH 值、单体浓度、单体和氧化剂物质的量比、反应温度以及反应介质等。研究聚合条件对聚苯胺电导率的影响，不仅有助于优化聚合工艺，提高聚苯胺电导率，对于探索聚苯胺的导电机理也有重要意义。

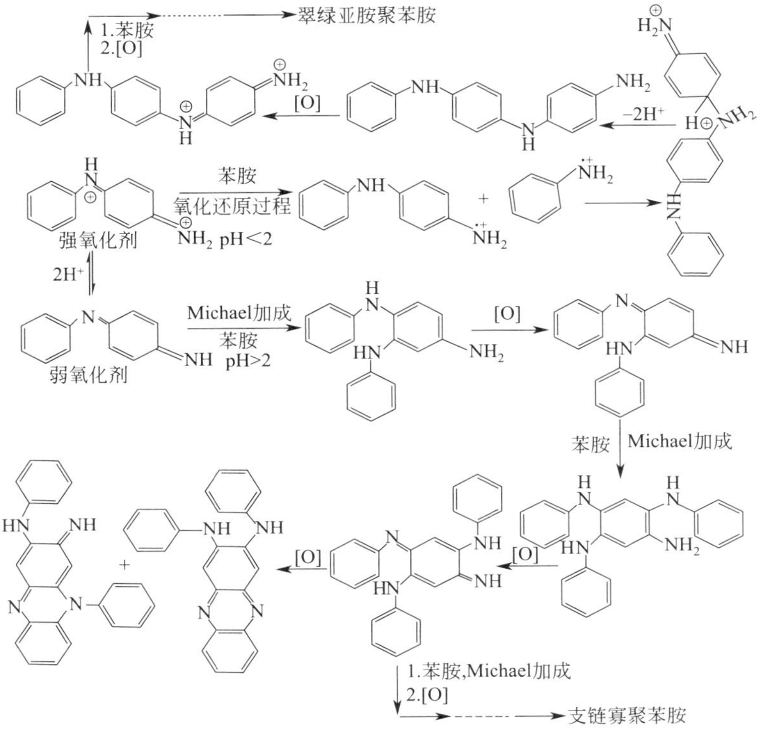

图 2-5 苯胺链增长机理

2.1.2.1 氧化剂

氧化剂的用量及其性质对聚合反应都具有重要影响。在一定范围内，随着氧化剂用量的增加，聚合物的产率和电导率也增加。当氧化剂用量过多时，体系活性中心相对较多，不利于生成高分子量的聚苯胺，且聚苯胺的过氧化程度增加，聚合物的电导率下降。采用氧化剂和单体为 1∶1 左右的物质的量比进行聚合，有利于得到高产率和高电导率的聚苯胺。氧化剂和单体物质的量比低于这一数值，聚合反应产率较低；高于这一数值时，聚合体系会发生副反应，氧化生成的一部分全氧化态聚苯胺也将无法被还原到中间氧化态，这些都会严重影响产物的质量。

氧化剂的性质决定了苯胺化学氧化聚合过程的反应速率。氧化剂太强，聚合反应放热量很大，反应温度难以控制，聚合产物会产生缺陷甚至交联；同时反应速率太快也会导致产物分子量分散性增大，这些都将影响产物的电导率。反之，氧化剂氧化性太弱会大大降低聚合产率，且难以得到高分子量的聚合产物。目前化学氧化聚合法制备聚苯胺最常用的氧化剂为过硫酸铵（APS），其具有不含金属离子、后处理简便、氧化能力强等优点，但氧化聚合过程放热量较大，反应温

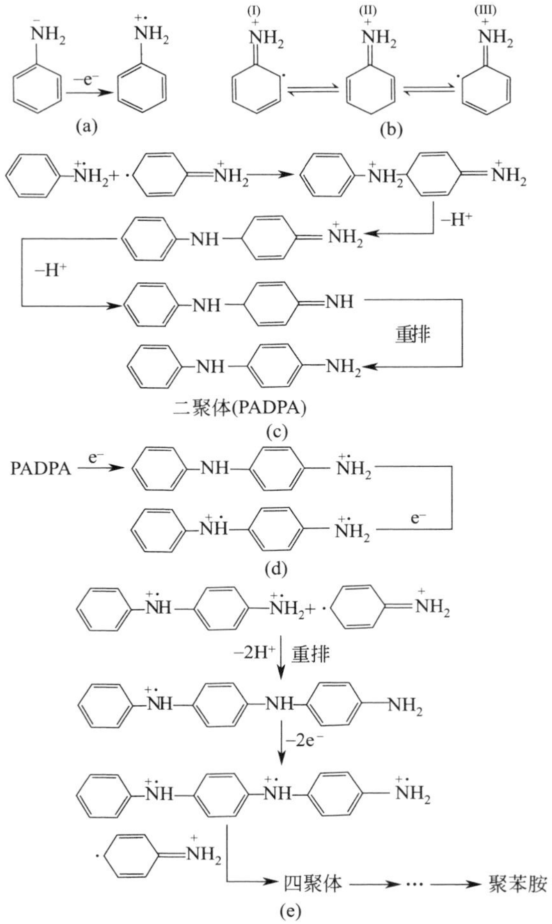

图 2-6　Nicolas-Debarnot 提出的类似于缩聚的苯胺化学聚合反应机理

度难以控制，影响所得产物的电导率。苯胺氧化聚合的其他常见氧化剂有重铬酸钾、三氯化铁、高锰酸钾、溴酸钾和氯酸钾等，这些氧化剂氧化性较强，但均含有金属离子，不利于得到纯度较高的聚苯胺。

相比于上述强氧化剂，弱氧化剂由于氧化速率适中，反应放热量较小，更有利于得到高质量的聚苯胺。典型的弱氧化剂为过氧化苯甲酰（BPO），很多研究表明，BPO 的氧化性弱于 APS。氧化过程放热较少，反应速率易于控制，有利于得到分子链缺陷少且分子量分散性较小的聚苯胺。Holze 等以 BPO 为氧化剂，制备得到了电导率比 APS 氧化所得产物有较大提高的聚苯胺，该产物溶解性也得到较大改善，可完全溶于氯仿及甲苯和丙醇混合溶液；Rao 等也以 BPO 为氧化剂，以磺基水杨酸为掺杂剂制备得到了聚苯胺，该聚苯胺的电导率比 APS 氧化所得产物提高了两个数量级。虽然 BPO 作为氧化剂具有一定的优势，但其只能溶于少数有机溶剂，这使得聚合反应体系中必须引进有机溶剂；此外 BPO 氧化产率较低，反应过程相对较长，对于工业生产有很大影响，这些都使得 BPO 难以完全替代 APS 作为苯胺聚合氧化剂。

除了上述传统氧化剂，一些清洁的氧化剂如双氧水（H_2O_2）和空气等也被应用于苯胺的氧化聚合反应，这些氧化剂反应副产物为水，对于提高聚合产物纯度十分有利。Liu 等以 H_2O_2 为氧化剂通过酶催化聚合得到了纯度较高的聚苯胺；Dias 等以一种铜化合物作为催化剂，H_2O_2 为氧化剂，聚合得到了电导率达 5S/cm 的聚苯胺；Black 等以硝酸铜为催化剂，空气为氧化剂，制备得到了性能较好的聚苯胺。以上氧化剂虽然清洁环保，但从目前的研究情况来看，其氧化聚合反应都存在需使用复杂催化剂，所得产物电导率不高等缺点，仍需要深入研究氧化剂种类及其浓度对合成聚苯胺性能的影响。

2.1.2.2　质子酸

质子酸是影响苯胺氧化聚合过程的一个重要因素，其在聚合反应中有两方面作用：一是提供聚合反应所需的 pH 值；二是以掺杂剂形式进入聚苯胺骨架，赋予其一定的导电性。介质酸的酸度变化对苯胺的聚合反应影响很大。质子酸在苯胺聚合过程中的主要作用是提供质子，并保证聚合体系有足够酸度，使反应按1,4-偶联方式发生。只有在适当的酸度条件下，苯胺的聚合才按 1,4-偶联方式发生。酸度过低，聚合按头-尾和头-头两种方式相连，得到大量偶氮副产物。当酸度过高时，又会发生芳环上的取代反应使电导率下降。当单体浓度为 0.5mol/L 时，最佳酸浓度范围为 1.0～2.0mol/L。当介质的酸度低时，聚合物的导电性较差。如在乙酸介质中的聚合物电导率 σ 小于 10^{-8}S/cm，为导电性很低的绝缘体材料。而在盐酸介质中反应所得聚合物电导率 σ 达 11.11S/cm，为导体材料。可能是由于酸度低时聚合反应机理与酸度高时存在差异，聚合物的结构有一定的差异，从而致使导电性有所不同。同时，聚苯胺的导电性与 H^+ 掺杂程度也有很大关系，在酸度低时，H^+ 浓度低，掺杂量较少，所以其导电性受到影响。

聚合体系的 pH 值对反应历程以及聚合产物的性质有着至关重要的影响。Okamoto 等提出聚合体系 pH 值的提高可能导致苯胺聚合的初级结构发生变化；Wang 等通过多种测试证实碱性条件下所得聚苯胺分子结构中存在大量对苯醌型异质结构。Stejskal 等详细研究了 pH 值对苯胺氧化聚合反应的影响：① 在 pH＞4 的中性和碱性体系中，苯胺聚合产物由聚合度为数十的低分子量聚苯胺组成，由于结构不规整，这些低分子量聚苯胺的电导率很低；② 在 pH＜2.5 的强酸性体系中，聚合产物为聚合度从数百到数千的对位聚合聚苯胺，产物电导率较高；③ 在 2.5＜pH＜4 的弱酸性体系中，聚合产物主要为低聚物，完全没有导电性。

作为掺杂剂，质子酸本身的性质对聚合所得聚苯胺的电导率也有很大影响。由于聚苯胺的分子结构主要受聚合体系 pH 值的影响，可以推测在一定的酸度条件下，质子酸种类不会对聚苯胺的分子量和分子结构产生较大影响，而是通过影响结晶度、掺杂度以及分子构象等性质，影响所得聚苯胺的电导率。盐酸是苯胺聚合最常用的质子酸，但其易挥发，容易使产物发生脱掺杂，因此很多研究人员尝试在其他质子酸中进行苯胺的聚合反应，如硫酸、磷酸、高氯酸等无机酸和 DBSA、樟脑磺酸（CSA）、乙酸以及甲酸等有机酸。在其他质子酸中进行苯胺聚合的研究已经得到了一些令人欣慰的结果。Yoon 等以磷酸作为聚合反应介质酸，制备出了电导率高达 40S/cm 的聚苯胺；Kahol 等以 CSA 为介质酸制备了电导率高达 50S/cm 的聚苯胺。还有一些研究人员通过选取更适合的质子酸来改进聚苯胺的性能。Lu 研究了在不同分子量聚丙烯酸体系中聚合所得聚苯胺的热稳定性，他们认为在高分子量聚丙烯酸中所得聚苯胺的金属岛尺寸大于在低分子量聚丙烯酸中聚合所得样品，这一差异使得前者拥有更高的电导率和热稳定性；Loo 等以一系列不同分子量聚合物酸为聚合介质酸，通过调节聚合物酸的分子量成功得到了不同结晶度、电导率以及共轭结构的聚苯胺。

2.1.2.3 聚合温度

聚合温度是影响所得聚苯胺分子量、结晶性和电学性质的另一个重要因素。苯胺的聚合为放热反应，在较高温度下进行时，反应产生的大量热量会使反应速率不断加快，直至发生爆聚，导致所得聚苯胺分子链上生成大量缺陷，严重影响产物的电导率。大量研究表明，低温聚合有利于获得高分子量和结晶性好的聚苯胺，同时有利于减小产物的分子量分布，从而提高所得聚苯胺的电导率。Scheer 和 Ohtani 等都曾经在较低的合成反应温度（-20～-50℃）下得到电导率较高的聚苯胺，该结果主要是因为低温聚合可使聚苯胺的分子量大幅提高。在 0℃ 下聚合所得聚苯胺的重均分子量大约为 70000，而在 -35℃ 下所得样品的重均分子量可达 430000。

然而，由于聚苯胺具有线性分子结构和一维导电机制，其分子量的大幅增加只在一定范围内对应电导率的增大。研究人员已经注意到这一现象，Adams 等发现，在 0℃ 以下合成所得聚苯胺的电导率并未比常温下合成所得产物高；Mac-Diarmid 通过凝胶渗透色谱法得到了不同分子量的聚苯胺，电导率测定结果表明，当聚苯胺的分子量为 20000 时，其电导率为 2.5S/cm；当分子量上升到 170000 时，其电导率增加到 17S/cm，但该值并未随着聚苯胺分子量的继续增加而增大。由聚苯胺的导电机理可知，影响聚苯胺电导率大幅提高的瓶颈是分子链间较低的载流子传导能力。降低合成温度可以提高聚苯胺分子量，减少分子链的缺陷，但同时提高了其结晶度。虽然增大分子量和减少分子链缺陷可以有效提高载流子在聚苯胺分子链内的传导能力，但由于聚苯胺结晶度并不会随着聚合温度的大幅下降而明显增大，因此载流子在分子链间的传导能力没有在降低聚合温度后得到很大改善，这是降低聚合温度并不能大幅提高聚苯胺电导率的本质原因。

2.1.2.4　聚合介质

经典的苯胺化学氧化聚合采用水作为聚合介质，但在其他介质中聚合制备聚苯胺的研究已经得到越来越多的关注，如各种有机溶剂、聚合物水溶液甚至离子液体等。采用有机溶剂与水混合溶剂进行聚合时，因溶剂极性的不同聚合体系可分为互溶单相体系和油/水不互溶两相体系。醇类等强极性有机溶剂与水可充分互溶，混合溶剂的性质与水相似。在此类混合溶剂中进行苯胺氧化聚合反应，并不会对所得聚苯胺的分子量和分子结构产生较大影响，但醇类等溶剂所含羟基可与聚苯胺分子链生成氢键，这对聚苯胺的分子链构象和结晶度会有一定影响，进而会影响聚苯胺的电导率。Blackwood等详细研究了甲醇蒸气与聚苯胺分子链间氢键对于聚苯胺电导率的影响，他们认为甲醇与本征态聚苯胺分子链之间可以形成桥式氢键，导致聚苯胺分子链构象发生扭曲，极化子更加定域化，从而使电导率下降；而掺杂态聚苯胺由于醌式氮原子上发生掺杂，与甲醇以单氢键相连，这使得聚苯胺的分子链构象更加舒展，从而使电导率提高。以上结果表明水溶性有机溶剂与聚苯胺间的氢键作用对于聚苯胺的电导率有着很大影响。

非水溶性有机溶剂与水的混合体系涉及两相，对在其中聚合所得聚苯胺性质的影响比水溶性有机溶剂更大。研究最为广泛的在油/水两相介质中聚合制备聚苯胺的方法是反相乳液聚合法。该方法制备所得的聚苯胺的颗粒尺寸较常规法制得的要小，溶解度更高，但该法从本质上来说并不能改变聚苯胺的分子结构和分子链排布，对于载流子在分子链内和链间的传导几乎没有影响，因此对电导率的提高作用十分有限。除了反相乳液聚合法外，自稳定分散聚合法（SSDP）也是一种采用油/水两相体系作为反应介质的聚合方法。该方法可以说是目前制备高电导率聚苯胺最成功的方法之一，所得的聚苯胺薄膜的电导率最高达到1380S/cm，是传统方法所得聚苯胺薄膜的三倍多，其产物还首次显现出金属的电导率-温度特性。在该法中，聚合初期生成的诱导中心为疏水性，处于油水界面处，而随后生成的聚苯胺分子链为亲水性，呈有序排列状延伸入水相，这种排列使反应活性端与已有分子链分隔开来，避免了支链和交联反应的发生，从而可以得到分子链缺陷少、分子量分散性小且分子链排列有序的聚苯胺。由于该聚苯胺分子链间的排列有序性大大上升，载流子在分子链间已可以实现初步的自由传导，因此表现出了类似金属的电导率和电导率-温度特性，这是导电高分子实现金属化的一个飞跃。

聚合物水溶液也是苯胺氧化聚合反应比较常用的介质，水溶性聚合物在这种聚合体系中可以充当表面活性剂和聚合模板，或者与聚苯胺形成复合物。无论水溶性聚合物以何种作用加入苯胺的聚合过程中，它们与聚苯胺分子链都会产生相互作用，聚合产物分子链的生长和排列都会因此发生变化，电导率也必然受到影响。应用较多的水溶性聚合物有PVA、聚氧化乙烯（PEO）以及各类表面活性剂。研究人员在这些聚合物溶液中制备得到了溶解度和电导率等都有一定改善的聚苯胺。Kuramoto等在分子量为120000～180000的PVA水溶液中制备了聚苯胺和PVA的复合物，其中以十二烷基硫酸钠掺杂所得复合物的电导率高达32S/cm，并且表现出良好的成膜性。

2.1.3 聚苯胺化学氧化聚合法的类型

聚苯胺的化学氧化聚合法具有设备简单、反应条件容易控制等优点。研究较多的主要是溶液聚合法、胶束聚合法、乳液聚合法和微乳液聚合法。

2.1.3.1 溶液聚合法

聚苯胺的合成最早采用溶液聚合法，目前对它的研究已基本成熟。典型的溶液法合成路线如下：取定量的苯胺单体滴入盐酸稀溶液，再向其中缓慢滴入氧化剂，通入N_2保护，低温搅拌，反应结束后直接过滤、洗涤、干燥，即得产品。溶液聚合法工艺简单。

2.1.3.2 胶束聚合法

人们一直希望通过某些特定的组装体为苯胺聚合提供一个特定的空间，从而合成具有特定形态或功能的聚苯胺，胶束的形成实现了人们的这个愿望。胶束是由过饱和的表面活性剂分子相互缔合形成的，因为表面活性剂是同时具有亲水基和亲油基的双亲性分子，所以它的分子间缔合就有两种情况：一是亲油基相互吸引形成胶束，二是亲水基相互吸引形成反胶束。

一般苯胺的胶束聚合多采用阴离子型表面活性剂，尤其是能自掺杂的表面活性剂，也有采用非离子型表面活性剂的报道，但得到的聚苯胺产品粒度不均，电导率也相对较低。Kim等研究了聚苯胺在胶束中的形成过程，认为反应物在胶束中的位置是影响反应速率、选择性以及产率的重要因素之一。他们还推断出苯胺的聚合反应发生在胶束/水的界面上，生成的聚苯胺粒子以静电斥力吸附或嵌入表面活性剂分子而得以稳定。

反胶束主要是利用其微水相作苯胺聚合的场所，以期达到更好控制粒径的目的。日本的Ichinohe率先提出了在反胶束2-乙基己基琥珀酸钠（SESS）/异辛烷中合成聚苯胺的方法，并对其结构做了表征，证明产物为翠绿亚胺盐。邢双喜通过对不同反胶束体系的比较说明表面活性剂与$S_2O_8^{2-}$及H^+之间有相互作用，而且会影响到聚苯胺的合成。

2.1.3.3　乳液聚合法

电化学聚合受使用条件的限制，难以工业化；用一般化学法聚合的聚苯胺可加工性能差（即在普通溶剂中难溶和难熔），亦成为加速聚苯胺实用化进程的主要障碍。而乳液聚合法制备聚苯胺相比之下有如下优点：①体系黏度低、易散热、反应快、聚合速率高、所得产物分子量高以及产物粒径均匀；②用无环境污染且低成本的水为介质生产安全，产物不需沉析分离以除去溶剂；③若采用大分子有机磺酸充当表面活性剂，则可一步完成质子酸的掺杂以提高聚苯胺的导电性；④通过将聚苯胺制备成可直接使用的乳状液，就可在后加工过程中避免再使用一些昂贵（如 NMP）的或有强腐蚀性（如浓硫酸）的溶剂（这些溶剂其实对掺杂态导电聚苯胺往往难溶）。不但可以简化工艺、降低成本、保护环境，而且可以有效地改善聚苯胺的可加工性。

（1）乳化剂和掺杂剂　在乳液聚合过程中，乳化剂起着稳定乳液的作用，其选择是最重要的环节。乳化剂可以有效地在分散相液滴表面形成规则排列的表面层，经过乳液聚合得到直径细小的聚苯胺纳米微粒；同时在干燥过程中乳化剂的存在也可以防止聚苯胺纳米微粒之间的团聚。十二烷基硫酸钠（SDS）、十二烷基磺酸钠、十二烷基苯磺酸钠、十二烷基三甲基溴化铵、聚乙二醇单甲基醚等不同表面活性剂被用作乳化剂时，所制备的聚苯胺具有不同的微观结构和热稳定性，但是采用不同乳化剂对制备聚苯胺的结构没有影响。选择十二烷基硫酸钠作为乳液聚合体系的乳化剂制备的聚苯胺粒子小且分散均匀，聚苯胺乳液的稳定性明显优于其他乳化剂。

若选用分子量、尺寸较大的功能质子酸，如 DBSA、CSA、对甲基苯磺酸等，可以改善聚苯胺稳定性及可溶性。大分子功能质子酸既可作乳化剂和又可作掺杂剂，并且提供反应所需的酸性环境，可通过乳液聚合在聚苯胺分子链上有效掺杂大分子功能质子酸，这些有机酸可以起模板或立体稳定剂的作用，形成掺杂态的聚苯胺胶体分散液。当以有机酸 RM^-H^+ 对聚苯胺进行掺杂时，反离子 RM^- 悬挂在聚苯胺链侧，可以起到接枝聚合物中支链的增溶作用，因而对 R 官能团的设计，使它和某种溶剂有强烈的相互作用，就可以改善掺杂态聚苯胺在此溶剂中的溶解行为。并且，镶嵌在聚苯胺链上的憎水基团可起到增塑的作用，掺杂后大大改善了聚苯胺的可溶性和可塑性，从而实现聚苯胺的塑性加工。Wang 研究了 CSA 掺杂的聚苯胺，证明 CSA 掺杂的聚合物的电导率依赖性较 HCl 掺杂的小，具有更好的热稳定性。另外，研究者发现，含有芳香环并含有 $10\sim15$ 碳链烷基的功能质子磺酸是聚苯胺优良的掺杂剂。

（2）引发剂　在乳液聚合中，用得较多的引发剂是水溶性的 APS 和油溶性的 BPO。APS 是强氧化剂，苯胺的聚合反应是放热反应，因此反应温度难以控制，容易导致过氧化，并且其反应副产物也难以去除。而 BPO 是比较温和的有机氧化剂，用丙酮就能去除，因此在较多聚苯胺乳液聚合反应中被用作引发剂。也有人尝试过用偶氮二异丁腈（AIBN），但是产率太低，所以一般不用于聚苯胺乳液聚合。

（3）聚苯胺的传统乳液聚合类型　乳液聚合有两大类型：一类是水包油（O/W）型，称为普通乳液聚合（正相乳液聚合）；另一类是油包水（W/O）型，即反相乳液聚合。它们的差别主要体现在反应连续相的选择上，O/W 型乳液的连续相是水，而 W/O 型乳液的连续相是有机溶剂。

① 正相乳液聚合。正相乳液聚合是通过油溶性单体借助水包油（O/W）型乳化剂的作用乳化分散于水中，由水溶性或油溶性引发剂引发聚合，得到聚合物微粒分散于水中的 O/W 型乳状液。典型的乳液聚合合成步骤：在反应瓶中加入 DBSA、苯胺、二甲苯和水，在一定温度下，剧烈搅拌成乳液再向该乳液中缓慢滴加 APS 水溶液，聚合反应 12h 后，得到聚苯胺乳液，再用丙酮破乳，反复洗涤后，即得 DBSA 掺杂的导电聚苯胺。

潘春跃等在非极性溶剂/功能质子酸/水三相体系中，合成了产率高于 80%，电导率＞1S/cm 的聚苯胺，并比较了乳液聚合与化学氧化溶液聚合合成的聚苯胺的性能。封伟等对乳液法和溶液法合成的聚苯胺性能进行了比较，结果表明，乳液聚合所得聚苯胺在溶解性、分子量、热稳定性及结晶形态方面都明显优于溶液聚合。夏琳等选用经石油醚提纯精制的 DBSA 作乳化剂及掺杂剂，通过乳液聚合-萃取法得到了电导率较高和具有很高溶解性的导电聚苯胺。何丽红等采用了一种新的氧化体系：过氧化物酸（TAP）为均相催化剂，过氧化氢做氧化剂，利用正相乳液聚合法合成出了 DBSA 掺杂的聚苯胺，新的引发剂体系在 15℃ 下反应温和，副反应少且产物纯度高，在普通有机溶剂中溶解分散性好，并且反应过程中生成水不会污染环境。

② 反相乳液聚合。反相乳液聚合是采用水溶性单体借助油包水（W/O）型乳化剂乳化分散于油中，由水溶性或油溶性引发剂引发聚合，得到水溶胀的聚合物粒子在油中的 W/O 型胶体分散体。Osterholm 等较早报道了反相乳液合成聚苯胺，体系为水/二甲苯/DBSA/苯胺/APS，与溶液法相比，获得了较高分子量、较好溶解度的结晶性聚苯胺。Sathyanarayana 等又用反相乳液法，以甲苯-异辛烷为连续相，以酸性水溶液作分散相，用过苯甲酸酐氧化引发，合成聚苯胺，并对其光谱特性、电导率和热稳定性做了分析，产物电导率与热稳定性都有所提高。

Swapna 等选用十二烷基硫酸钠作乳化剂，BPO 作引发剂，甲苯-异辛烷溶液作连续相，用 4 种不同质子酸掺杂剂反相乳液聚合制备聚苯胺，通过紫外光谱、红外光谱、热重等测试方法得出了不同质子酸掺杂产物的产率、电导率、稳定性。杨胜林等用 DBSA 作掺杂剂和乳化剂，采用反相乳液聚合制备聚苯胺，并发现随着 DBSA 掺杂率的增加，聚苯胺导电性及其在普通溶剂中的溶解性能也会随之增加，DBSA 使聚苯胺形成以 DBSA 为间隔的有序层状结构。

（4）新兴乳液聚合技术的运用　由于现阶段合成聚苯胺等聚合物乳液的技术开发动向是：通过分子设计、粒径及其分布的控制技术、颗粒形态的调节技术以及颗粒表面的官能化技术等手段，开发高性能、高附加值的乳液聚合产品。所以，一些非常规的乳液聚合法也开始出现在导电高分子材料的制备领域。

① 乳液互穿聚合物网络。作为互穿聚合物网络（interpenetrating polymer network，IPN）的一大类，乳液互穿聚合物网络是两种线形弹性乳胶通过混合凝聚、交联制得聚合物的方法，它是一种新兴的复合材料技术。该乳液聚合法是先将聚合物形成"种子"胶粒，然后将单体及其引发剂、交联剂等加入其中，而无需加入乳化剂，使单体在聚合物所构成的种子胶粒的表面进行聚合和交联。因此，此法制得的产物其网络交联和互穿仅局限于胶粒范围，受热后仍具有较好的流动性。有关 IPN 的研究范围已开始涉及导电高分子方面，在雷良才制备的聚苯胺/聚乙烯醇缩甲醛（PVF）导电共混物中，线形的聚苯胺分布在交联的 PVF 介质中，形成互穿网络结构。今后，还需在 IPN 的合成、理化性能研究及结构分析等方面做大量工作，以便使其研究工作充实完善。

② 核壳乳液聚合。此聚合方法运用于导电聚苯胺的合成是由浙江大学的南军义等提出的。他们以共聚物酸为核掺杂聚苯胺，获得了三元共聚物 P（MMA-MAA-BA），即聚（甲基丙烯酸甲酯-甲基丙烯酸-丙烯酸丁酯）为核、聚苯胺为壳的导电高分子材料，经过对其结构和电性能的研究表明形成了核壳结构，并具有好的溶解性、稳定性及导电性。但此聚合方法尚缺乏更广泛的实验性论据，理论研究也还需深入。

③ 无皂乳液聚合。无皂乳液聚合，即在乳液聚合反应过程中完全不含有乳化剂或仅含有微量（浓度小于 CMC 值）乳化剂的聚合方法，但少量乳化剂所起的作用与传统乳液聚合完全不同。对于这种乳液聚合的成核机理主要有两种说法：均相成核机理与低聚物成核机理。无皂乳液聚合可以克服常规乳液聚合中由于乳化剂的存在而引起的聚合物的表面性能、耐水性或电性能等方面的缺陷。并且，它制备的聚苯胺产物表面清洁、单分散且粒径小（$0.5 \sim 1.0 \mu m$），还可以带有多种功能基团，因此可用于一些特殊的场合。

2.1.3.4　微乳液聚合法

微乳液是由表面活性剂、助表面活性剂、油及水在适当配比下自发形成的一种外观透明或半透明、低黏度的热力学稳定体系，其分散液滴大小仅有 10～100nm。聚苯胺的微乳液聚合是目前研究发现的最理想的聚苯胺合成方法，微乳液聚合利用大量乳化剂包覆在聚苯胺颗粒周围防止其团聚，反应条件容易控制，制得的聚苯胺链结构规整性好、结晶度高、粒径均匀，并且在纳米级别。同传统乳液聚合相比，微乳液聚合缩短了反应时间（约 3h）。此外，产物粒径小且分布窄，电导率、产率、溶解性更佳，能够得到分子量很高的纳米级聚合物粒子。因此，微乳液聚合反应的研究显得尤为重要，采用较好的聚合工艺，不仅可以简化操作，还可以获得较好的经济和社会效益。但是，微乳液法使用大量的乳化剂，而且聚合产物含量低，成本高，严重阻碍了微乳液的工业化生成。为此，寻找高效的乳化体系是亟待解决的问题。

（1）正相微乳液聚合　正相微乳液聚合即 O/W 型微乳液聚合，把非水溶性单体和包容物乳化分散至水中，其大部分被增溶到表面活性剂胶束中。在引发剂作用下，胶束中单体很快集合转变为聚合物，而水中的单体经扩散又进入胶束中，形成了连续的聚合过程。最终聚合物分子包覆在包容物周围，形成微胶囊。在微乳液体系中，微珠滴是靠乳化剂与助乳化剂形成的一层复合物薄膜或称界面层来维持其稳定的。

正相微乳液聚合被广泛用于合成聚苯胺。刘家和等在苯胺/乳化剂/助乳化剂/水四元微乳液体系中，采用正相微乳液聚合法制备出了纳米级聚苯胺，平均粒径为 4～5nm。该方法制备的聚苯胺与常规乳法聚合制备的非纳米型聚苯胺相比，电导率提高了 2 个数量级以上，且在有机溶剂中的溶解度更高。阳范文等用 SA（丙烯酸类）作乳化剂，正戊醇作为助乳化剂，微乳液聚合出了电导率为 9.1S/cm 的聚苯胺，并发现与传统乳液聚合相比，微乳液聚合可缩短聚合的时间，产物的电导率和产率都要高得多。黄美容等采用了正相微乳液聚合法，将苯胺单体分批加到聚合体系中，通过控制单体的分批比例来改变体系中聚苯胺颗粒的粒径分布，降低体系黏度，使体系中的苯胺单体投量增加，提高了微乳液体系中聚合物含量，总结得出分批加单体法比其他方法所得聚苯胺产率更高且更稳定。Kim 等用十二烷基苯磺酸钠（SDBS）作乳化剂，DBSA 作掺杂剂，集中研究了 SDBS 在形成稳定的分散体系中的贡献，发现在 SDBS 的浓度足够高时才能增溶所有单体，并且小部分 SDBS 也会掺杂到聚苯胺中。

（2）反相微乳液聚合　反相微乳液聚合即 W/O 型微乳液聚合，在强烈搅拌和乳化作用下，水溶性单体和包容物在有机溶剂中乳化分散，在引发剂作用下，单体聚合物对包容物进行包覆形成纳米胶囊。在微乳液发生聚合反应的整个过程中，体系内一直存在有大量的胶束，是一种连续的粒子成核过程，而且单体可部分地分散在油水相界面上，起助乳化剂的作用。在反相微乳液聚合中，被分散的水池为纳米级空间，以此为反应器，苯胺以盐的形式溶解在微乳液的微小水池中，该水池中苯胺的含量决定了形成聚苯胺粒子的尺寸。由于每个水池中苯胺含量有限，所以可以合成 1~100nm 的纳米聚苯胺微粒。

Gan 等较早采用反相微乳液法，以非离子表面活性剂 Empilan NP25 为乳化剂、石油醚为连续相成功地实现了聚苯胺的乳液聚合，所得聚苯胺为直径 10~35nm 的圆形粒子，电导率可达到 8S/cm。Selvan 等首先发现用反相微乳液法合成的聚苯胺具有良好的结晶性。Yan 等通过实验设计，对比溶液聚合、传统乳液聚合和反相微乳液合成的聚苯胺，发现由于反相微乳液体系中存在大量 1~100nm 级的液滴，这些液滴可作为聚合物结晶时的核，导致聚苯胺链的有序增长。因而，所得聚苯胺的分子链更有序，结晶度更高。Tamil 等用环己胺作连续相，2-乙基己基琥珀酸酯磺酸钠（AOT）和 SDS 作表面活性剂，采用反相微乳液聚合法，也制得了高结晶态的纳米聚苯胺。井新利等以 Triton 为乳化剂，正己醇为助乳化剂，正己烷为连续相，在苯胺的盐酸盐水相中，采用反相微乳液法合成出了粒度小且均匀的聚苯胺粒子。实验证明了反相乳液聚合是制备纳米聚苯胺的有效方法。纳米级聚苯胺兼有导电高分子的特性和纳米颗粒的特性，具有更好的溶解性，与其他聚合物材料复合时，添加量少、电导率高并可制得透明导电复合材料薄膜，具有广阔的应用前景。

（3）超声辅助微乳液聚合　随着乳化设备和技术的发展，微乳液的制备工艺被极大地简化，从而使得微乳液聚合更适应工业化生产的需求。超声辐照微乳液聚合利用超声波在液体媒介中传播时产生的空化效应，引起强烈的分散、搅拌、粉碎、引发等作用，不仅能够加速反应的进行，而且能够促进单体在乳液体系中的分散，对生成的乳胶粒子还有一定的稳定作用，从而降低乳化剂的用量。超声辐照微乳液聚合具有转化速率快、粒径分布窄、乳化剂用量低、不需外加引发剂等特点，已得到人们的广泛关注。

Xia 等以十六烷基三甲基溴化铵作乳化剂，溶于正己醇，再加入 HCl 水溶液和 APS 水溶液，得到反相微乳液，再以超声辐照，同时滴加苯胺的正己醇溶液，1h 后停止超声辐照，无搅拌反应 48h 获得 10~60nm 的聚苯胺。苯胺的聚合发生在分散且狭窄的水相池中，超声波起到加速聚合的作用，并且将很容易聚集在一起的聚苯胺纳米颗粒进行分散，能够较好地控制聚苯胺颗粒的形态和尺寸。用这种方法制得尺寸在 10~50nm 之间的聚苯胺球形颗粒。颗粒尺寸的减小有利于更有效地进行掺杂，提高电导率。

2.1.3.5　酶催化法

酶作为一种优质的生物催化剂也已被应用于聚苯胺的合成。利用酶的选择性与单一性，人们试图合成结构单一的聚苯胺。目前主要用过氧化氢酶（辣根过氧化氢酶，horseradish peroxidase，HRP）来催化过氧化氢的分解，利用过氧化氢氧化使苯胺聚合。但由于聚合是在水体系中进行，而聚苯胺不溶于水，因此很快会从水中析出，导致仅能得到分子量很低的寡聚体。这一问题可以由苯胺模板导向聚合来解决。所谓模板导向聚合，指的是在反应体系中加入聚阴离子电解质，在反应过程中，模板在促使苯胺单体对位取代以保证获得头-尾聚合的同时，为聚苯胺的掺杂提供补偿离子并使聚苯胺具有水溶性。文献报道的可作为酶催化苯胺模板导向聚合的模板有聚苯乙烯磺酸钠（SPS）、聚乙烯磺酸钠（PVS）、聚乙烯磷酸盐（PVP）、磺化木质素（LGS）及 DNA（RNA）。酶的高选择性和高催化活性必将使聚苯胺的合成研究更加深入和完善。

2.2　聚苯胺的电化学氧化聚合法

电化学聚合法是将电极电位作为反应驱动力，引发推动反应聚合，使聚合反应在电极表面发生，直接在电极表面形成导电聚合物膜。1980 年 Diaz 首次成功地用电化学氧化聚合法制备出电活性的聚苯胺膜。随后，关于苯胺的电化学聚合反应及聚苯胺电化学行为的大量研究工作在各国展开。电化学氧化聚合法制备聚苯胺是在含苯胺的电解质溶液中，选择适当的电化学条件，使苯胺在阳极上发生氧化聚合反应，生成黏附于电极表面的聚苯胺薄膜或是沉积在电极表面的聚苯胺粉末。与化学聚合法相比，电化学方法除了操作简便，还具有一些独特的优点：①聚合和掺杂同时进行；②通过改变聚合电势和电量可以方便地分别控制聚苯胺膜的氧化态和厚度；③所得到的产物无需分离步骤；④电化学方法合成的聚苯胺纯度高，反应条件简单且易于控制；⑤能直接获得与电极基体结合力较强的高分子薄膜，并可通过电位控制聚合物的性质，也可直接进行原位电学或光学测定。

电化学方法对聚合反应机理及掺杂机理的研究、修饰电极和传感器的制备具有重要价值。电化学聚合过程中存在一些阻碍聚合反应进行并使聚合物结构呈现多分散性的因素：其一是单体的氧化电位一般比所得聚合物的可逆氧化还原电位高，因此在聚合过程中可能出现聚合物链的过氧化；其二是电化学聚合中单体聚合活性中心的选择性较差，几乎所有电化学聚合都存在不同程度的交联。如何提高电化学聚合的反应选择性也是获得高品质产物所需解决的一个重要课题。此外，电化学聚合方法和条件的限制，使所得产物的可加工性差、批量小，给大面积工件的制作以及在防污、防腐涂料、导电复合材料的制备方面带来了很大的局限性。

苯胺的电化学聚合方法有动电位扫描法、恒电流聚合、恒电位法以及脉冲极化法。最常见的工作电极是铂，还可使用碳、半导体和 SnO_2 导电玻璃等工作电极，反应液通常是酸性介质，以便发生质子化反应。在众多的聚合法中，以 Genies 等使用的方法最为典型。他们在含 $NH_4F + 2.35HF$ 的电解质溶液中，以铂为电极，Cu/CuF_2 为参比电极，采用动电位扫描法进行电化学聚合反应，结果表明产物不但粒径均匀、排列规整，而且具有很高的电化学活性和稳定性。

2.2.1 电化学聚合机理

由于苯胺的化学聚合速度很快，很难跟踪和分离中间产物，而电化学聚合相对较易控制和跟踪观察，所以聚苯胺早期机理的研究主要建立在电化学的基础上。电化学氧化聚合中，氧化反应的第一步是单体形成阳离子自由基。根据实验条件不同，阳离子自由基会有多种反应趋势。比较有利的步骤是两个阳离子自由基偶合，通过脱氢芳构化形成二聚体，随后二聚体或是新的单体氧化所生成的阳离子自由基进一步形成分子量更大的低聚物。类似过程反复进行，最终生成某一链长的聚合物而沉积在电极表面。

因为需要考虑到苯胺的氧化降解和氧化聚合的同时存在，聚苯胺在电化学氧化聚合时需考虑选择合适的电极类型、阳极电势、电解质、溶剂、pH、温度和苯胺的浓度等因素。最近研究显示，如果苯胺在高电位或电流密度下进行氧化聚合，寡聚苯胺/聚苯胺膜会降解成 1,4-对苯醌。

2.2.1.1 酸性环境

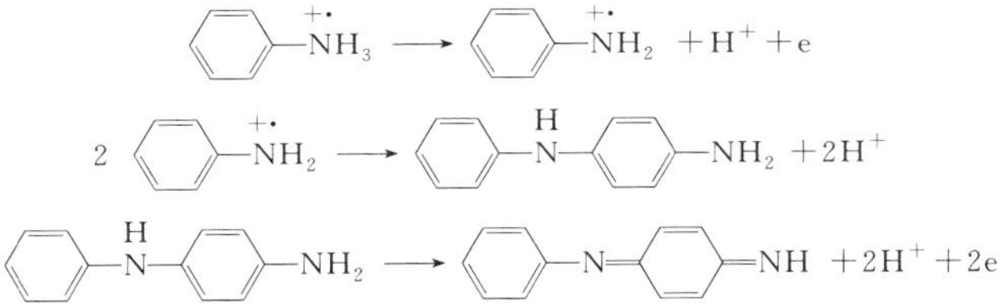

图 2-7 酸性环境下聚苯胺电化学聚合反应机理

酸性溶液中制得的聚苯胺一般为墨绿色，具有较高的导电性、电化学活性和稳定性。MacDiarmid 等研究结果证实了苯胺在酸性溶液中的聚合是通过头-尾偶合，即通过 N 原子和芳环上的 C-4 位的碳原子间的偶合，从而形成分子长链。孙东豪等利用环-盘电极研究了盐酸溶液（0.7mol/L）中苯胺（0.17mol/L）的电化学聚合行为，提出了如下阳离子自由基的聚合机理：首先是苯胺单体被氧化成阳离子自由基，然后大部分阳离子自由基在盘电极上聚合形成了由 N 原子和芳环上 C-4 的碳原子通过头-尾偶合的二聚产物，该过程重复进行即可使得聚苯胺链不断生长；而一旦反应中间体被氧化，则整个聚合反应停止。其示意图如图2-7 所示。

2.2.1.2 碱性环境

碱性溶液中电化学沉积所得的聚苯胺膜一般为致密的黄色绝缘体。穆绍林等报道了苯胺在 KOH 溶液（0.25mol/L）中实施苯胺（0.2mol/L）的电化学聚合时的现场光谱以及电化学和聚合物的一些性质，并根据环-盘电极实验的结果，提出苯胺在碱性溶液中氧化时生成两种可溶性中间物，其氧化机理可能如式 (2-1) 所示。

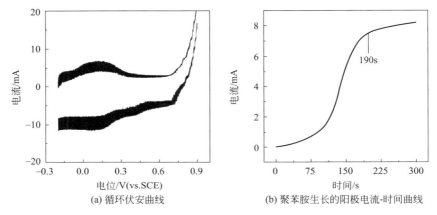

$$\text{（苯胺）} -NH_2 \longrightarrow \text{（苯胺）} -\overset{+\cdot}{N}H_2 (\text{I}) + e \qquad (2-1)$$

形成的自由基（Ⅰ）在碱性溶液中不稳定。很容易失去一个质子形成自由基（Ⅱ），后者在 1.1V 左右进一步氧化［式(2-2)］：

$$\text{（苯胺）} -\overset{+\cdot}{N}H_2 \longrightarrow \text{（苯胺）} -\overset{\cdot}{N}H_2 (\text{Ⅱ}) + H^+$$

$$\text{（苯胺）} -\overset{\cdot}{N}H \longrightarrow \text{（苯胺）} -\overset{+}{N}H (\text{Ⅲ}) + e \qquad (2-2)$$

带正电荷的可溶性中间物（Ⅰ）和（Ⅲ）从盘电极转移到环电极，并在环电极上发生还原。两中间物绝大部分在盘电极上发生聚合，还有少部分在环-盘传递过程中分解。

(a) 循环伏安曲线

(b) 聚苯胺生长的阳极电流-时间曲线

图 2-8　(a) ITO 电极在 0.1mol/L 苯胺和 1mol/L p-TSA 溶液中的循环伏安曲线
(扫描速率 100mV/s) 及(b)聚苯胺生长的阳极电流-时间曲线(恒定电位 0.9V)

翁少煌等建立了一种无模板的恒电位电聚合方法，可在室温下制备对甲基苯磺酸掺杂的多级树状纳米结构聚苯胺，根据电聚合曲线分析了聚苯胺的聚合机理。从图 2-8 可见在 ITO 电极上苯胺聚合的起始氧化电位大于 0.80V［图 2-8 (a)］，比碳电极和 Au 电极的起始氧化电位均高，这可归因于不同电极的结构和表面状态不同，以至于反应刚发生时形成苯胺阳离子的难度互不相同。在初始的伏安扫描中电极表面首先生成少量的苯胺阳离子自由基，随着扫描电位正移至 0.9V，电极表面生成的苯胺阳离子自由基不断增多，并相互叠加。由于电聚合过程存在自催化作用，开始阶段由苯胺阳离子自由基聚合形成苯胺寡聚体，而苯胺寡聚体的氧化电位又比较低，当聚合电位控制在 0.9V 以下，形成的苯胺低聚物还会再次被氧化，并在氧化了的苯胺寡聚体链上继续发生苯胺聚合，伴随聚苯胺不断地在电极表面生成，对应的氧化电流亦随时间上升［图 2-8(b)］。当时间延长至 190s 时，其阳极（氧化）电流即达极限电流［图 2-8(b)］表现出聚苯胺的快速生长，并且达到稳定状态。这可能是早先生成的聚苯胺覆盖了整个电极表面，之后再以此为基底进一步聚合生成覆盖在上面的聚苯胺。树枝状的聚苯胺的微结构之间相互独立，交叉形成网络状结构。其中直径最大的聚苯胺纳米纤维可延伸生长 150～200nm，而且纤维表面连接有聚苯胺纳米棒，这些纳米棒表面有的还连接生长着聚苯胺纳米针。

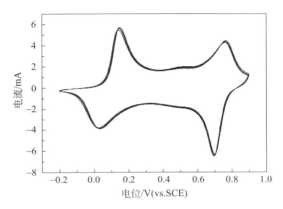

图 2-9　多级树状纳米结构聚苯胺在 0.1mol/L HCl 溶液的循环伏安图

（扫描速率为 20mV/s）

众所周知，聚苯胺在酸性溶液中可以用电化学方法进行可逆的掺杂和脱掺杂，随着电位的扫描，其氧化还原态会发生可逆的变化。图 2-9 示出多级树状聚苯胺在 0.1mol/L HCl 溶液中的循环伏安曲线，可以看出多级树状聚苯胺在 0.1mol/L HCl 溶液中有两对可逆的氧化还原峰，其中处在 0.15V 的第 1 对氧化还原峰对应于聚苯胺从还原态到部分氧化态的转变，而 0.75V 处的第 2 对氧化还原峰则表征了聚苯胺从部分氧化态到氧化态的转变。以上 CV 扫描说明了多级树状聚苯胺具有典型的电化学可逆氧化还原性，而且其氧化态随着电位的转变而发生变化。电沉积聚合得到的多级树状聚苯胺具有良好的导电性和电化学活性。

2.2.2　聚苯胺电化学氧化聚合法的影响因素

影响聚苯胺的电化学法合成的因素有：电解质溶液的酸度、溶液中阴离子种类、苯胺单体的浓度、电极材料、聚合反应温度等。电解质溶液的酸度对苯胺的电化学聚合影响最大，当溶液 pH<1.8 时，聚合可得到具有氧化还原活性并有多种可逆颜色变化的聚苯胺膜；当溶液 pH>1.8 时，聚合则得到无电活性的惰性膜。在酸性溶液中苯胺聚合可得到具有高的导电性、电化学活性和变色性的聚苯胺膜。穆绍林等发现，苯胺可在碱性溶液中的阳极氧化生成深黄色的绝缘性物质。他们认为碱性溶液中制得的聚苯胺可能不含有掺杂阴离子，其吸收峰位于 2.3eV 附近，此种高分子有可能用作发光二极管的电致发光材料。电解质阴离子对苯胺阳极聚合速率有较大影响，聚合速率顺序为：$H_2SO_4 > H_3PO_4 > HClO_4$，但所得聚苯胺结构基本相似。苯胺的电聚合受到电解液阴离子的影响，不同的阴离子溶液中可形成不同形貌和性能的聚苯胺，但其结构基本相似。用电化学法还可制得纳米结构的聚苯胺。

孙通等研究了不同酸掺杂的聚苯胺的电化学聚合和性能，他们采用循环伏安（CV）法在镀金聚对苯二甲酸乙二醇酯（PET）膜上分别聚合了 H_2SO_4、DBSA、H_2SO_4＋DBSA 掺杂的聚苯胺膜，对比研究了掺杂酸种类对聚苯胺结构和性能的影响。SO_4^{2-}、DBSA$^-$ 可以随聚合过程进入聚苯胺分子链，大分子的 DBSA$^-$ 具有增容效应，增加了分子链间距，使聚苯胺优先产生单螺旋的纤维，提高了聚苯胺在分子链方向上的结晶度。H_2SO_4 掺杂的聚苯胺电导率最高，可达 10.05S/cm，但是在空气中易被氧化；DBSA 掺杂的聚苯胺电导率不高，但在空气中稳定性好；复合酸掺杂的聚苯胺保持较高电导率的同时，在空气中具有较好的抗氧化性，放置一个月后仍能达到 4.19S/cm 的电导率。在空气中氧化前，PANI-H_2SO_4 电导率高于 PANI-DBSA，可能是由于 PANI-H_2SO_4 纤维细且致密，SO_4^{2-} 对聚苯胺结晶取向影响较小，使得聚苯胺分子链在平行和垂直分子链方向上都有良好的分布，提高了链间的电荷转移，使聚苯胺整体具有较高的电导率。大分子的 DBSA$^-$ 虽然使聚苯胺的链更加伸展，降低聚苯胺链间的相互作用，使聚苯胺分子内及分子间的构象更有利于分子链上电荷的离域化，但是较大的链间距不利于链间的电荷转移，导致整体电导率低。热重分析发现，大分子 DBSA 的掺杂能提高聚苯胺在 275℃ 以下的热稳定性。

相比于单一酸掺杂，复合酸掺杂的聚苯胺在酸溶液中采用循环伏安扫描法制得，发现有四对氧化还原峰和较高的电流密度，表现出了优良的循环伏安特性。PANI-(H_2SO_4＋DBSA) 电导率介于前两者之间，PANI-(H_2SO_4＋DBSA) 中除了粗纤维之外，中间穿插着细小的纤维，在一定程度上促进了聚苯胺链间的电荷转移。将聚苯胺压片置于常温空气中，一个月后再次测量，发现 H_2SO_4-PANI 的电导率由 10.05S/cm 降至 0.92S/cm，降幅最大。PANI-DBSA 的电导率降幅最小，只下降了 2.93S/cm。PANI-(H_2SO_4＋DBSA) 放置一个月后，电导率仍能达到 4.19S/cm。说明 H_2SO_4 掺杂的聚苯胺具有较高的电导率，而 DBSA 掺杂可以大大提高聚苯胺在空气中的抗氧化能力，用硫酸＋十二烷基苯磺酸复合掺杂的聚苯胺具有电导率高且在空气中稳定性好的特点。

孙通等还采用循环伏安法在镀金 PET 膜上聚合得到了 DBSA 掺杂的聚苯胺

膜，通过对比不同条件下所得聚苯胺膜的红外光谱、微观形貌、循环伏安特性、X射线衍射谱图和紫外-可见光、近红外反射光谱，研究了酸浓度和聚合时间对聚苯胺结构和性能的影响。当DBSA浓度为0.4mol/L时，纤维呈短棒状，长度、直径不均匀，表面附着有少量细小的聚苯胺颗粒，这是由于低聚物与溶液中的掺杂剂和苯胺作用形成凝胶，将生成的聚苯胺粒子包覆，减少了成核点的数量，促使聚苯胺沿纤维方向生长。当DBSA浓度为0.8mol/L时，纤维呈弯曲棒状，直径约230nm，多分叉且表面光滑，长度明显增加。可能是随着DBSA浓度的增加，凝胶作用更加明显，成核点数大大降低，使纤维径向生长明显。纤维变为交错的扁平片状，长度较之前未发生明显变化，宽度在500nm左右的片状纤维表面出现细小颗粒，边缘位置有小的分支，说明酸浓度进一步增加，提高了成核及生长速率，掩盖了凝胶作用的影响，促使聚苯胺横向生长。随着掺杂酸浓度升高，所得聚苯胺膜的氧化还原峰向高电位偏移，说明离子空间位阻随聚合过程中酸浓度的增加而增大，增加了离子迁移难度，需要施加更大的外加电压。聚苯胺的结晶度随着掺杂酸浓度的增加而增加，当酸浓度达到一定程度后，结晶度变化不再明显。酸浓度越高，聚苯胺膜在可见光波段的反射率越低，这是由于聚苯胺聚合速率随酸浓度的增加而增加，膜厚度增加，反射率变低。

2.3 其他制备方法

2.3.1 含氟聚苯胺的合成

在元素周期表中氟的电负性最强，原子半径小，并且它与碳的键能大于碳与氢之间的键能。因此将氟引入到聚苯胺中可以显著提高聚苯胺的性能。李新贵等采用三氟甲苯胺合成了含氟聚苯胺，同时发现，当含氟单体在某一值时可得到产率和特性黏度较高的含氟聚苯胺，提高含氟单体量反而会使聚苯胺的产率和特性黏度降低。

2.3.2 磺化苯胺氧化共聚合法

黄美荣等采用磺化苯胺氧化共聚合法制备纳米聚苯胺，选用含有磺酸基团的苯胺单体与苯胺在盐酸水溶液中进行化学氧化聚合，合成的聚苯胺粒子的平均粒径为92.5nm。粒子呈椭球状，长轴为61～211nm，短轴为38～106nm，最小粒径为50nm左右。此方法没有外加乳化剂，减少了合成步骤，后处理简单，且产品纯度高。

2.3.3 分散聚合法

分散聚合体系由单体、分散介质、稳定剂和引发剂等成分组成，稳定剂与分散介质互溶形成各向同性体系，生成的聚合物颗粒不溶于介质中，在达到临界链长度后即析出聚集成小粒子，并借助于稳定剂悬浮在介质中形成稳定分散体系。在聚苯胺的分散聚合中，多使用水为分散介质，易溶于水的大分子聚合物为分散稳定剂，这样单体与水互溶，而聚合产物不溶于水，但受空间分散稳定剂保护而不沉淀、不絮凝，从而获得聚苯胺纳米胶体粒子。

2.3.4 乙炔黑吸附聚合法

乙炔黑吸附聚合法是在反应体系中引入经预先处理的乙炔黑均匀小颗粒，使苯胺首先被吸附到乙炔黑表面且发生氧化聚合反应，这样可以促使生成的聚苯胺呈均匀、规整的细小颗粒，以利于聚苯胺的加工形成及与其他复合材料成分共混制得导电复合材料。杨蕾玲等用乙炔黑吸附苯胺化学氧化聚合工艺制备了聚苯胺。

参 考 文 献

[1] 胡洪超，舒绪刚，崔英德. 聚苯胺的合成及机理研究进展 [J]. 化工进展，2016，35（S1）：195-201.

[2] Mohilner D M，Adams R N，Argersinger W J. Investigation of the Kinetics and Mechanism of the Anodic Oxidation of Aniline in Aqueous Sulfuric Acid Solution at a Platinum Electrode [J]. Journal of the American Chemical Society，1962，84（19）：3618-3622.

[3] Marjanovic B，Juranic I，Ciric-Marjanovic G. Revised Mechanism of Boyland-Sims Oxidation [J]. Journal of Physical Chemistry A，2011，115（15）：3536-3550.

[4] 徐浩，延卫，冯江涛. 聚苯胺的合成与聚合机理研究进展 [J]. 化工进展，2008，27（10）：1561-1568.

[5] Wei Y，Hsueh K F，Jang G W. Monitoring the Chemical Polymerization of Aniline by Open-Circuit-Potential Measurements [J]. Polymer，1994，35（16）：3572-3575.

[6] Gospodinova N，Terlemezyan L. Conducting Polymers Prepared by Oxidative Polymerization：Polyaniline [J]. Progress in Polymer Science，1998，23（8）：1443-1484.

[7] Nicolas-Debarnot D，Poncin-Epaillard F. Polyaniline as a New Sensitive Layer for Gas Sensors [J]. Analytica Chimica Acta，2003，475（1）：1-15.

[8] 张可青，张新荔. 化学氧化聚合法合成高电导率聚苯胺研究进展 [J]. 化工新型材料，2010，38（8）：27-29.

[9] Shreepathi S，Holze R. Spectroelectrochemical Investigations of Soluble Polyaniline Synthesized via New Inverse Emulsion Pathway [J]. Chemistry of Materials，2005，17（16）：4078-4085.

[10] Rao P S，Sathyanarayana D N，Palaniappan S. Polymerization of Aniline in an Organic Peroxide System by the Inverted Emulsion Process [J]. Macromolecules，2002，35（13）：4988-4996.

[11] Liu W，Kumar J，Tripathy S，et al. Enzymatic Synthesis of Conducting Polyaniline in Micelle Solutions [J]. Langmuir，2002，18（25）：9696-9704.

[12] Okamoto H，Okamoto M，Kotaka T. Structure Development in Polyaniline Films during Electro-

chemical Polymerization. Ⅱ：Structure and Properties of Polyaniline Films Prepared via Electrochemi-
cal Polymerization [J] . Polymer，1998，39 (18)：4359-4367.

[13] Lu X，Tan C Y，Xu J，et al. Thermal Degradation of Electrical Conductivity of Polyacrylic Acid
Doped Polyaniline：Effect of Molecular Weight of the Dopants [J] . Synthetic Metals，2003，138
(3)：0-440.

[14] Yoo J E，Cross J L，Bucholz T L，et al. Improving the Electrical Conductivity of Polymer Acid-
Doped Polyaniline by Controlling the Template Molecular Weight [J] . Journal of Materials Chemis-
try，2007，17 (13)：1268-1275.

[15] Lee S H，Lee D H，Lee K，et al. High-Performance Polyaniline Prepared via Polymerization in a
Self-Stabilized Dispersion [J] . Advanced Functional Materials，2005，15 (9)：1495-1500.

[16] 刘昆鹏，苏力军，闫国婷，等 . 导电聚苯胺的研究进展 [J] . 河北化工，2005 (6)：9-11.

[17] Kim B J，Oh S G，Han M G，et al. Preparation of Polyaniline Nanoparticles in Micellar Solutions as
Polymerization Medium [J] . Langmuir，2000，16 (14)：5841-5845.

[18] 刘兰，王晓川，钟发春 . 聚苯胺的乳液聚合研究进展 [J] . 化工新型材料，2007 (9)：37-39.

[19] 马利，胡睿，王成章 . 导电聚苯胺材料的乳液聚合研究进展 [J] . 包装工程，2002 (4)：1-3.

[20] Yan F，Xue G. Synthesis and Characterization of Electrically Conducting Polyaniline in Water-Oil Mi-
croemulsion [J] . Journal of Materials Chemistry，1999，9：3035-3039.

[21] Selvan S T，Mani A，Athinarayanasamy K，et al. Synthesis of Crystalline Polyaniline [J] . Mate-
rials Research Bulletin，1995，30 (6)：699-705.

[22] 井新利，郑茂盛，蓝立文 . 反向微乳液法合成导电聚苯胺纳米粒子 [J] . 高分子材料科学与工程，
2000，16 (2)：23-25.

[23] 黄惠，许金泉，郭忠诚 . 导电聚苯胺的研究进展及前景 [J] . 电镀与精饰，2008，30 (11)：9-13.

[24] 孙通，李晓霞，郭宇翔，等 . 不同酸掺杂聚苯胺的电化学聚合及性能 [J] . 化工进展，2013，32
(8)：1870-1875.

[25] 孙通，李晓霞，郭宇翔，等 . 酸浓度和聚合周期对 DBSA 掺杂 PANI 结构性能的影响 [J] . 精细化
工，2013，30 (7)：721-724.

[26] Macdiarmid A G，Mu S L，Somasiri N L D，et al. Electrochemical Characteristics of "Polyaniline"
Cathodes and Anodes in Aqueous Electrolytes [J] . Molecular Crystals and Liquid Crystals，1985，
121 (1-4)：187-190.

[27] 翁少煌，周剑章，林仲华，等 . 多级树状纳米结构聚苯胺的电化学制备 [J] . 电化学，2016，19
(2)：130-134.

[28] 宋桂贤，吴雄岗 . 聚苯胺的合成及应用研究进展 [J] . 安徽化工，2008 (5)：1-4.

第3章 聚苯胺复合材料

在已经发现的导电聚合物中，聚苯胺因为独特的性能和特点，如原料廉价易得、易于合成、掺杂机制独特、环境稳定性好、电导率高以及可逆的氧化还原特性等，在导电聚合物家族中占有重要地位，被认为是最有大规模工业化应用前景的一类导电聚合物材料，也是导电聚合物科学研究的热点之一。多元材料间的复合可实现材料性能的优势互补，提高和丰富材料的功能性。聚苯胺与特定的材料复合，可以提高其特定的性能，甚至使其显现出单一材料所不具备的性能；此外，聚苯胺通过与其他材料复合，可解决聚苯胺的分散和加工等难题，它可以同时结合基体材料的力学性能和聚苯胺的电、磁等性能，获得具有多功能特性的复合材料，拓展其应用领域。因此，研发聚苯胺复合材料是解决聚苯胺工业生产和实际应用问题的有效途径之一。按照与聚苯胺复合组分的不同，聚苯胺复合材料可以分为聚苯胺/无机复合材料和聚苯胺/聚合物复合材料。

3.1 聚苯胺/无机复合材料

合成导电聚合物的复合材料特别是导电聚合物和无机粒子之间的复合材料引起了人们的关注。聚苯胺的导电和催化等性能很大程度上取决于聚合物的掺杂状态和结构，可以通过改变聚苯胺的氧化还原状态、掺杂剂或者通过复合无机粒子来改善聚苯胺的性能。导电聚苯胺/无机复合材料综合了聚苯胺和无机材料的优良性能，通过复合可获得具有特异光、电、磁、催化等性能的功能材料，很大程度上拓宽了聚苯胺的应用范围，成为该领域的研究热点。

3.1.1 聚苯胺/无机复合材料的制备方法

3.1.1.1 原位化学复合法

原位化学复合法是将反应物混合于溶液中，使其在液相中充分反应聚合的复合方法。按照反应先后顺序可分为聚苯胺原位生成法、复合物原位生成法和同步原位生成法。

（1）聚苯胺原位生成法　聚苯胺原位生成法是将无机材料与苯胺单体在液相中混合，通过氧化剂引发苯胺聚合可得到聚苯胺复合功能材料（图3-1）。将无机材料与苯胺溶液混合，然后加入氧化剂引发苯胺聚合，在苯胺发生聚合反应生成聚苯胺的同时，与无机材料均匀复合，而形成聚苯胺/无机复合材料。Ponnuswamya 等在苯胺的盐酸溶液中加入 P_2O_5，混合均匀后加入 APS 溶液，制得 PANI/P_2O_5 导电复合材料，由于 P_2O_5 的加入，材料的形貌由直径约 $20\mu m$ 的圆柱形聚苯胺转变为粒径小于 $1\mu m$ 的球体复合物，比表面积明显增大，并且电导率提高了 8 倍。Ashokan 等将苯胺、DBSA、CuO 充分混合，再加入 APS 氧化，形成球形颗粒状 PANI/CuO 复合材料，发现该材料电导率随着氧化剂加入量的增加而降低，并有光电流产生。

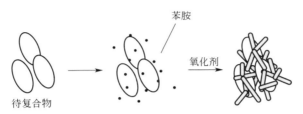

图 3-1 聚苯胺原位生成法示意图

（2）复合物原位生成法 将无机材料前驱体与预先制备的聚苯胺在液相中混合，通过前驱体反应，得到聚苯胺复合功能材料，如图 3-2 所示。Mu 等将聚苯胺/涤纶复合物浸入 $AgNO_3$ 溶液中，利用聚苯胺的还原性将 Ag^+ 还原并复合于织物表面，形成抗菌性能优异的复合材料。Zhang 等将 $AgNO_3$、氧化石墨烯（GO）与聚苯胺溶液充分混合，再加入 Na_2HPO_4 溶液反应，最终得到 Ag_3PO_4/PANI/GO 三元光催化复合材料，Ag_3PO_4 和聚苯胺价带位置的差异提高了电子-空穴分离效率，其降解罗丹明染液的效率分别是 Ag_3PO_4 和 Ag_3PO_4/GO 的 2.1 倍和 3.1 倍。Wei 等将 3-缩水甘油醚氧丙基三甲氧基硅烷（GPTMS）和一定量的乙酸混合水解，然后将该溶液与溶于氯仿和间甲酚混合溶液的 PANI-DBSA 充分混合，涂膜形成透明导电薄膜。He 等利用乙酸镉掺杂聚苯胺，再加入硫代乙酰胺，将乙酸镉转化为 CdS，制备得到 PANI/CdS 光催化材料，当聚苯胺与 CdS 物质的量比为 0.5 时，复合材料在可见光下的产氢量达 $59.82\mu mol/h$，是 CdS 的 7.7 倍。受聚苯胺热稳定性的限制，此方法不适用于高温条件下的复合物原位生成。王晓宇用聚苯胺原位生成法和复合物原位生成法分

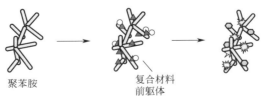

图 3-2 复合物原位生成法示意图

别制备出 PANI/TiO$_2$ 光催化材料，比较发现复合物原位生成法的制备效果更好，其制备出的材料中，TiO$_2$ 能均匀地分散在聚苯胺基体上，且粒径较小，对罗丹明 B 和亚甲基蓝染料的光催化降解效率分别为 15% 和 27%；而聚苯胺原位生成法制备的复合材料，聚苯胺聚合不均匀，TiO$_2$ 团聚现象也较严重，且其降解效率不如前者，分别为 10% 和 19%。

（3）同步原位生成法　若苯胺聚合与无机物生成的条件基本相当，且无副反应发生，可将两种物质同步生成，简化制备方法。将无机材料前驱体和苯胺在液相中混合，通过前驱体与苯胺氧化聚合同步反应制备得到聚苯胺复合功能材料。Li 等将苯胺、硝酸、AgNO$_3$ 混合，再加入 APS，制得聚苯胺/Ag 传感材料，响应速率比纯聚苯胺提高了 2 倍。Mohanraju 等将 CoCl$_2$、NH$_4$Fe（SO$_4$）$_2$ · 12H$_2$O、KOH 混合后加入 APS，制备出 CoFe$_2$O$_4$/PANI 电催化材料。制备复合物时，可同时使用超声、微波、紫外辐照、等离子体改性等方法加以辅助，以制备出形貌更好、性能更优异的功能材料。

3.1.1.2　溶胶-凝胶法

溶胶-凝胶法是首先将原料分散于溶剂中形成均质溶液，溶质经过水解形成纳米级溶胶粒子，再经过蒸发干燥等过程变为凝胶。如果凝胶在形成和干燥过程中聚合物没有发生相分离，则可得到纳米高分子复合材料。主要可分为下列三种情况：①在预形成的高分子溶液中溶解前驱体，在碱、酸或某些盐的催化作用下，前驱体发生水解，形成半互穿网络；②在溶剂中溶解高分子单体和前驱物，使单体聚合和水解同时进行，该法可使完全不溶的高分子在原位生成时插入无机网络中，如单体交联则形成完全互穿网络，单体未交联则形成半互穿网络；③在上述单体或高分子中，引入能与无机组分形成化学键的基团，增加无机与有机组分间的相互作用。溶胶-凝胶法具有独特的优点：反应容易进行；可以选择合适的条件制备各种新型材料；纳米粒子在基体中分布均匀；反应温度较低。使用该法的缺点是凝胶在形成和干燥的过程中容易发生相分离。

Wang 等在钛箔上通过溶胶-凝胶法制备出 PANI/TiO$_2$ 膜，与 TiO$_2$ 相比，复合膜对 2,4-二氯苯酚的光催化和光电催化降解速率分别提高 22.2% 和 57.5%；结果表明聚苯胺和 TiO$_2$ 之间存在化学作用，这种作用可以提高载体的迁移速率并能引起协同效应，从而提高光催化和光电催化性能。Malta 等采用该法制备出 PANI/V$_2$O$_5$ 纳米复合材料，聚苯胺以镶插在 V$_2$O$_5$ 纳米管间隙中的形式存在（图 3-3），形成了特定的微观形貌，PANI/V$_2$O$_5$ 复合纳米管的表观扩散系数比单独的两种组分高一个数量级，有希望用作锂离子电池的阴极材料。

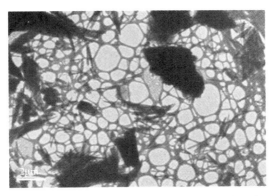

图 3-3　PANI/V₂O₅ 复合纳米管的透射电镜图像

3.1.1.3　电化学聚合法

采用电化学方法在基体上直接聚合生成导电聚合物膜具有诸多优点：简便易行，工艺流程短，可以方便获得不同结构和性能的聚合物膜层，在导电高聚物、化学修饰电极、化学电源等领域具有重要的应用前景，但电化学聚合法合成高聚物成本高，不利于节能环保。姚素薇等采用双脉冲电位沉积法制备 Ni/PANI 复合电极，研究了复合电极在模拟氯碱工业电解液中的析氢性能。在电流密度为 $0.1A/cm^2$ 时，复合电极的析氢电位较镀 Ni 电极降低 350mV，而且复合电极性能稳定，可作为氯碱工业的活性阴极。Abaci 等用电化学方法合成了 PANI/TiO₂ 复合膜，研究发现光电流取决于膜的厚度，薄膜可以显示出光电流，而厚膜却无光敏反应。此外，制备了内层聚苯胺膜和外层 PANI/TiO₂ 复合膜的分层结构膜，其光电流可以达到单一 PANI/TiO₂ 复合膜的三倍。

3.1.1.4　共混法

共混法是制备复合材料最简单的方法，是无机微粒与聚合物的简单共混，适合各种形态的微粒。共混法要先合成制备出不同形态的无机微粒，再结合不同无机微粒的情况，将有机聚合物与其混合。具体可分为三种情况：①聚合物改性：将聚合物与表面处理过的材料混合，经分散、塑化等过程，使聚合物基体中的材料以纳米水平分散，达到改性的目的；②溶液共混：在适当的溶剂中溶解聚合物基体，再加入无机微粒，在溶液得到充分搅拌的情况下，使溶液中粒子混合达到均匀分散的目的，发生聚合或除去溶剂得到样品；③悬浮液或乳液共混：在适当的溶剂中溶解聚合物基体，再加入无机微粒，得到悬浮液或乳液，在悬浮液或乳液得到充分搅拌的情况下，使悬浮液或乳液中粒子混合达到均匀分散的目的，发生聚合或除去溶剂得到样品。该方法的缺点是制备的复合材料不易分布均匀，容易出现相分离现象，该方法的优点是与普通的聚合物共混改性相似，易实现工业化生产。

Ren 等采用机械共混法把 HCl 掺杂的聚苯胺和纳米 Fe 粒子混合获得 PANI-HCl/Fe 复合材料，并在不同温度下保温 60min。热处理后聚苯胺的结晶度下降，纳米 Fe 粒子氧化程度提高；随着热处理温度的提高，复合材料导电性下降；复合材料显示超顺磁性纳米粒子典型的狭窄滞回曲线，并且其磁性行为与热处理条件无关。Li 等研究了通过机械共混法制备 Bi_2Te_3/PANI 复合材料，这种复合材料存在 n 型导电，其塞贝克系数与 Bi_2Te_3 相似，电导率与聚苯胺几乎相同；由于塞贝克系数和电导率的协同效应，Bi_2Te_3/PANI 复合材料的功率因子较 Bi_2Te_3 或聚苯胺都小，而且随温度变化不明显。

3.1.1.5 自组装法

分子自组装是自组装技术的核心，是指在平衡不受外力的情况下，分子间自发合成或非共价键相互作用形成特定的稳定结构，并具有特殊性能或功能的超分子结构或分子聚集体。其合成动力来自可逆的、较弱的非共价键的相互驱动，如：π-π 键、氢键相互作用等。所以，自组装体系不但要克服自组装过程中的热力学不利因素，而且要正确调控分子间的非共价连接。用该法合成高聚物成本低廉，但只有在特定的反应体系中才能实现。Ding 等通过自组装过程制备了 PA-NI/$CoFe_2O_4$ 纳米复合材料，在组装过程中 $FeCl_3$ 作为氧化剂和掺杂剂。$CoFe_2O_4$ 磁体纳米晶充当成核的核心或者模板，位于笼状结构中心，通过聚苯胺和 $CoFe_2O_4$ 磁体纳米晶之间的磁力作用，自组装的聚苯胺纳米纤维缠绕在八面体的 $CoFe_2O_4$ 磁体上，从而制备出具有笼状纳米结构的复合材料。复合材料的最大电导率取决于 $CoFe_2O_4$ 磁体的含量。PANI/$CoFe_2O_4$ 复合材料不仅具有高的电导率 10S/cm，而且具有高的抗磁性。Chen 用 HCl、H_2SO_4、H_3PO_4 等无机酸作为聚苯胺掺杂剂采用该法制备了 C-LiFePO$_4$/PANI 复合材料。掺杂 HCl 和 H_3PO_4 的复合阳极的电容和大电流放电能力明显提升，而且复合材料表现出优异的电化学性能，与 C-LiFePO$_4$ 相比，复合材料的电容在 0.2C 时提高 15%，在 5C 时提高 40%。

层层自组装法通过正电荷和负电荷之间的相互作用来制备复合材料薄膜，具有制备方法简单、一般在水溶液或水分散液中进行、减少了有机溶剂的使用、制备的薄膜厚度可控等优点。陈宇泽将氧化石墨烯在碱性条件下，用水合肼还原，制得表面带有羧基的石墨烯（CCG）分散液，把 CCG 与酸掺杂的聚苯胺作为组装单元进行层层自组装，成功制备了（CCG/PANI)$_n$ 的均匀薄膜。(CCG/PA-NI)$_{10}$ 薄膜具有良好的稳定性和电化学性能，对抗坏血酸也有一定的电催化活性。朱正意采用层层自组装技术将分散在水中的用聚丙烯酸改性之后的带负电的石墨烯（PAA-g-Gr）与带正电的聚苯胺进行复合，制备得到〔PAA-g-Gr/PA-

NI}_n 复合薄膜，经检测发现，复合薄膜对 H_2O_2 具有良好的氧化还原催化性能、稳定性与重现性。孙军等利用 Hummers 法制备了氧化石墨，然后经过一系列化学反应获得了用聚丙烯酸非共价修饰的石墨烯（PAA-Gr），PAA-Gr 替代氧化石墨烯作为组装单元，与聚苯胺层层自组装，获得石墨烯/聚苯胺 {PAA-Gr/PA-NI}_n 复合薄膜。复合薄膜对 H_2O_2 有电催化活性并且均匀性良好，因此可应用到传感器领域。

Lee 等将氧化石墨烯与聚苯胺进行层层自组装，得到的薄膜经过热处理之后形成还原石墨烯/聚苯胺复合薄膜，其循环稳定性良好，经过热处理的复合薄膜在 0.5A/g 放电电流密度下表现出良好的比电容 375.2F/g。Luo 等利用磺化的聚苯乙烯作为模板，加入聚苯胺混合，使聚苯胺包覆于聚苯乙烯后，溶于带负电的还原氧化石墨烯（rGO）分散液中，如此重复多次，形成多层 PANI/rGO，再用四氢呋喃清除模板，得到中空微球的复合材料。Barros 等同样将模板交替浸入带正电的聚苯胺分散相和带负电的钠蒙脱石黏土颗粒（Na^+-MMT）分散相中，去除模板后得到多层的 PANI/Na^+-MMT 复合材料，并可通过方波阳极溶出伏安法测定溶液中的重金属，具有较高的灵敏度和较低的检出限。

3.1.2 聚苯胺/金属复合材料

纳米金属材料具有表面效应和小尺寸效应等特殊的物理化学性能，因此聚苯胺与纳米金属材料的复合得到广泛的关注。Gniadek 等研究了通过两相界面反应制备 PANI/Ag 和 PANI/Au 复合材料，两相分别为硝基苯和水，苯胺单体溶入硝基苯，Ag^+ 和 Au^{3+} 加入水溶液中做氧化剂。在复合材料中，Au 和 Ag 微晶的生成明显不同，Au 晶体的平均粒径为 20～25nm，而 Ag 的平均粒径较大。Olad 等制备出 PANI/Zn 复合膜和纳米复合膜，并研究了其不同 Zn 含量时的电导率和防腐性能。随着 Zn 含量的增加，PANI/Zn 复合膜和纳米复合膜的电导率和防腐性能提高，而且 PANI/Zn 纳米复合膜在铁基体上的电导率和防腐性能优于普通 PANI/Zn 膜。

纳米银（Ag）因其优异的导电、抗静电、光学及催化等性能被广泛地应用于催化剂、导电油墨、厚膜金属浆、黏合剂等领域。然而，单一纳米 Ag 存在的易团聚特点在一定程度上阻碍了其广泛应用。虽然加入表面活性剂可以达到均匀分散和稳定的作用，但是后处理步骤可能带来纳米结构的破坏和性能的下降。为了克服这一不足，通常采用复合方法对纳米 Ag 改性。通过复合，一方面可以有效地控制纳米 Ag 的生长，防止纳米 Ag 团聚，另一方面可提高另一组分的性能。纳米 Ag 与导电聚合物复合材料作为典型的无机/有机复合材料，其特殊的结构和优异的物理化学性能使它在催化剂、生物传感器、记忆材料等领域有着广泛的应用前景。与单一聚苯胺相比，PANI/纳米 Ag 复合材料的多功能性使得其在气体传感、电催化和燃料电池等方面更具诱人的前景。

3.1.2.1 PANI/纳米 Ag 复合材料的性能

在聚苯胺中引入纳米 Ag，可以增强聚苯胺的热稳定性。Gupta 等采用两步法制备的 PANI/纳米 Ag 复合材料的热降解温度为 600℃，而采用同样方法制备的聚苯胺的热降解温度只有 350℃；复合材料的热降解温度提高了将近一倍。PANI/纳米 Ag 复合材料的热稳定性与其形貌和反应介质有关。Trchová 等用不同形貌的聚苯胺和苯胺低聚物在不同的介质中与 $AgNO_3$ 反应，得到不同形貌的 PANI/Ag 复合材料。发现在酸性和中性条件下制备的复合材料的热稳定性较好，而不同形貌的聚苯胺在酸性介质中制备的复合材料其热稳定性也不同，从大到小的顺序为：颗粒状＞纳米管状＞微球状苯胺低聚物。

纳米 Ag 的加入在提高聚苯胺的热稳定性的同时，也提高了聚苯胺的电导率（复合材料的导电性可通过电导率来表征）。Oliveira 等制备的核壳状 PANI/Ag 复合材料的电导率为 1.7S/cm，而纯聚苯胺只有 0.4S/cm，提高了 3 倍以上。Choudhury 等用两步法制备的 PANI/Ag 复合材料的电导率为 $1.12×10^{-2}$S/cm，而纯聚苯胺只有 $1×10^{-4}$S/cm，电导率提高了两个数量级。相对于热稳定性来说，导电性的变化比较复杂，除了聚苯胺形貌、反应介质外，还与复合材料中聚苯胺的微观结构和 Ag 的含量有关。Trchová 等发现由管状聚苯胺在酸性介质中制备的 PANI/Ag 复合材料其电导率为 943S/cm，而由颗粒状聚苯胺制备的复合材料其电导率却为 $8.3×10^{-5}$S/cm，远远小于管状聚苯胺所形成的复合材料，其原因可能是管状结构比粒状结构更易形成导电通道。而在碱性溶液中，尽管纳米 Ag 含量从 17.3％增加到 32.3％，管状聚苯胺制备的复合材料电导率只有 $1.4×10^{-12}$S/cm，表明：复合材料的导电机理以聚苯胺导电机理为主，纳米 Ag 仅起协同作用。

3.1.2.2 PANI/纳米 Ag 复合材料的应用

PANI/纳米 Ag 复合材料既具备聚苯胺导电聚合物的性质，同时又结合了纳米 Ag 本身所具备的独特性能，两者有效地复合能产生很好的协同效应，继而使该类复合材料具有更加广阔的应用。

（1）催化作用　Gao 等发现其制备的纳米管状 PANI/AgNP 复合材料修饰的 ITO 电极对神经递质多巴胺有很好的催化作用。在多巴胺浓度为 4mmol/L 时响应电流可达 $73.8\mu A$，而同样条件下聚苯胺的响应电流只有 $48.6\mu A$。而且，复合材料修饰电极的响应电位（0.3V）比纯聚苯胺的响应电位（0.1V）更高，可知该复合材料比纯聚苯胺有更明显的催化行为，且复合材料对多巴胺的催化行为可逆性也较好。Paulraj 等用界面聚合方法制备的 PANI/纳米 Ag 复合材料对肼也有很好的催化氧化作用，响应电流与 $25\sim100\mu mol/L$ 范围内的肼浓度呈现良好的线性关系，在肼浓度低至 $5\mu mol/L$ 时，氧化峰电流也可达 $4\mu A$，且响应时间不超过 10s。

（2）传感器　Fuke 等将海绵状 PANI/纳米 Ag 复合材料修饰在光纤上作为湿度传感器，并研究了纳米 Ag 颗粒的大小对传感器性能的影响。该传感器对湿度有很好的响应，灵敏度高，响应时间（30s）短，可完全恢复，但恢复时间较长（90s），而且随着纳米 Ag 粒径的减小，该传感器的灵敏度增大。Crespilho 等将 PANI/纳米 Ag 复合材料与脲酶混合固定后形成尿素生物传感器，该传感器对尿素具有很好的催化作用，响应电流与一定范围内的尿素浓度满足线性方程，且尿素浓度可低至 5.0mmol/L。该生物传感器的灵敏度达 $2.5mmol/L/\mu A$，米氏系数低至（2.5 ± 0.2）mmol/L，表明了该生物传感器对底物具有很高的生物活性。

（3）气体致敏作用　Choudhury 等研究了 PANI/纳米 Ag 复合材料对乙醇蒸气的致敏性，发现复合材料对 100mg/L 乙醇气体在 10min 后的阻力比为 1.26（相对于在空气中的阻力值），而纯聚苯胺的阻力比只有 1.07，相比提高了 11%，同时复合材料对 500mg/L 乙醇气体的响应时间（70s）相对于纯聚苯胺的反应时间（230s）也缩短了 2/3 以上。而且此复合材料在乙醇蒸气和空气中完全可逆，可重复检测乙醇气体。而 Li 等采用紫外辐射方法制备的纳米管状 PANI/Ag 复合材料对 NH_3 也有致敏性，发现纯聚苯胺对 100mg/L 的 NH_3 阻力比为 2，而复合材料的阻力比可达到 3，提高了 50%。复合材料甚至对 5mg/L 的 NH_3 都有响应，可见其检测限低，并且具有很好的可逆性，但恢复起始状态所需时间长（50min）。Gao 等通过自组装过程合成的 PANI/纳米 Ag 复合材料对 NH_3 也有致敏性。发现纯聚苯胺对 100mg/L 的 NH_3 的阻力比为 8，而复合材料的阻力比则达到了 15，提高了 87.5%，响应时间也比纯聚苯胺短。且该复合材料也有很好的可逆性，恢复时间也短（2000s）。

（4）表面增强拉曼光谱（SERS）基底　Xu 等通过在聚苯胺和纳米 Ag 之间引入一层金层，形成了聚苯胺/Ag 复合材料，并研究了其作为表面增强拉曼基底对 4-巯基苯甲酸（4-MBA）靶分子的活性。发现该复合材料比银的拉曼增强效果更明显，但由于纳米金层的引入，增加了分析难度。而 Yan 等研究了将 4-MBA 作为探针分子在 PANI/Ag 复合材料基底上的 SERS，发现该复合材料表现出很高的灵敏度，SERS 强度有明显增强，可知 PANI/Ag 复合材料可作为一种很好的 SERS 活性基底，且对 4-MBA 的检测限可达到 $10^{-12}mol/L$。

（5）抗菌作用　由于纳米 Ag 和聚苯胺两单组分对细菌都有一定的抗菌作用，因此复合材料对细菌有更好的抑制作用。高山等测试了快速混合方法制备的 PANI/纳米 Ag 复合材料对酵母菌的抗菌性，发现相对于纯聚苯胺的 85% 抗菌性，复合材料的抗菌性可达到 90% 以上，且随着纳米 Ag 比例的增加，其抗菌性也随之增加，最高达到了99.9%。Prabhakar等将PANI/纳米Ag复合材料涂覆在医用聚氨酯（PUR）表面，通过测定由细菌分泌的糖类和蛋白质含量来测定细菌的滋生量，发现复合材料修饰的PUR比聚苯胺修饰的和无修饰的PUR抗菌性好，糖类减少量最高可达65%。Tamboli等通过一步合成法制备了直径在50~70nm的纳米线状Ag增强聚苯胺复合材料，并用最低抑菌浓度和最低杀菌浓度的比值研究了该复合材料的抗菌活性，发现该复合材料对革兰氏阳性生物模型中枯草芽孢杆菌有很好的杀菌作用。

（6）超级电容器 Kim等先后在石墨纤维上沉积了纳米Ag和聚苯胺，并用循环伏安法、恒电流充放电法研究了该复合材料的电容性能，发现该复合材料比纯聚苯胺有更好的能量储存能力，比电容达212F/g，可作为超级电容器的电极材料。Sawangphruk等研究了用恒电位沉积方法制备的多孔PANI/纳米Ag复合材料的电容性，发现该复合材料有很高的比电容（430F/g），且表现出优异的稳定性，在连续2000次充放电循环后，其比电容仍可达到初始比电容的94%，因而可作为一种潜在的超级电容器电极材料。

（7）其他应用 Fujii等研究了用一步法制备的PANI/纳米Ag复合材料的乳化性能。该复合材料可以作为一种在透明水油乳剂起稳定作用的彩色颗粒乳化剂，且该复合材料是不可逆地附着在油水界面上的，乳化液滴破裂后其总比表面积不会改变。Ihalainen等在专用的多层涂布纸基质上修饰了纳米Ag层和聚苯胺膜，并以此为工作电极电沉积了氯掺杂聚（3,4-亚乙二氧基噻吩），此修饰电极在电化学应用方面可作为一种潜在的低成本基质，且可大规模生产。

此外，纳米Ag和聚苯胺复合产生的协同性能，使其具备比铂、金等贵金属成本低的特点的同时，仍具有相当的电学、电化学等优异性能，有望在燃料电池中得以应用。PANI/纳米Ag复合材料是一种新型的复合型功能性材料，其优越的性能将在很多领域得以应用。然而，纳米Ag的易团聚现象以及聚苯胺的高黏性都限制了复合材料的进一步应用。因此，纳米Ag粒子粒径的控制和在聚合物中的分布是制备过程中至关重要的技术，也是目前该类复合材料的制备难点。制备出粒径小、高度分散的PANI/纳米Ag复合材料将是今后的研究热点。

3.1.3 聚苯胺/金属氧化物复合材料

3.1.3.1 聚苯胺/磁性金属氧化物复合材料

聚苯胺/磁性金属氧化物复合材料兼具导电聚合物和磁性金属氧化物各自的优点，并可在力学、光学、电学和磁学等方面赋予材料许多优异的特性，在传感技术、非线性光学材料、分子电器件、电磁屏蔽和雷达吸波等方面具有广阔的应用前景。杨青林等先以微乳液法合成出导电高聚物（如掺杂态聚苯胺）修饰的磁性纳米颗粒（如氧化铁）复合物的有机溶液，然后使所得复合物参与乳液聚合的单体再聚合（如再掺杂），结果得到液相复合物，以导电聚苯胺与纳米尺寸磁性金属氧化物为研究体系，得到了综合性能良好的电磁二元协同及在宏观上呈现出超常规物性（如光学透明性）的复合材料。

万梅香等在不同 pH 值下，将 $FeSO_4$ 的水溶液与聚苯胺的甲基吡咯烷酮溶液混合，用化学方法合成出 PANI/Fe_3O_4 复合物，再与水溶性聚苯胺和氨基苯磺酸的共聚物反应，合成出具有铁磁性能（γ-Fe_2O_3）的纳米复合物。该复合材料呈现出高的饱和磁化强度和低的矫顽力，同时发现该产物在 1～18GHz 微波频率范围内兼具磁损耗和电损耗性能。Xue 等用酸掺杂合成聚苯胺包裹 Fe_3O_4 纳米粒子，使复合材料的导电性和电磁特性均较好，用于电磁干涉屏蔽材料和微波吸收材料。Sun 等以硅烷作为偶联剂采用一步法合成了 PANI/Fe_3O_4 微球，合成条件简单，合成成本低廉，环境友好，其产物拥有较好的电磁性能和低密度等特点，有望被用于微波吸收材料。Yang 等采用磺化后的聚苯乙烯粒子作为模板合成聚苯胺/聚苯乙烯微球，用四氢呋喃移除模板聚苯乙烯，制得聚苯胺空心微球；用 $FeSO_4 \cdot 7H_2O$、$Fe(NO_3)_3 \cdot 9H_2O$ 为原料合成 Fe_3O_4 磁性流体，再将聚苯胺空心微球与磁性流体复合制得 PANI/Fe_3O_4 空心微球粒子，其产物被用于微波吸收。王国强等通过纳米氧化铁和非纳米氧化铁/导电聚苯胺复合材料的吸波特性对比实验，发现在 8～12GHz 频率范围内纳米复合材料的吸收率均高于非纳米复合材料，在 12GHz 频段纳米复合材料的吸波率最佳，约为 28dB。

郭亚平用 $BaFe_8(Ti_{0.5}Mn_{0.5})_4O_{19}$ 与导电聚苯胺复合并研究了其电磁性能。章平等以碳纤维为手性掺杂体，以 PANI/Fe_3O_4 复合物为基质制成手性复合材料，在 8.5～11.0GHz 频率范围内测量复合材料的介电常数、磁导率和手性参数，结果表明以导电聚合物/磁性粒子复合物为基质制作手性材料时可以提高材料的电损耗、磁损耗和手性参数值。Abbas 在 X-波段（8.2～13.5GHz）内研究了 $BaTiO_3$ 与聚苯胺复合材料的吸波性能。结果显示当试样厚度为 2.5mm 时，其在 11.2GHz 处的最大发射率可达 −25dB（99％的吸收率）。

3.1.3.2 聚苯胺/TiO_2 复合材料

将 TiO_2 纳米粒子掺入到聚苯胺中制成 PANI/TiO_2 纳米复合材料，其电导率达到 10^{-2} S/cm，在导电涂层、电荷存储、太阳能电池等领域具有广泛的应用前景。魏亦军等研究了纳米 PANI/TiO_2 复合膜电极的制备及性能，其电学性能较好，作为工作电极具有较好的可逆性和氧化还原活性。苏碧桃等在无模板条件下，利用苯胺在纳米 TiO_2 微粒表面的原位化学氧化聚合，成功制备了 PANI/TiO_2 纳米复合材料，TiO_2 的含量为 11.1％时，电导率达到 2.86S/cm。将 TiO_2 纳米粒子和胶体分别作为填料加入聚苯胺制得两种 PANI/TiO_2 复合材料，材料的介电常数和介电损失要比纯聚苯胺高，且 PANI/TiO_2 纳米粒子复合材料的介电常数和介电损失要比 TiO$_2$ 胶体掺入聚苯胺得到的值高，主要原因是 TiO$_2$ 纳米粒子的加入会促使聚苯胺基体中有效电子传输网络结构的形成。Abaci 等研究了 PANI/TiO$_2$ 复合材料在 H$_2$SO$_4$ 溶液中的电化学和光谱的性能，酸性溶液中制备的复合材料电化学性能比中性溶液中制备的优越。复合材料膜的阻抗随着苯胺含量的增加而增大，然而随着 pH 增大，其阻抗减小，从而导电性增强。

3.1.3.3 聚苯胺/其他金属氧化物复合材料

Ballav 在钒酸铵/H$_2$SO$_4$ 氧化体系中制备 PANI/MoO$_3$ 和聚吡咯（PPY）/MoO$_3$ 复合材料，1000℃范围内的热力学稳定性如下：MoO$_3$＞PANI/MoO$_3$＞PPY/MoO$_3$，在复合材料中与聚苯胺或聚吡咯相互作用的 MoO$_3$ 的晶型结构保持不变，PANI/MoO$_3$ 和 PPY/MoO$_3$ 复合材料的电导率分别为 10^{-2} 和 10^{-3}S/cm，表明 PANI/MoO$_3$ 的导电性能优于 PPY/MoO$_3$。Elzanowska 先在 Ir 表面制备 IrO$_x$ 膜，然后在其空隙中电沉积聚苯胺，成功制备出 PANI/IrO$_x$ 复合膜，IrO$_x$ 的多孔结构在聚苯胺制备过程中也起到模板作用，该复合膜具有高的内部空隙度、高的电荷密度、与众不同的电致变色性能和快的电荷转移。He 等在甲苯/水乳液中合成了平均粒径为 7μm 的 PANI/CeO$_2$ 复合微球，该微球在复合材料中呈薄片状，其中聚苯胺为非晶态，CeO$_2$ 纳米颗粒保持其立方晶系结构，并被聚苯胺部分包裹；He 等提出了 PANI/CeO$_2$ 复合微球的形成机理。Zou 等在苯胺和 WO$_3$ 前躯体溶液中采用循环伏安法电沉积制备 PANI/WO$_3$ 复合膜，该复合膜在－0.5～0.7V 表现出很好的电容性能，在电流密度为 1.28mA/cm^2 时，比电容和能量密度分别为 168F/g 和 33.6W·h/kg，较聚苯胺的 17.6W·h/kg 提高了 91％；在模拟电容器中，PANI/WO$_3$ 和聚苯胺分别作为阴极和阳极，在 53W·h/kg 功率下，其比电容和能量密度在 1.2V 电压范围内分别为 48.6F/g 和 9.72W·h/kg，其能量密度是阴阳极都为聚苯胺膜的模拟电容器的 2 倍。

3.1.3.4 聚苯胺/金属氧化物复合材料的应用

（1）微波吸收材料　随着电子科技的发展，辐射问题随之走向人们的视野。传统的无机材料因其结构的特点而在微波吸收领域有所限制，因此人们把目光转向了导电聚合物材料。金属氧化物的加入对复合材料的磁导率也有很大影响，能在一定程度上提高材料的吸波性能，反射损耗最低达到－24.61dB，并且－10dB 处吸收频宽由 2.72GHz 提高到 4.08GHz，从而得到性能优良的微波吸收材料。Hou 等通过模板法控制苯胺与 PS 的质量比制备了中空聚苯胺微球，并将空心聚苯胺微球与 Fe$_3$O$_4$ 磁性颗粒共混制备了 PANI/Fe$_3$O$_4$ 复合微球。研究了苯胺/PS 质量比对 PANI/Fe$_3$O$_4$ 微球微波吸收性能的影响。当苯胺/PS 的质量比为 1∶1.5、1∶3 和 1∶6 时，复合微球的最小反射损耗值（RL_{min}）分别为

—14.06、—22.34 和 —24.3dB。此外，当苯胺/PS 的质量比为 1：6，厚度为 1.5 和 2.0mm 时，低于 —10dB 的带宽分别为 2.48GHz（15.52～18GHz）和 4.64GHz（11.04～15.68GHz），表明 PANI/Fe_3O_4 微球可能是 X（8～12GHz）和 Ku（12～18GHz）波段的潜在电磁波吸收材料。

（2）生物传感器　Djaalab 等使用聚苯胺/氧化铁和明胶的混合物，借助于戊二醛交联剂将纯化的酶包埋在生物复合基质膜中来固定脂肪酶，开发了一种新型的、用于苯磺酸氨氯地平药物（AMD）的、基于皱褶假丝酵母（CRL）脂肪酶的生物传感器。通过化学聚合法在过硫酸铵作为氧化剂的介质中制备了 PANI/Fe_2O_3，并且通过 SEM、FT-IR 和 UV 光谱等测试手段进行了表征。首次使用循环伏安法进行研究，发现生物传感器的原理是基于苯磺酸氨氯地平（AMD）的电化学性质。

（3）防腐蚀性涂层　刘洋等利用涂覆法使聚苯胺涂料分散长在氧化锌纳米棒中间的碳钢基体上，从而获得致密且均匀的聚苯胺/氧化锌复合膜。纳米氧化锌棒能和聚苯胺涂层很好地镶嵌交联在一起，此方法在提高了膜层与金属基体的结合力的同时使膜层的防腐蚀性有效增加。聚苯胺中加入二氧化锰微粒使材料的防腐蚀性显著提高，二氧化锰含量为 5% 的复合材料的防腐蚀性最优。主要是因为二氧化锰光催化水分解成活性氧，促使聚苯胺和底层的金属接触面生成钝化膜，提高了电荷转移阻力和离子迁移阻力。

（4）光催化性能　赵世博等研究了 PANI/TiO_2-SiO_2 复合催化剂对甲醛的吸附和协同光催化作用，复合聚苯胺的存在使吸光范围拓展到可见光区，提高了对甲醛的吸附。涂覆 3 层 TiO_2-SiO_2、吸附浓度 0.26g/L 的聚苯胺溶液所得复合催化剂紫外光催化效果最好，与没有聚苯胺的催化剂相比，甲醛去除率提高 2 倍。

虽然在制备聚苯胺/金属氧化物复合材料的探索上已经取得重要的研究成果，但是该领域的发展仍处于初级阶段，还有许多相关问题待攻破。例如大规模可控制备聚苯胺的方法，聚苯胺表面上其他功能性纳米材料形态和尺寸的控制，聚苯胺功能化的控制对其电化学性能及稳定性的影响，防止聚苯胺与其他分子复杂的相互作用而导致团聚，聚苯胺与待测物分子间的相互作用及电子传输的影响机制等。

3.1.4　聚苯胺/石墨烯复合材料

石墨烯是一种密集的、包裹在蜂巢晶体点阵上的碳原子组成的二维晶体碳材料，具有良好的导电性、超大的比表面积等性质，它可以翘曲成零维的富勒烯，卷成一维的碳纳米管或者堆叠成三维的石墨，在超级电容器、太阳能电池、储氢装置和催化剂等领域中具有广泛的应用。然而，石墨烯片层间存在着较强的范德华力，极易发生团聚或堆积，使得其成型加工性较差。聚苯胺单体因其易发生团聚现象而难以分散均匀，长时间的充放电使其体积不断地膨胀和收缩，结构不稳定，容易发生剥落，导致循环稳定性下降，阻碍其应用发展。与石墨烯材料复合是缓解聚苯胺缺陷的途径之一。石墨烯与聚苯胺能够产生协同效应以弥补聚苯胺的不足。在石墨烯掺杂聚苯胺这种新型纳米复合材料中，聚苯胺以非共价键形式（π-π相互作用）修饰在石墨烯上。这样不仅保持了石墨烯的本征结构，同时还避免了石墨烯的团聚，因而石墨烯能够有效地分散在聚苯胺中，复合材料获得了优异的电学性能。

3.1.4.1　石墨烯掺杂聚苯胺的导电特性

电化学方法制得的石墨烯导电性能优异，电导率可达到 100S/cm。聚苯胺是一种电导率较高的导电聚合物，经酸掺杂后，电导率可达到 3.23S/cm。将这两种导电性极佳的物质掺杂，得到的石墨烯掺杂聚苯胺复合材料也有极佳的导电特性。

（1）制备方法对聚苯胺/石墨烯复合材料导电性的影响　石墨烯掺杂聚苯胺的方法有多种，常见的有原位聚合法、间接化学聚合法、阳极电位聚合法等。原位化学聚合法是通过直接氧化石墨和苯胺单体合成制备石墨烯掺杂聚苯胺复合材料。间接化学聚合法是先用苯胺单体制得聚苯胺，再与石墨烯杂化。阳极电位聚合法是指以恒电位法将工作电极中的石墨烯与酸性电解液中的苯胺单体原位聚合。不同的方法制得的复合材料的性质有所差别。

袁冰清等在无水乙醇中，将直流电弧放电法制备的高结晶性石墨烯通过原位聚合法与聚苯胺掺杂，制得石墨烯掺杂聚苯胺复合材料。随着石墨烯掺杂量的增加，复合材料电导率增大，当复合材料中石墨烯质量分数达 25％时，电导率为 19.4S/cm，且此时总屏蔽效能在电导率所考察频率范围（2～18GHz）内达到 34.2dB，达到商业要求。范艳煌等用超声辅助 Hummers 法制得 1nm 厚的氧化石墨烯（GO），再将其与苯胺在略高于室温的酸性水溶液中反应，苯胺被 GO 中含氧基团氧化并聚合，而 GO 被还原，生成 PANI/GO 导电复合材料。当苯胺为 1mL、GO 为 0.1g 时，复合材料的导电性最好，电导率约为 10S/cm。

（2）石墨烯种类对聚苯胺/石墨烯复合材料导电性的影响　石墨烯经过氧化或其他反应（例如磺化、羧基功能化等）后导电性会发生改变。石墨烯导电性的改变会引起石墨烯掺杂聚苯胺复合材料导电性改变。这些改变大多都与石墨烯的变化相对应，说明复合材料导电性主要由石墨烯提供。Wang 等用不同比例的异丙醇与水混合溶液制备石墨烯掺杂聚苯胺复合材料和聚苯胺/脱氧石墨烯复合材料（GOPM），再用四探针测试复合材料的电导率，得到复合材料的电导率在 0～0.7S/cm 之间，当混合溶剂中异丙醇体积分数小于 50％时，还原后复合材料的电导率高于还原前，GOPM 的电导率为 0.18S/cm，石墨烯掺杂聚苯胺复合材料的电导率为 0.09S/cm；当异丙醇体积分数大于 50% 时结果正好相反，此时，GOPM 的电导率为 0.1S/cm，石墨烯掺杂聚苯胺复合材料的电导率为 0.68S/cm。

（3）石墨烯不同含量对聚苯胺/石墨烯复合材料导电性的影响　Liu 等通过原位聚合法分别制作质量比为 90∶10（PANI/GO10）和 60∶40（PANI/GO40）石墨烯掺杂聚苯胺复合材料，石墨烯的比例越大，复合材料电阻越低，其中 PANI/GO40 仅为 PANI/GO10 电阻的 1/2。Du 等分别将聚苯胺、石墨烯纳米片（GNS）溶解于 NMP 中，超声处理后过滤掉不溶物。两种溶液以聚苯胺与 GNS 质量比分别为 4∶1、3∶1、2∶1 和 1∶1 混合，超声处理，PANI/GNS 混合溶液在玻璃基板上浇铸和干燥制膜，制得膜的厚度为 2～5μm。当复合材料中聚苯胺与石墨烯的质量比由 4∶1 变为 1∶1 时，材料中 GNS 之间载流子迁移率发生明显提高，达到 $259.6cm^2/VS$，从而使其电导率由 80S/cm 变为 14S/cm。

（4）不同环境中石墨烯掺杂聚苯胺复合材料的导电性　石墨烯掺杂聚苯胺复合材料主要用作电极材料，而电极需要在有机溶液、酸、碱等不同环境下使用，所以研究复合材料在不同的环境下导电性差别也是十分重要的。研究复合材料的环境集中于有机环境、酸、碱 3 个方面，且效果明显。

田姣等用化学原位聚合法在水系中分别以异丙醇（质量分数为 50%、66.6%、75%、80%）为溶剂，原位合成 GO 掺杂聚苯胺复合材料，研究溶剂中异丙醇含量变化对材料性能的影响。用四探针测试仪测量材料的电导率，结果显示制得的所有复合材料的电导率均在 1.5～5S/cm 之间，对复合材料做电流密度为 0.2A/g 的恒电流充放电测试，当异丙醇质量分数为 75% 时，其比电容和能量密度最大，最适合做电极材料。Zhang 等在酸性环境下，将质量比为 90∶10 的 GO 与聚苯胺纳米纤维通过原位聚合法合成 GO 掺杂聚苯胺纳米复合材料。GO 掺杂聚苯胺纳米复合材料均匀沉积在石墨烯表面或填充在石墨烯之间，这种统一的结构使复合材料的电导率达到 2.31S/cm，比电容达到 480F/g。高电导率和比电容使得复合材料在电池电极方面有很广的应用。Luo 等研究了一种新型的、更易分散的水分散性石墨烯掺杂聚苯胺复合材料，该材料是通过原位聚合法将聚苯胺涂在被聚（4-苯乙烯磺酸）包裹的石墨烯表面上。得到的复合材料易分散在水中且在中性和碱性水溶液中有很好的导电性（4.5S/cm）。当在磷酸缓冲液（浓度为 0.1mol/L）中进行 100mV/s 循环电位扫描时，500 个周期后，峰值电流保持其初始的 90%，说明其有稳定的电化学性质。将酸环境与碱环境对比，发现碱性更有助于复合材料导电。

（5）掺加其他物质的复合材料的导电性　在石墨烯掺杂聚苯胺复合材料中还可能加入其他物质复合，并且这些物质的加入可能影响复合材料的导电特性。加入的其他物质可以分为无机和有机两种，无机物中一般加入的是 SnO_2、钯、铂等，有机物一般加入的是 PVC、DBSA、PSS 等。

韦莹等采用改进的 Hummer 法制备 GO，用原位聚合法合成了 PANI/SnO_2/GO 复合物。交流阻抗实验测试发现，在低频段聚苯胺有扩散电阻；但掺杂 SnO_2 和 GO 后，发现 PANI/SnO_2 和 PANI/SnO_2/GO 复合物几乎没有扩散电阻，说明复合后提高了电解液与电极材料间的电荷转移能力；在高频段测得聚苯胺电荷转移电阻为 12Ω，复合 SnO_2 后电荷转移电阻提高到 60Ω，掺杂 SnO_2 和 GO 后复合材料的电荷转移电阻降低到 10Ω，扩散电阻的变化说明掺杂 SnO_2 增加了电极的阻抗，而掺杂 GO 增加了电极的导电性。Ma 等将苯胺单体与 GO 通过原位聚合法合成 PANI/GO 复合材料，然后，将 PVC 通过溶液共混来改性复合材料。GO 平面和聚苯胺链的有效界面之间的相互作用减少，苯胺单体原位聚合在 GO 平面形成了导电网络结构，共混聚苯胺（7%）和 GO（4%）复合材料后，PVC 的导电性能显著提高，电导率由 7.4×10^{-15} S/cm 增长到 7.20×10^{-2} S/cm。Tung 等通过原位聚合法用苯胺单体、PSS 和石墨烯制备了聚苯胺/PSS-石墨烯纳米复合材料。PSS-GNS 无序结构完全破坏，通过 PSS-石墨烯的环氧基团和聚苯胺芳香环之间的氢键作用，单个 PSS-石墨烯和堆叠 PSS-石墨烯均分散在聚苯胺基体中。通过与质量分数为 5% 的 PSS-石墨烯复合，聚苯胺电导率由 0.84S/cm 提高到 4.96S/cm。此外 PANI/PSS-石墨烯纳米复合材料的热稳定性也明显得到改善，耐热温度从纯聚苯胺的 360℃ 提高到 460℃。

靳瑜等对碳纳米管纸进行循环伏安电化学氧化处理，然后以处理后的碳纳米管纸（CV-CNT）为基体，采用电化学聚合沉积聚苯胺，再吸附石墨烯，制得外层为石墨烯、内层为聚苯胺包裹 CNT 形成网络骨架的具有三明治夹心结构的聚苯胺/碳纳米管/石墨烯（PANI/CV-CNT/Gr）复合纳米碳纸，在大量的碳纳米管纸间的空隙形成大孔区域。这样的结构充分发挥 CV-CNT 导电网络及大孔隙的优势，并且石墨烯对聚苯胺形成固定保护作用，使复合材料拥有高导电性和高比电容，PANI/CNT/Gr 的溶液电阻为 1.5Ω，电荷转移电阻为 7.1Ω，比电容高达 672.5F/g。Cong 等以石墨烯纸为基体将苯胺聚合合成石墨烯掺杂聚苯胺复合材料，再在复合材料加入黏合剂（聚四氟乙烯）制得电极。石墨烯掺杂聚苯胺复合材料的溶液电阻为 4.1Ω，石墨烯掺杂聚苯胺复合材料在做电极时需要在粉末状的复合材料中加聚四氟乙烯等黏合剂，这些黏合剂大部分都会导致复合材料的导电性降低。

3.1.4.2 石墨烯/聚苯胺复合材料的超电性能

Wang 等通过原位聚合法将柔性石墨烯与聚苯胺进行复合，将制备的复合材料作为超级电容器电极，其电化学性能比纯单组分的要高，在 1000 次充放电循环后仍能保持使用寿命的 84％和 1126F/g 的比电容；功率密度也比纯材料的要大，最大可达到 141.1W/kg。Yan 等通过原位聚合法制备出能量密度为 39W·h/kg、功率密度为 70kW/kg 的石墨烯纳米板/聚苯胺复合材料。樊新等采用原位聚合法制备了石墨烯/聚苯胺复合材料，该材料具有纳米管状结构和高的电化学性能。Zang 等将石墨烯织物沉积在具有聚对苯二甲酸乙二醇酯的银线上，并将其作为工作电极浸入到含有 HCl 的苯胺溶液中，在电压为 0.8V 的条件下进行原位电聚合，制备出柔性的石墨烯/聚苯胺复合织物薄膜并应用到超级电容器电极中，其稳定性和灵活性良好，在变形过程中电化学性能并没有减少反而使电容量提高到原始值的 118％，该薄膜电极的使用可以生产新的、便携式、可穿戴的纳米设备。

阮艳莉等采取原位化学氧化聚合法制备了 PANI/GO 复合材料，聚苯胺颗粒均匀地覆着在 GO 表面，通过表征发现，GO 可以提高聚苯胺的电化学性能和循环特性。该材料用作超级电容器电极时的比电容是 413.28F/g，比纯聚苯胺的值要高出 90.72F/g，经过 1000 次的循环充放电后，其容量仍可以保持在 70％。Zhang 等采用电化学沉积法制备了 PANI/GO 复合材料，通过调节质量浓度来改善电化学特性。由于复合材料的电化学特性良好，可用于制备超级电容器的电极，电化学沉积法是一种高效、环保的制备方法。

Chen 等通过插层复合法制备了聚苯胺/还原氧化石墨烯复合材料，是把聚苯胺插入到分散性良好的氧化石墨烯中，最后将氧化石墨烯还原，所得复合材料在电流密度为 0.1A/g 时的比电容为 764F/g。Wang 等利用稀释聚合反应将聚苯胺纳米线阵列与柔性的聚苯乙烯微球/还原石墨烯（PS/rGN）膜复合，去除聚苯乙烯微球，制备独立的三维 rGN/聚苯胺复合膜，检测结果显示，在电流密度为 0.5A/g 时，其比电容是 740F/g，在电流密度为 10A/g 时，恒定充放电循环 1000 次后比电容仍保持 87％，在超级电容器中的应用具有很大的潜力。Lv 等通过界面聚合法制备了磺化石墨烯纳米板/羧化多壁碳纳米管支撑聚苯胺的层状复合材料，在 1000 次充放电循环后电容仍为原始值的 91.4％。

3.1.4.3 影响石墨烯/聚苯胺复合材料性能的因素

（1）表面活性剂 童杰研究了非离子表面活性剂三嵌段共聚物 P123 作为表面活性剂时对石墨烯/聚苯胺复合材料性能的影响。在 P123 存在的酸性溶液中，采用原位聚合法合成 GO/PANI 复合材料，研究了不同含量的 P123 对复合材料的微观形貌和电容特性的影响，P123 的含量对复合材料的晶型结构没有影响，但复合材料的比表面积、电容量和孔径随着 P123 含量的增加先增大后减少，说明复合材料的微观形貌与 P123 的含量有一定的关系，而当 P123 的含量增加，材料的复合效果也随之先好后差，当 P123 与聚苯胺的物质的量比 $n(P123)/n$

（聚苯胺）＝0.0108 时，GO 与聚苯胺的复合效果最好，循环稳定性良好，比表面积和孔径最大，电容性能也最好，在循环 1000 次充放电之后其电容保持率仍为 91.8%，当电流密度为 500mA/g 时，比电容为 215.8F/g。

（2）氧化剂　刘志森等将氧化石墨烯制成分散液，采用水热法以氧化石墨烯分散液为原料制备多孔石墨烯，然后分别以 β-MnO_2 和过硫酸铵为氧化剂，通过原位聚合法制得 PANI/Gr 复合材料。氧化剂 β-MnO_2 与过硫酸铵相比，成本低、更加环保，同时 β-MnO_2 的晶体结构和氧化性有利于聚苯胺材料的合成，氧化剂为 β-MnO_2 的材料电化学性能更好，比电容能够达到 350F/g，电容保持率为 67.7%，同时倍率性能和放电容量都较高。

（3）rGO 的还原程度　张妍兰以鳞片石墨为原料制备氧化石墨，通过超声分散制得氧化石墨烯，通过对其进行化学还原制备还原程度不同的 rGO，通过原位聚合的方法使 rGO 与苯胺单体进行复合，制备 PANI/rGO 复合材料，并呈现层状结构，聚苯胺纳米纤维均匀分布在 rGO 表面。随还原程度有差异的 rGO 不断加入，在比电容、循环稳定性和倍率特性方面，复合材料与纯聚苯胺相比均有所提高，因为 rGO 的还原程度有差异，当 rGO 加入时增加了含氧官能团的含量，减少了聚苯胺的团聚并提供了双电层电容，为电子的移动提供了有利条件。而随着 rGO 还原程度的进一步提高，含氧官能团逐渐减少，聚苯胺团聚增多，导致比电容下降。

（4）石墨烯类型　韩旭等采用改进的 Hummers 法和化学氧化法将聚苯胺与氧化石墨烯、还原氧化石墨烯复合，分别制备了 PANI/GO、PANI/rGO 的复合材料。PANI/rGO 和 PANI/GO 复合材料的微观结构与石墨烯的片状结构相似，没有太大变化，而聚苯胺则分别呈现颗粒状和纳米线的形式。对复合材料进行测定，发现石墨烯类型的不同影响着聚苯胺的微观结构和电化学性能，其中 PANI/rGO 的电容性能良好，可用于制备超级电容器。

（5）原料配比　王攀等通过在酸性条件下调节聚苯胺与石墨烯的质量比，采用原位聚合法制备了一系列不同组分含量的 PANI/GO 复合材料。聚苯胺成功附着在石墨烯表面，而且随着聚苯胺含量的增加，复合材料的 X 射线衍射峰越来越趋向于纯的聚苯胺，呈现非晶聚集态结构。聚苯胺与石墨烯质量比对复合材料电化学性能的影响显著，当聚苯胺与石墨烯的配比不断增加时，复合材料的比电容呈现先增加后减少的趋势，当配比是 10 时，复合材料的比电容达到最大，扫描速率为 10mV/s 时，比电容是 162.2F/g。

通过对比可以发现，表面活性剂对复合材料微观结构的影响主要为孔径和比表面积的大小；不同类型石墨烯与聚苯胺复合，所得复合材料中聚苯胺的形态不同；聚苯胺含量过大时，会在石墨烯表面产生类似纯聚苯胺的棒状结构。氧化剂对复合材料电化学性能的影响较小；而不同还原程度的还原氧化石墨烯中含氧官能团的含量对材料比电容的影响显著，随着官能团不断增多，比电容先增加后减少。制备超高性能的石墨烯/聚苯胺复合材料不仅要考虑以上几种影响因素，还要选择最佳条件，制备出具有高比电容的超级电容器以满足实际应用的需要。

3.1.4.4　三维（3D）石墨烯/聚苯胺复合材料

二维石墨烯优异的物理化学性质为其在超级电容器的应用奠定了基础。然而，由于石墨烯之间强 π-π 键的相互作用使其容易发生聚集，导致石墨烯的实际性能远低于预期值。为解决这一问题，可以通过制备三维（3D）石墨烯，如增加间隔或是片层褶皱或是制备三维的石墨烯泡沫、海绵、水凝胶、气凝胶，既能保留二维石墨烯优良的物理化学性质，又能避免团聚现象的产生。此外，有研究表明通过构建高导电性的多级孔电极材料能够有效提高材料的电化学性能。三维石墨烯具有优异的电化学性能，使其成为新兴材料广泛应用于超级电容器电极材料研究领域。

三维石墨烯有着良好的结构稳定性、强导电性和大比表面积，并可构筑多孔结构，是用来克服聚苯胺结构不稳定性的最佳碳材料之一，且聚苯胺中的苯环能与三维石墨烯发生 π-π 共轭，也可有效抑制石墨烯的堆叠作用。三维石墨烯与聚苯胺间的协同作用具有更优异的电化学性能，如储能密度、循环稳定性、充放电速率等，且掺杂改进的三维石墨烯/聚苯胺复合材料能大幅度增加材料的能量密度和循环寿命，作为电极材料在超级电容器领域获得了广泛的研究。

利用三维石墨烯多孔的网络结构能够为聚苯胺提供骨架支撑，保证了复合材料的结构稳定性，使其在超级电容器中得到了更好的发挥。Wang 等以聚苯乙烯微球为模板将聚苯胺与三维石墨烯聚合，所得到的复合材料在电流密度为 0.5A/g 下的比电容最大为 740F/g，充放电循环 1000 次后还保持 87％，可以看出制得的复合材料具有很高的电容性能。Zhao 等采用聚合法将三维泡沫石墨烯与聚苯胺复合形成复合材料，就是在石墨烯水凝胶表面，溶液依次原位合成聚苯胺纳米棒，三维石墨烯泡沫作为聚苯胺纳米棒的生长基质，可以增加复合材料的比表面积。在 10mV/s 下最高的比电容值为 352F/g，获得了具有高的比表面积的三维石墨烯/聚苯胺纳米棒电极材料。聚苯胺纳米棒在 3D 石墨烯泡沫表面或孔的内部生长的，将 3D 石墨烯泡沫用作底物生长聚苯胺纳米棒，并确保复合材料最终的泡沫结构及复合材料的比表面积和双层电容性能得到增加。互连的 3D 结构还为离子提供了通道，使电解质更有效地浸入电极材料，同时提高聚苯胺的结构稳定性和循环稳定性。

三维石墨烯/聚苯胺复合材料有着优良的导电性能，第三元素的引入有助于增加其电化学性能并提高其稳定性。Wang 等用电化学聚合法将三维石墨烯与聚苯胺进行复合，通过加入 ZnO 纳米棒并为支架，在电流密度为 0.5A/g 下的比电容为 630F/g，比电容经过 5000 次循环充放电后仍能保持 90.5%，没加 ZnO 纳米棒的电极材料在电流密度为 0.5A/g 下的比电容为 358F/g，保持率为 74%。ZnO 纳米棒为石墨烯三维孔状结构和聚苯胺提供了更高的比表面积，增大了离子的扩散路径。Lin 等通过原位聚合法将 GO 与钴盐杂化混合，通过水热自组装来制备新型 3D 多孔石墨烯/PANI/Co_3O_4 混合气凝胶。制备的混合气凝胶具有互联的三维大孔结构，在电流密度为 1A/g 时，具有优异的高比电容为 1247F/g，即使在 20A/g 下，其性能也能达到 755F/g。此外，经过 3500 次循环充放电后没有观察到明显的电容损耗，表现优异的循环稳定性。其非凡电化学性能不仅可以归功于聚苯胺和 Co_3O_4 的高的比电容，还可以归结于均匀分散的 PANI/Co_3O_4 和 3D 石墨烯气凝胶之间的强协同效应，其中强大的 3D 多孔结构具有短的扩散路径有利于电子的快速传输。

3D 石墨烯/聚苯胺复合材料未来的研究方向是需要在材料制备过程和方法上更加优化，需要将材料的基础研究更加细化，比如 3D 结构中孔径和性质间的理论依据研究等。模板法和自组装法对孔径的控制仍具有局限性，如何有效地控制三维多孔石墨烯孔径的尺寸及分布或者构筑具有多级孔结构的三维石墨烯/聚苯胺复合材料可能是未来研究的一个发展方向。更需要跳出对材料电化学性能基础研究的范畴，在超级电容器样机设计和体系方面进行深入的应用研究，努力实现材料的市场化。相信随着研究的不断深入，三维多孔石墨烯/聚苯胺复合材料必将推动下一代电化学储能器件的发展。

3.1.4.5　石墨烯/聚苯胺复合材料存在的问题

石墨烯/聚苯胺复合材料的大比表面积、循环稳定性和优良电化学性能，使其成为国内外学者研究的热门课题，相关理论研究和实践开发也具有重大意义。但目前还有很多问题需要深入研究解决：①减少复合材料的团聚以提高电化学性能和循环稳定性；②探索更简单、环保、低成本、高性能复合材料的制备方法；③实现石墨烯/聚苯胺复合材料的微观结构调控；④改善其各项性能以满足应用发展需求等。虽然聚苯胺与石墨烯的复合提高了电容性能，但复合材料的比表面积、结构的稳定性、孔径大小以及电容特性仍然不能满足实际的应用，基于以上问题，制备出高比表面积、高电化学性能、结构稳定的石墨烯/聚苯胺复合材料将成为今后研究的主要方向；⑤目前对复合材料的研究还仅限于材料本身的基础电化学性能提高方面（比如质量比电容、循环稳定性和减少内阻等），真正把复合材料置于超级电容器系统中，设计出完整的超级电容器原理样机并进行电极材料在体系中的利用率之类的研究还较少，需要加大材料在超级电容器系统中的应用研究力度。

3.1.5 聚苯胺/碳纳米管复合材料

聚苯胺纳米复合材料不仅可充分利用两物质性能互补的优势，改善基体的物理与化学性能，还可凭借协同效应赋予材料前所未有的独特性能，从而在电、磁、催化、光电、储能、微波吸收、生物传感等方面显示出众多诱人的应用前景。其中，由于碳纳米管（carbon nanotubes，CNTs）具有显著的导电特性、耐热稳定性和超高的机械强度，CNTs/PANI 体系已经成为当前导电高分子复合材料领域中的研究热点。Kaneto 等通过实验发现 CNTs 的平均电导率高达 1000~2000S/cm，单根 CNTs 上可通过高达 $106A/cm^2$ 的电流密度，且电子通过 CNTs 时不会产生热量，能耗很小。另外，CNTs 具有很高的长径比，最适合作为高分子聚合物的增强添加剂。众所周知，在纤维增强塑料中，增强纤维的长径比越高，就越能有效提高复合材料的力学性能。碳纳米管不仅可以提高复合材料的力学性能，更能引入或协同两类材料的电学、光学性能，从而制备出具有良好力学性能的光电材料。研究表明，由于碳纳米管具有高导电性及与聚苯胺之间易形成网络结构的优点，在聚苯胺中加入少量的碳纳米管，就可以极大地改善聚苯胺的导电性能和力学性能。

3.1.5.1 聚苯胺/碳纳米管复合材料的制备

（1）原位聚合法　原位聚合法是在 CNTs 存在下，用氧化剂或其他方法引发苯胺单体聚合，苯胺在聚合的同时包裹在 CNTs 的表面而形成 CNTs/PANI 复合材料。该方法适用于各种类型的 CNTs，是实验室制备 CNTs/PANI 复合材料最常用的方法。这种方法操作简单，反应条件易于控制，并且可以通过改变某一个或多个条件而得到形貌和性能相差很大的 CNTs/PANI 聚合材料，在很多领域中具有潜在的应用价值。

Huseyin 等首次报道了利用原位聚合法合成了多壁碳纳米管（MWCNTs）掺杂的聚苯胺，并用 FTIR、XRD 和元素分析证实了碳纳米管对聚苯胺的掺杂效应。图 3-4 给出了碳纳米管掺杂聚苯胺的机理。这种复合材料的电导率与纯聚苯胺相比有显著的提高。四探针法测试结果表明，PANI-HCl 和 PANI/MWCNTs 的电导率分别为 3.3S/cm 和 33.3S/cm。另外，复合物的室温电阻比纯聚苯胺下降了 1 个数量级，而且比纯 MWCNTs 的低。电导率的提高可能是因为 CNTs 与掺杂剂上氯离子相互竞争所引起的碳纳米管的掺杂效应或是电荷从聚苯胺的醌式结构转移到了碳纳米管上。FTIR 分析结果显示，MWCNTs 不仅影响着亚胺 N—H 结构的化学环境，也影响着聚合物主链上的醌式结构单元，说明碳纳米管和聚苯胺之间的确存在强烈的相互作用。这种强相互作用力的存在使 MWCNTs 在复合物中的分散非常均匀，从而使聚苯胺复合物表现出高的电导率。曾宪伟等首先通过催化裂解反应制备多壁碳纳米管，然后在碳纳米管表面原位合成了聚苯胺，从而制备出碳纳米管/聚苯胺一维纳米复合材料。原位合成的聚苯胺的结晶程度和热稳定性均得到了提高，并且观察到聚苯胺在碳纳米管表面以枝晶状生长。

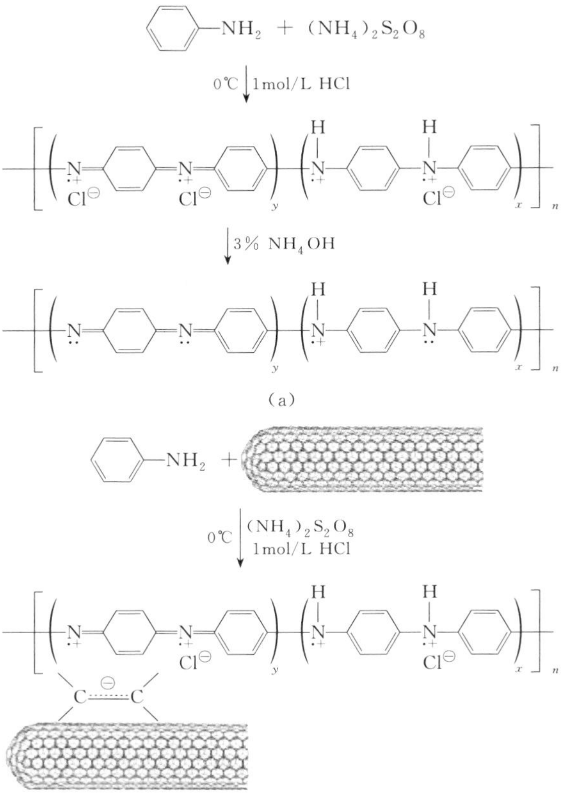

图 3-4　碳纳米管掺杂聚苯胺的机理

Deng 等利用原位乳液聚合方法合成了聚苯胺/碳纳米管的复合材料。这种复合材料内部形成了一种新的网络状结构，此网络状结构可看成是一种新的导电通道，因此呈现出很高的电导率；随着 CNTs 含量的增加，PANI/CNTs 复合物的电导率也增加，当 CNTs 含量达到 10% 时，复合物的电导率为纯导电聚苯胺的25 倍；由于体系中加入了 CNTs，聚苯胺的热稳定性有了明显的提高。井新利等采用多种分析方法详细探讨了原位溶液聚合法制备的 PANI/CNTs 复合材料的结构与性能。苯胺的聚合倾向于在碳纳米管表面进行，形成聚苯胺包覆的CNTs。CNTs 表面聚苯胺层的厚度随溶液中苯胺单体含量的增加而增加；当溶液中苯胺单体含量较低时，CNTs 表面聚苯胺层厚度均匀；当苯胺含量过高时，

CNTs 表面聚苯胺层厚度不均匀，形成一些颗粒状附着物。聚苯胺与 CNTs 之间主要是物理吸附，PANI/CNTs 复合材料的电导率远高于聚苯胺本身。同时，PANI/CNTs 复合材料的耐热性远高于聚苯胺，并受聚苯胺含量的影响。

文常保等研究了原位法制备的 PANI/CNTs 薄膜对 SO_2 气体的敏感作用。通过测试发现，由于碳纳米管的纳米效应，增加了 PANI/CNTs 薄膜对 SO_2 气体的吸附面积，从而提高了传感器件的可靠性和准确性。封伟等采用原位乳液聚合法制备了光电响应型 PANI/CNTs 复合体。该纳米复合管的结晶性能增强，同时其热稳定性得到了提高。光电响应试验表明，复合管的光吸收增强，光电流增大，说明 PANI/CNTs 复合管薄膜受光照射后发生了光诱导电荷分离现象。周啸等研究了分级碳纳米管在聚苯胺中的分散状况以及这种复合材料的振实密度、电导率和热稳定性。与未分级碳纳米管不同的是，分级碳纳米管在聚苯胺中分散均匀，所形成的复合材料与纯聚苯胺相比振实密度提高了 82%，电导率提高了 1 个数量级，热稳定性也有所提高。

按照 CNTs 与聚苯胺之间的作用力差异，原位聚合制备 PANI/CNTs 的方法可以分为两大类：物理吸附法和化学键嫁接法。物理吸附法按照所用溶剂的不同，又分为单相溶剂物理吸附聚合法和两相溶剂物理吸附聚合法；化学键嫁接法按照引发聚合条件的不同，包括氧化剂氧化化学键嫁接聚合法和特殊条件引发化学键嫁接聚合法。

① 物理吸附法。在单相溶剂中用物理吸附聚合法的典型制备过程是：在一定体积的溶剂中，加入一定质量比的 CNTs 和苯胺单体，在超声条件下分散 1~2h，形成 CNTs 均匀分散的溶液，然后将相应量的氧化剂溶解在等体积的溶剂中，慢慢滴加到上述分散液中。聚合反应在搅拌条件下反应 12~24h，最后经过离心或过滤、洗涤、干燥得到产品。Baibarac 等采用 2mol/L 的 H_2SO_4 作为溶剂，$K_2Cr_2O_7$ 作为氧化剂制备了单壁碳纳米管（SWCNTs）/聚苯胺复合材料，并与异位聚合法制备的二元复合材料在结构和性能上进行了详细地对比及分析。He 等采用 1mol/L 的 HCl 作为溶剂，APS 作为氧化剂，制备了聚苯胺包裹的 CNTs 二元复合材料。Li 等采用相似的方法制备了核壳结构的 PANI/MWCNTs 复合材料。他们将 MWCNTs 预先置于浓盐酸中，70℃下用低功率的超声辐射处理 15h。这样的 MWCNTs 具有光滑的侧壁，使 MWCNTs 的碳层结构与聚苯胺的芳香环之间的 π-π 共轭作用更强。通过改变苯胺单体和 MWCNTs 的配比，可以有效地控制包裹在碳纳米管表面聚苯胺的厚度，上述制备 PANI/CNTs 复合材料所使用的均为原始的 CNTs，由于原始的 CNTs 在酸性水溶液中分散性不好，对复合材料的制备影响很大。

采用表面活性剂，例如阴离子表面活性剂十二烷基硫酸钠、阳离子表面活性剂十六烷基三甲基溴化铵（CTAB）等，可以改善 CNTs 在水溶剂中的溶解性。

Valid 等在 pH＝2 的 HCl 溶剂中混合十二烷基硫酸钠（SDS）、SWCNTs 和苯胺单体，经离心、清洗之后，在酸性条件下，用 APS 为氧化剂，制备了 SWC-NTs/SDS/PANI 复合材料。在此过程中，SDS 不仅作为表面活性剂，还作为苯胺组装和聚合的模板。Ghatak 等用 1mol/L 的 HCl 为溶剂，APS 为氧化剂，以 CTAB 为阳离子表面活性剂制备了 PANI/CNTs〔SWCNTs、双壁碳纳米管（DWCNTs）、MWCNTs〕复合材料。经过检测，由于量子干涉效应，PANI/SWCNTs 具有正导磁性能，PANI/DWCNTs、PANI/MWCNTs 具有负导磁性能。

　　两相溶剂物理吸附聚合法采用油和水体系作为反应溶剂来制备复合材料。包括“水包油”型的微乳聚合法和“油包水”型的反相微乳聚合法。微乳聚合法是以水相为连续相，油相分散在水相中。把 CNTs、苯胺单体分散在体系中，随着氧化剂的加入，氧化剂与苯胺单体通过油/水表面的接触发生反应。Guo 等采用 1mol/L 的 HCl/正己烷作为反应体系，利用 APS 作为氧化剂，十二烷基苯磺酸钠（SDBS）作为表面活性剂，丁醇作为助表面活性剂，制备了 PANI/MWC-NTs 复合材料。Deng 等用微乳聚合法制备了 1.5mol/L 的 H_2SO_4 掺杂的 PA-NI/CNTs 复合材料，随着 CNTs 的加入量增加至 10%，复合材料的电导率达 0.66S/cm，比聚苯胺（$2.6×10^{-3}$S/cm）提高了 25 倍。Jeevananda 等以水/氯仿体系制备了 SDS 掺杂的 PANI/羧酸化的 MWCNTs（c-MWCNTs）复合材料，在此过程中 SDS 既作为掺杂剂又作为表面活性剂分散 c-MWCNTs。Salvatierra 等采用甲苯/1mol/L 的 H_2SO_4 作为反应体系，APS 作为氧化剂，制备了透明的、独自支撑的导电 PANI/MWCNTs 膜。为了提高 MWCNTs 在甲苯中的分散性，MWCNTs 提前用三氟乙酸处理。实验通过控制 MWCNTs 的质量与苯胺单体的用量，形成不同透明度和光学质量的薄膜。这种方法直接形成了 PANI/MWCNTs 膜，更有利于该复合材料的应用研究。这种方法的优点是：体系特别稳定，由于是界面聚合，苯胺单体在聚合过程中可以避免由于系列的非均相成核而形成聚集的大颗粒。

　　反相微乳聚合法是用非极性液体为连续相，聚合单体溶于水，然后借助乳化剂分散于油相中，形成“油包水”型微乳体系而进行聚合。因此反相微乳聚合作为微乳聚合的一个补充得到了迅速的发展。Yu 等采用 SDBS 为表面活性剂，以环己烷/HCl 作为微乳体系，反相微乳聚合法制备了聚苯胺包裹的 MWCNTs，本实验通过丙酮猝灭法得到了不同反应时间长度下的复合材料，研究聚苯胺的包裹形貌与时间的关系。Kim 等借助阴离子表面活性剂 SDBS 把 c-MWCNTs 分散在环己烷中，然后加入苯胺单体。10mL 的 0.1mol/L 的 APS 在 10h 内滴加到有机相中，在 5℃ 条件下聚合反应 24h，形成了十二烷基苯磺酸钠掺杂的聚苯胺复合材料。与微乳聚合法相比，反相微乳聚合法的优点是：反相微乳聚合具有聚合速率快的优点，制备的 PANI/MWCNTs 复合材料具有高度有序的致密结构，热稳定性较好，具有更加稳定和持久的导电性。

② 化学键嫁接聚合法。化学键嫁接法是把聚苯胺通过化学键连接在 CNTs 的表面。一般过程是：先在 CNTs 表面嫁接某一基团作为活性位点，然后苯胺单体与活性位点反应，以化学键的方式连接在 CNTs 的表面，嫁接在 CNTs 表面的苯胺单体继续链增长反应，形成聚苯胺包裹的 PANI/CNTs 复合材料。化学键嫁接法通过活性基团功能化的 CNTs 具有更好的分散性和相容性，增加了 CNTs 与聚苯胺的亲和力，与聚苯胺通过物理吸附法包裹在 CNTs 表面相比，这种方法制备的 PANI/CNTs 复合材料更稳定。

基团功能化 CNTs 可以提高溶解性。例如用无机强酸浓 H_2SO_4 和浓 HNO_3 处理 CNTs，在 CNTs 的表面引入—COOH 等活性基团，扩大了其在水中的分散性。这种方法是在聚合物基质中均匀分散 CNTs 的理想方法，并且避免损坏 CNTs 的完整性，作为填充材料，有效地利用 CNTs 的导电或力学性能。Wu、Yang 等采用 c-MWCNTs，在 HCl 溶液中，用 APS 氧化苯胺单体制备了管状的复合材料。通过对实验机理的分析，Wu 等指出：聚苯胺与 MWCNTs 通过 π-π^* 电子相互作用和氮原子与羧酸基团之间的氢键作用结合在一起。Park 等采用浓度比为 1∶3 的浓 HNO_3 和浓 H_2SO_4 溶液、0.1mol/L 的过硫酸钾、SDBS 处理 CNTs，然后经处理过的 CNTs 在 0.1mol/L DBSA 中与苯胺单体反应形成 PANI/CNTs 复合材料。经不同酸处理得到的 CNTs 复合材料分散性和导电性有很大差别，经过混酸处理形成的复合材料导电性最高达 16.5S/cm，聚苯胺与经过硫酸钾处理的 CNTs 包裹性最强。

Xu 等先用浓 HNO_3 和浓 H_2SO_4 处理 MWCNTs 得到 c-MWCNTs，然后与 $SOCl_2$ 在二甲基甲酰胺中回流制备 MWCNTs-COCl，酰氯化的 MWCNTs 与对苯二胺在二甲基甲酰胺中于 N_2 保护下反应得到 MWCNTs—CO—NH—C_6H_4—NH_2（p-MWCNTs）。把 p-MWCNTs 溶解在 DBSA 的水溶液中，滴入苯胺单体，再慢慢滴加 APS 的水溶液，用微乳聚合法制备了 DBSA 掺杂的 PANI/MWCNTs 复合材料。Philip 等采用相似的方法，把 MWCNTs-COCl 分散在 N,N-二甲基乙酰胺中，加入对苯二胺和吡啶，在 N_2 保护下反应得到 p-MWC-NTs。然后用 1mol/L 的 HCl 为反应溶剂，APS 为氧化剂制备了 HCl 掺杂的管状的 PANI/MWCNTs 复合材料。Xie 等把 CNTs-COCl 吸附在 Fe_3O_4 模板上，再加入苯胺单体得到酰胺基嫁接的 CNTs，然后再用 APS 氧化剂氧化苯胺单体聚合，得到了以 Fe_3O_4 为模板的棉花状的 PANI/CNTs。

Jeon 等在聚磷酸（PPA）/五氧化二磷中于 130℃条件下，用 4-氨基苯甲酸处理 MWCNTs，得到 4-氨基苯甲酰功能化的碳纳米管（AF-MWCNTs）。然后以 1mol/L 的 HCl 为溶剂，APS 为氧化剂，把苯胺单体嫁接到 AF-MWCNTs 的表面，生成聚苯胺嫁接到 AF-MWCNTs 表面的复合材料。Lafuente 等通过 SWCNTs 表面嫁接十八胺形成功能化的 SWCNTs（F-SWCNTs），扩大 SWC-NTs 在有机溶剂中的分散性，然后通过原位聚合法制备了 F-SWCNTs/PANI 复合材料，与酸性条件下高温氧化的 SWCNTs 形成的复合材料相比，F-SWC-NTs/PANI 的分散性增加，但是导电性偏低，这是由于 SWCNTs 与聚苯胺之间的相互作用不同引起的。

特殊条件引发聚合法与传统的聚合方法相比有很多优点，主要的优点在于不用添加氧化剂等额外的添加剂。Gopalan 等采用 γ 射线引发聚合法制备了 PANI/MWCNTs 复合材料。MWCNTs 先经过羧酸化，再用亚硫酰氯在 65℃ 下回流处理 24h，得到酰氯化的 MWCNTs-COCl，然后 MWCNTs-COCl 与 9,9-双（4-氨基苯基）芴在 60℃ 四氢呋喃中回流 24h，得到功能化的 MWCNTs-FDA。用 1mol/L 的 HCl 作为溶剂，CTAB 为表面活性剂，在 N_2 保护下用不同剂量的 γ 射线引发聚合得到 PANI/MWCNTs 复合材料。γ 射线引发聚合法制备的 PANI/MWCNTs 复合材料与传统添加氧化剂法制备的 PANI/MWCNTs 复合材料相比，前者含有更多的醌环，并且加入相同量的苯胺单体，前者包裹的聚苯胺更厚。Shao 等采用等离子嫁接技术制备了聚苯胺包裹的 MWCNTs。MWCNTs 先用 N_2 等离子进行激活，然后把苯胺单体注射到嫁接反应器中，在不断地搅拌条件下于 50℃ 反应 24h。这种方法的优点是：在基板材料的孔隙中形成线性嫁接的聚合材料，而且是共价嫁接到基板材料上，并且稳定性强。与传统的添加氧化剂法相比，用特殊条件引发聚合法制备的复合材料中的 CNTs 与聚苯胺在分子水平的作用力上有显著的区别，所以在电学、热力学方面会有差异。形成机理与性能方面有待进一步地研究。

（2）化学共价法　借助于 π-π 相互作用，在 CNTs 表面原位聚合苯胺单体是获得 PANI/CNTs 复合材料所广泛采用的方法，而且此方法具有操作简单、易于批量生产等优点。但是这种方法同时也存在着后处理复杂、原料利用率低的缺点，另外复合材料还面临着后续溶解加工的难题，不利于进一步实用化。由于聚苯胺仅以 π-π 堆积等物理结合作用包覆在 CNTs 的表面，所以与纯聚苯胺相比，原位聚合法制备的碳纳米管/聚苯胺复合材料对聚苯胺热稳定性的提高并不十分明显。为了增加碳纳米管与聚苯胺之间的作用力，改善组分之间的结构形态，制备高耐热性、高力学性能的可溶性碳纳米管/聚苯胺复合材料，在两者之间引入化学键等强相互作用是最有效的途径之一。同时，化学共价键的介入有望大大改善聚苯胺与 CNTs 之间的 π-π 堆积结构，从而获取电导率更高的复合材料。

Haddon 等采用高分子反应的方法，把端氨基磺化聚苯胺接枝到碳纳米管的外表面，制备了可溶性碳纳米管/聚苯胺共价复合材料，极大地增加了组分间的作用力，其电导率为 $5.6 \times 10^{-3} S/cm$。成会明等通过原位聚合然后再磺化的两步法，制备了 PANI/MWCNTs 复合材料。由于 MWCNTs 与磺化聚苯胺主链上的醌环结构之间存在着强烈的相互作用，该 PANI/MWCNTs 复合材料可稳定地溶解于水中，从而为 PANI/CNTs 纳米复合材料的广泛实用化提供了可能。尽管通过在聚苯胺主链上进行高分子反应可以得到相互作用较强的可溶性 PANI/CNTs 纳米复合材料，但是由于聚苯胺分子链上磺酸基团的位阻效应，通常导致复合材料的电导率不高（$10^{-3} S/cm$ 左右），所以如何在聚苯胺和 CNTs 之间引入强相互作用的同时，保持制备的复合材料具备高导电性并显示良好的可溶解加工性是该领域目前面临的主要问题。

（3）异位聚合法　异位聚合法是将制备好的聚苯胺与 CNTs 混合，制备聚苯胺的方法类似于原位聚合法制备 PANI/CNTs 复合材料的过程，只是在此过程中不加 CNTs。这种方法是运用 CNTs 与聚苯胺之间的静电吸附力，是基于导电聚苯胺芳香环的 π 键与 CNTs 碳层结构之间的相互吸引。Baibarac 等采用 2mol/L 的 H_2SO_4 作为溶剂，$K_2Cr_2O_7$ 作为氧化剂制备了聚苯胺，然后以 N-甲基-吡咯烷酮为溶剂，将聚苯胺与一定量的 SWCNTs 混合，通过溶剂蒸发法制备了 PANI/SWCNTs 膜。Srivas-Tava 等以 1mol/L 的 HCl 为溶剂，APS 为氧化剂，首先制备了樟脑磺酸掺杂的聚苯胺，然后在氯仿溶液中混合两种材料制备了 PANI/MWCNTs 和 PANI/SWCNTs 复合材料。Yan 等把预冷至 0～5℃的苯胺单体的甲苯溶液，加入 APS 的 1mol/L 的 HCl 溶液中，反应在 0～5℃下进行 12h 得到聚苯胺。然后，在 pH=2.6 的 HCl 溶液中，把不同质量比的 c-MWCNTs 与聚苯胺进行混合，得到 PANI/MWCNTs 复合材料。经过对 c-MWCNTs 和聚苯胺的 ζ 电位的分析，在 pH=2.6 的条件下，c-MWCNTs 带有负电荷，而聚苯胺带正电荷，所以在此条件下，两种材料由于静电吸附作用结合在一起。通过异位聚合法简单地将 CNTs 与聚苯胺混合形成的复合材料，只是借助纳米材料的吸附性黏合在一起，稳定性不如原位聚合法制备的 PANI/CNTs 复合材料。但是，如果控制酸度、分散剂等不同的条件，异位聚合法制备的复合材料在导电性、稳定性、分散性等方面可以有很大提高。

3.1.5.2　聚苯胺/碳纳米管间相互作用分析

采用原位聚合法制备的聚苯胺/碳纳米管复合材料，其电导率比纯粹的导电聚苯胺可提高 1～2 个数量级。一般认为，在这种聚苯胺/碳纳米管复合材料中，碳纳米管均匀地分散在聚苯胺内部，起到了一种骨架的作用，在苯胺的聚合过程中，碳纳米管可起到类似晶核的作用；且在 π-π 相互作用下，苯胺是以碳纳米管为依托并在其周围缓慢聚合的，而不是一种简单的吸附或者只是在纳米碳管周围松散地非晶沉积。

Baltog 等认为随着制备方法的不同，聚苯胺和碳纳米管之间的存在形式亦不同：如果只是简单地把聚苯胺和碳纳米管进行混合，那么生成的复合材料呈现出碳纳米管覆盖本征态聚苯胺和碳纳米管掺杂聚苯胺两种结构特征；而如果采用原位聚合法制备聚苯胺/碳纳米管复合材料，则生成物中只有后一种结构形态。一般认为，无论是简单的包覆还是发生了掺杂反应的两者结合，聚苯胺与碳纳米管之间通常主要依靠各自的共轭电子体系发生 π-π 相互堆积作用，且在这种作用下形成一种特定的复合结构，并决定导电性能的高低。对于化学共价法制备的碳纳米管/聚苯胺复合物，碳纳米管与聚苯胺之间除了 π-π 相互作用以外，还存在着结合能更高的化学键联结作用，使聚苯胺的热稳定性能得到极大的提升。

另外，用低聚苯胺如苯胺四聚体对碳纳米管表面上的活化官能团进行化学封端后，可有效提高碳纳米管薄膜的电化学氧化还原稳定性。由此可见，同为电活性优良的导电聚苯胺和碳纳米管的复合，能在一定程度上显示出相互促进的互补效应。也就是说，以强相互作用联结到碳纳米管表面的导电高分子，可以对化学修饰的 CNTs 起到结构修复作用，并提高其电化学活性。

3.1.5.3 聚苯胺/碳纳米管复合材料的应用

CNTs/聚苯胺复合材料具有良好的热稳定性、优良的电化学性能和力学性能等，在传感器、超级电容器、医学、吸附分离和微波吸收等领域有很大的应用前景。

（1）传感器　He 等制备的聚苯胺包裹的 MWCNTs 对不同浓度的 NH_3 呈现典型的响应-恢复特性。此传感器暴露在 NH_3 环境中时迅速达到一个稳定状态，并在中断 NH_3 的供应时返回其基准线。此传感器在室温条件下，对 $0.2 \sim 15 \times 10^{-6}$ 的 NH_3 具有线性响应性能。Liao 等制备的 PANI/SWCNTs 复合材料具有很大的表面积及载流子迁移率，可以在 SWCNTs 含量很低（1.0%）时，对低浓度（100×10^{-9}）的 HCl 和 NH_3 气体很灵敏。Reza 等通过实验检测证明：PANI/c-MWCNTs 材料对多巴胺的氧化有很强的电催化活性，通过计时电流法技术研究这种材料的催化反应动力学得出，平均扩散系数为 $(7.98 \pm 0.8) \times 10^{-7} cm^2/s$，平均催化速率常数为 $(8.33 \pm 0.072) \times 10^4 dm^3/(mol \cdot s)$。与其他用于多巴胺检测的电极相比，用这种材料作为电极制备的多巴胺氧化传感器不仅稳定性好、性能优良，而且寿命长。Hu 等把 D-葡萄糖固定在 PANI/MWCNTs 材料上，PANI/MWCNTs 不仅作为 D-葡萄糖固定材料，更是其有效的电子传递媒介，这种材料可用于制备检测凝集素和糖类的高灵敏生物传感器。

（2）超级电容器　聚苯胺有很高的赝电容储存功能，良好的氧化还原可逆性。但是，在作为电极材料充放电过程中，体积变化较大，化学稳定性差，PA-

NI/CNTs 复合材料成了电容器电极材料的研究热点。Li 等用循环伏安法对 PA-NI/MWCNTs 复合材料进行性能测试，在扫描速率为 5mV/s 条件下，其比电容可以高达 262F/g，比单独的 MWCNTs（65F/g）和聚苯胺（80F/g）高很多。Yoon 等通过对比不同氧化态的聚苯胺与 c-MWCNTs 组成的复合材料的形貌、电化学性能等，发现在扫描速率为 5mV/s 条件下，当聚苯胺为中间氧化态（ES）时与 c-MWCNTs 形成的复合材料比电容最大，为 328F/g。Zhang 等制备的毛刺结构的 PANI/CNTs 复合材料，在 100mA/g 电流密度下，复合材料比电容高达 587.1F/g，比能量为 66.1W·h/kg，电流密度为 800mA/g 时比功率可达 1014.2W/kg；在 5A/g 的电流密度下，1000 次循环充放电后，复合材料的比电容衰减 28%。它作为电容器电极材料，具有比电容大、快速响应、循环性能好的特点。

（3）医学　由于 CNTs 具有穿透生物屏障的作用，在转基因载体、药物载体以及改变聚合酶链反应中具有有效的作用。CNTs 与聚苯胺形成的复合材料，具有更加优越的性能。Valis 等研究了 PANI/SWCNTs 复合材料对原发性免疫细胞的影响。小鼠脾细胞和巨噬细胞在 10mg/L 的 SWCNTs/SDS 或 SWCNTs/SDS/PANI 溶液中培养 20～25h 后，对其生物活性影响不大。所以此类具有生物相容性的 PANI/CNTs 复合材料可以设计整合到多电极阵列中，把此仪器植入体内与神经元连接，重新连接断开的神经网络。Spinks 等制备的 PANI/SWCNTs 复合材料具有很强的抗断裂强度，由于具有刚度和硬度方面的优势，可以把该复合材料用于应变扩增系统、人造肌肉等方面的开发。

（4）吸附分离　CNTs 具有很高的吸附能力，可用于废水中一般有机污染物的分离。但是单独的 CNTs 不易分离回收、循环利用。Shao 等制备的 PANI/MWCNTs 复合材料可在室温下用于去除废水中的苯胺和苯酚以及重金属铅，由于聚苯胺与污染物之间存在强烈的共轭效应，所以聚苯胺的存在提高了 CNTs 的吸附能力。而且可以利用 PANI/MWCNTs 复合材料的磁性，把该复合材料从水溶液中分离回收。Yan 等把制备的 PANI/SWCNTs 复合材料用于离子吸附的电极材料，这种材料有很大的孔比表面积，具有很高的离子吸附能力，而且可以循环利用。

（5）微波吸收　由于 PANI/CNTs 具有独特的电磁学性能，这种材料可以用于电磁波的吸收，用来屏蔽电磁波的干扰。Saini 等制备的 PANI/MWCNTs 复合材料可以以吸收为主导屏蔽方式，用于屏蔽 12.4～18.0GHz 波段的电磁干扰。Darren 等制备的对甲苯磺酸掺杂的 PANI/MWCNTs 复合材料与聚（甲基丙烯酸甲酯）/对苯二酚形成的热塑复合材料，可以用于 8～12GHz 波段的微波吸收。Ting 等制备了 PANI/MWCNTs 复合材料与环氧树脂复合的微波吸收材料，这种材料可以吸收 2～40GHz 波段的微波。

3.1.6 聚苯胺/无机复合材料的应用及展望

由于聚苯胺/无机复合材料有着聚苯胺和无机材料的优良性能，被广泛应用于军事、医疗、节能等方面。利用聚苯胺/无机复合材料的电催化性，改变反应的速率或者方向，当复合材料作为电极材料时可加速电极反应；聚苯胺/无机复合材料被用作电容器时表现出优异的比电容和较好的循环寿命；聚苯胺磁性纳米复合材料不仅具备磁性材料的磁性能，还具有导电性和催化活性，聚苯胺/无机复合材料在磁性材料上有广阔前景；聚苯胺/无机复合材料在伴随掺杂和脱掺杂过程，颜色随之改变，被应用于传感器材料；聚苯胺/无机复合材料被应用于电池，通过可逆的氧化还原反应来实现电池的充放电过程；特种聚苯胺/无机复合材料具有抗腐蚀和钝化性能，且环境稳定性能好，在防腐蚀领域有广泛的应用前景。

总之，无机材料与聚苯胺复合形成复合材料，复合材料继承了聚苯胺和无机材料的优良特点，通过大量的研究，在各种用途上已经取得了惊人的进展。但复合材料的合成对合成条件要求较高，在合成复合材料时，影响因素较多，不容易控制。复合材料机械加工问题比较突出，有待研究工作者进一步开拓进取。由于研究工作者对聚苯胺/无机复合材料的高度重视，加上人们对其研究工作投入了大量的人力物力，以及人们对聚苯胺/无机复合材料研究的不断探索，聚苯胺/无机复合材料必将具有更广阔的前景。

3.2 聚苯胺/聚合物复合材料

聚苯胺分子链刚性强、不溶不熔、难以加工，严重影响了其在各个领域的应用。将聚苯胺与力学性能良好的其他有机材料复合，可以有效改善其加工性、导电性、成膜性等，还能够实现一些特殊的功能，提高聚苯胺材料的实际应用价值，拓宽导电聚苯胺的应用领域。聚合物的复合改性已成为当前高分子材料开发的主要途径。把苯胺单体或聚苯胺与溶解性和加工性相对较好的聚合物如 PMMA、PVA、PS 等复合可得到各种改性的复合材料，具有电导率可调节、力学性能优异、透明性高、成本低廉等优点。

3.2.1 聚苯胺/聚合物复合材料的制备方法

聚苯胺/聚合物复合材料可以通过不同的方法制备，同时制备方法对所得聚苯胺复合材料的性能有着重要的影响。通常，制备聚苯胺复合材料采用共混法、原位乳液聚合法、吸附聚合法、胶乳法和原位化学聚合法等。

3.2.1.1　共混法

近年来人们用聚合物共混改性的方法来改善聚苯胺综合力学性能较差的缺点，制备出了许多性能优异的复合材料。共混法又分为机械熔融共混法、溶液共混法和乳液共混法。

（1）机械熔融共混法　机械熔融共混法是将导电聚苯胺与基体聚合物同时放入混炼设备中，在熔融温度下进行混炼，即可得到聚苯胺/聚合物导电共混材料。该法简单易行，易于实现工业化，但对导电聚苯胺的热稳定性和熔融加工性提出了较高的要求，而且电导率会发生较大的下降。Wesstling 等用机械共混法制备了 PANI/PVC、PANI/PET、PANI/PMMA 等复合材料，研究了其电导率随温度的变化规律，结果表明其导电机理主要属于海-岛模型。DBSA 掺杂聚苯胺与其他聚合物机械共混合成的复合材料，如 PANI/PVC、PANI/HIPS、PANI/PS、PANI/HDPE 和 PANI/PP 等的逾渗阈值在 5% 左右，但这些复合物的最高电导率只能达到 10^{-1}S/cm，远低于用吸附聚合方法合成的聚苯胺复合物的电导率。

Vawlim 用机械共混法合成了聚苯胺/丁腈橡胶导电复合物，该复合材料的导电性随着聚苯胺含量的增加而增大，但其硬度和脆性也相应增加，难有实际的应用。曾幸荣等把化学法合成的高导电性的聚苯胺粉末与丁腈橡胶共混，制备了具有一定导电性和较好综合力学性能的聚苯胺/丁腈橡胶复合材料。聚苯胺在丁腈橡胶中只起导电填料的作用，与丁腈橡胶不发生化学反应。聚苯胺在丁腈橡胶中具有良好的分散性，对丁腈橡胶具有较好的补强作用，聚苯胺的适宜用量为 30～40 份，用量过大，对丁腈橡胶的硫化反应有较强的抑制作用，直接损害复合材料的导电性和综合力学性能。陈骁等采用盐酸掺杂态聚苯胺粉末分别与天然橡胶和丁腈橡胶共混，制备了聚苯胺/天然橡胶、聚苯胺/丁腈橡胶复合材料。用透射电子显微镜和红外光谱表征了聚苯胺的形态结构；研究了聚苯胺用量对复合材料电导率和力学性能的影响。在天然橡胶中添加 50 份聚苯胺，复合材料电导率达到 10^{-9}S/cm，比未添加聚苯胺时提高了 6 个数量级；聚苯胺添加到丁腈橡胶中，复合材料的电导率无明显变化，只起到一定的补强作用。

段玉平等以掺杂态聚苯胺为填料、硅橡胶为基体制备了聚苯胺/硅橡胶复合材料。随着聚苯胺加入量的增加，体积电阻率明显下降，屏蔽效能稳定提高。当加入物质量比为 100:100 时，屏蔽效能在 16～19.3dB，体积电阻率与原橡胶相比下降了 12 个数量级。屏蔽效能在 300～1500MHz 低频段内稳定增加，当含量增加到 100 份时，屏蔽效能均大于 16dB，在 1500MHz 频率点增加到 19.3dB。这是由于掺杂聚苯胺含量的增加，所形成的"导电孤岛"在基体中逐渐分散变小而相连，形成了完整的导电网络。刘永海等研究了以掺杂态聚苯胺为填料、硅橡胶为基体的铸态复合材料的导电性以及在 300～1500MHz 频段下的屏蔽效能，铸态硅橡胶屏蔽效能好，施工简便，可以作为很好的建筑暗室用新型屏蔽材料。

（2）溶液共混法　溶液共混法是将聚苯胺与聚合物溶于某种特定溶剂中，再进行混合，这种方法溶剂消耗量大，不易除尽，易造成加工污染。李晓常等研究了聚苯胺与聚苯甲酰胺共混行为，并绘制出了共混的三元相图。含有 20％聚苯甲酰胺的复合材料的拉伸强度可增加 2～3 倍，其电导率可达 7.5S/cm，二组分存在着明显的微观相分离。Rafil 等用溶液共混的方法合成了聚苯胺/尼龙-6 和聚苯胺/尼龙-12 的复合物。还有研究人员用 CSA 掺杂的聚苯胺溶于间甲苯酚和氯仿（4/6）的混合溶剂中，采用溶液共混的方法合成出了 PANI/PA66、PANI/PA1010、PANI/PA11、PANI/PA12 等多种导电复合膜，其最大阈值为 2.3％质量分数，聚苯胺在聚酰胺基体中以纤维束状态分布。

赵立群等采用溶液共混与浇铸法制备了聚苯胺/顺丁橡胶复合导电膜。以甲苯为溶剂，顺丁胶与甲苯质量比为 1∶20，过氧化二苯甲酰与顺丁胶质量比为 1∶10，在交联反应时间为 2h，交联温度为（80±1）℃的条件下，可获得交联度适中的顺丁橡胶溶液；以十二烷基苯磺酸作为共混分散剂，将化学氧化法制备的本征态聚苯胺与该胶液共混 20h 以上，用溶液浇铸法可制得正反面电导率不同且最大可接近聚苯胺的复合膜。

Yang 等首次将溶于间甲酚的聚苯胺溶液与溶于间甲酚的 PMMA 溶液混合制备了聚苯胺与聚丙烯酸（酯）复合材料，在 PMMA 相周围，高质量分数的聚苯胺呈现泡沫状形态，这种形态使其具有良好的导电性能和光学性能。聚苯胺与聚丙烯酸酯树脂的共溶共混复合目前使用的溶剂主要包括间甲酚、间甲酚与氯仿的混合溶液、1,1,1,3,3,3-六氟-2-异丙醇和四氢呋喃等。能用于溶解聚苯胺的溶剂相对较少，而且通常价格高、毒性大。

（3）乳液共混法　乳液共混法，即先制备聚苯胺乳液，然后再与基体聚合物的溶液或乳液共混，与机械熔融共混法相比，乳液共混法混合均匀，粒子尺寸小，聚苯胺能很好地分散于聚合物基体中，在所得聚苯胺/聚合物共混体系中能形成良好的导电通道。因此，聚苯胺含量很小时能得到很高的电导率。

① 乳液和乳液共混法。乳液和乳液共混法是指聚苯胺和基体聚合物均是以乳液形式进行混合，混合后的复合体系都比较稳定，而且可以成膜，具有一定的电导率。在共混液中，聚苯胺乳液的稳定是技术的关键，只有在稳定的乳液体系中，才有可能获得性能均一的共混材料。在聚苯胺乳液体系中，聚苯胺粒径呈纳米级，在适量的乳化剂存在下，乳液体系稳定，且其分散程度和稳定程度随乳化剂含量的增加而增加。常见的乳化剂有 DBSA、CSA 等，其中一部分充当掺杂剂，剩余的则作为表面活性剂来保持体系稳定。甚至当聚苯胺乳液与聚合物的溶液或乳液混合后，无需添加任何添加剂，也可使所得的分散体系稳定。Haba 等

把 PANI-DBSA 的水乳液与基体聚合物（PMMA、PS、聚丙烯酸酯）的水乳液进行简单混合，然后把水蒸发掉或浇铸成膜，得到聚苯胺导电共混材料，在 PANI-DBSA 的质量分数为 1%～2% 时，电导率高达 $10^{-3}～10^{-2}$ S/cm。PS 粒径约为 100～200nm，聚苯胺涂覆在 PS 表面，两者形成了较强的结合力。

②乳液和溶液共混法。乳液和溶液共混法是指聚苯胺乳液与聚合物溶液进行混合，制备成分散均匀的复合体系。PANI-DBSA 的水乳液与 PVA 的水溶液混合后，所得 PANI-DBSA/PVA 分散体系放置 6 个月无沉淀。

3.2.1.2 原位乳液聚合法

原位乳液聚合法是指苯胺单体在基体聚合物的乳液体系或基体聚合物溶液的乳液体系中进行原位聚合，获得聚苯胺/聚合物的导电复合材料的方法。该方法比较复杂，但所得产物均一，性能稳定，且能形成良好的导电通道。又因为产物本身就是均一乳液，因此可对其直接进行加工成膜，或用于涂料行业，是优良的涂料试剂，受到国内外学者的重视。

Ruckenstein 等先将 SBS 溶于有机溶剂中，加入表面活性剂后，滴入 APS 和对甲苯磺酸的水溶液分散在 SBS 的有机溶剂中，搅拌制得均匀乳液，再加入苯胺的甲苯溶液，进行苯胺的聚合反应，制得了 PANI/SBS 的复合材料，其电导率为 0.35～0.48S/cm 左右，拉伸强度为 2.8MPa。当达到聚苯胺的逾渗阈值时，复合物形成了网络结构。原位乳液聚合法制备的聚苯胺复合材料不仅具有良好的可加工性能，而且还可以制得高品质的聚苯胺复合产品，在抗静电、电磁屏蔽、电极材料和防污防腐涂料等领域已经或将要显示出巨大的应用前景和经济效益。

（1）聚合物乳液中苯胺的聚合　这类聚合反应是在制备基体聚合物的乳液中直接进行苯胺聚合，得到聚苯胺/聚合物的复合材料，其显著特征是不使用有机溶剂，后处理比较环保，无污染。南军义等以 SDBS 为乳化剂，APS 为引发剂，在水相中制备了共聚物酸乳液，然后在该乳液中滴加苯胺盐酸水溶液，冰浴下进行聚合，获得了三元共聚物 P（MMA-MAA-BA）为核、聚苯胺为壳的导电高分子材料，平均粒径约为 400nm，其结构和电性能的研究表明形成了核壳结构，其不仅具有好的稳定性及导电性（电导率随着聚苯胺含量的增加而升高），而且该复合材料在环己酮、四氢呋喃等普通有机溶剂中具有好的溶解性。汪雨明等在离聚体 P（MMA-BA-AA-Na$^+$）乳液中采用上述方法合成了易加工成型的聚苯胺导电复合材料，该材料电导率最大可达 12.5S/cm，但拉伸强度不是最大的，当电导率为 3.89S/cm 时，拉伸强度达到最大值为 7.81MPa。Chu 等在 PSS 的酸乳液中，在 APS 引发下进行苯胺的氧化聚合，也得到了稳定的复合材料溶液体系。

（2）聚合物有机溶液中苯胺乳液的聚合　这类方法引入了有机溶剂，采用乳液或溶液法制备了基体聚合物后，去除小分子及其他杂质，再用有机溶剂将其溶解，加入表面活性剂制成乳液，由氧化剂在乳液中引发苯胺聚合。就加料顺序而言，目前主要有两大研究趋势：第一类是先用有机溶剂将基体聚合物溶解后，滴加乳化剂的水溶液，强搅拌得到均一乳液，再滴入苯胺，进行氧化聚合；第二类是在表面活性剂的水溶液中滴加溶有苯胺和聚合物的有机溶液，同步乳化苯胺和聚合物，强搅拌得到均一乳液后，再进行苯胺的氧化聚合。

① 聚合物先乳化，后滴入苯胺进行共聚合。Vincent 采用溶剂先将树脂溶解后，加入乳化剂制成乳液，后加入苯胺进行苯胺的乳液聚合，成功制成了聚甲基丙烯酸烷基酯、SBS、PS 等的复合材料，电导率可接近纯聚苯胺的电导率（约为几 S/cm）；氯化乙烯-丙烯共聚物的乳液与聚苯胺的复合材料的逾渗阈值为 15%。

② 苯胺和聚合物先共乳化后聚合。Ruckenstein 等在制得的 SDBS 水溶液中滴加溶有苯胺和 PS 的苯溶液，搅拌形成均一乳液，然后再缓慢滴加 APS 的盐酸水溶液，控温进行氧化聚合，制得可热压加工的 PANI-HCl/PS 导电材料，其电导率高达 3～5S/cm，逾渗阈值在 2%～10% 之间。他们详细地研究了苯胺含量、HCl 浓度、APS 与苯胺的物质的量比、沉淀剂、溶剂、分散相的体积分数和表面活性剂的量对电导率的影响。他们还用此法制得了 PANI/SBS 的复合材料，电导率为 1.0～2.8S/cm 左右，拉伸强度为 8.0～6.1MPa 左右。马永梅等制备了聚苯胺/聚（苯乙烯-丁二烯-苯乙烯）三嵌段共聚物的复合材料，他们将 SBS、DBSA、苯胺按一定比例溶于二甲苯后，强搅拌得到均一的乳液，再滴加 APS 水溶液引发苯胺聚合，即得 PANI/SBS 网络结构的复合材料，此复合材料可热塑成型和溶液成型。用能改善导电聚合材料导电性的二次掺杂方法对溶液成型膜进行处理，通过 3 种不同的加工途径所得的复合材料具有不同的逾渗行为和断面形貌，表明此 3 种复合材料具有不同导电组分的聚集态结构，并建立了一种测试方法，研究导电橡胶伸长中电导率的变化。

3.2.1.3 吸附聚合法

"现场"吸附聚合法是将纤维、纺织品、塑料等基材浸在新配制的 APS 与苯胺的酸性水溶液混合物中，使苯胺在基材的表面发生氧化聚合反应，聚苯胺可均匀地"沉积"在基材表面，形成良好的致密膜，以制成导电材料。该方法是在非导电聚合物基材上吸附可形成导电聚合物的单体，并且使之在基体上聚合，从而获得导电复合材料。Gergory 对尼龙-6、尼龙或涤纶的纤维或纺织品采用此法，使苯胺在纤维基材表面发生氧化聚合反应，聚苯胺可均匀地"沉积"在基材表面，形成良好的致密膜，以制成导电复合材料。对维尼纶纤维的研究表明，复合聚苯胺后对纤维强度影响不大。在低密度聚乙烯粉末基材上复合聚苯胺，该复合粉末经热压加工可得聚乙烯与聚苯胺的复合膜片（1mm 厚），电导率可达 4.1×10^{-2} S/cm，拉伸强度为 12MPa。用离子导电聚合物为基材再复合聚苯胺，即可得到电子-离子混合导电材料。用 Nafion 溶液浇铸成膜后再复合聚苯胺，其电导率可达 0.01S/cm。高氯酸锂掺杂聚醚型聚氨酯的膜用此法可得 PANI/聚氨酯（PU）的复合材料，其电导率为 1.65S/cm，将其用做电极材料时，库仑效率可达 96%。

用 PET 或 Nylon-6 膜复合聚苯胺可制备透明导电膜，PANI/PET 电导率为 $0.1 \sim 0.2$ S/cm 时，在 $450 \sim 700$ mm 处透光率达 70%。PANI/Nylon-6 的电导率为 1.12×10^{-2} S/cm 时，透光率高于 75%。为获得 PANI/Nylon-6 导电的热稳定性，对在盐酸体系吸附聚合的复合膜进行脱掺杂后，再分别用苯磺酸、对甲苯磺酸和磺酸基水杨酸掺杂来达到。这个掺杂与脱掺杂过程对聚苯胺的分子结构无影响，但对复合材料的相结构有影响。

根据聚乙烯醇的性质可分别在干膜和含水胶状膜条件下制备与聚苯胺的复合膜。用前法可得到电导率为 5.8S/cm，拉伸强度为 13MPa，断裂伸长率为 110% 左右的 PANI/PVA 复合膜，此膜具有与聚苯胺相同的电化学活性。后法制备的 PANI/PVA 膜的电导率可达 0.1S/cm，并具有良好的电化学活性和电致变色活性。用聚乙烯醇缩甲醛（PVF）或聚甲基丙烯酸（PMAA）为基材制备的聚苯胺复合材料的导电逾渗阈值在 20%。PANI/PMAA 的导电性具有较好的高温稳定性。现场吸附聚合法同样可制备 PANI/PVC 复合材料，其导电逾渗域值为 5% 左右。聚甲醛（POM）和聚苯胺的复合材料可利用三聚甲醛在酸性条件下开环聚合的特点来制备。用高氯酸掺杂的聚苯胺微粒，吸附三聚甲醛后开环聚合形成 PANI/POM 的复合材料，其逾渗阈值小于 14%，复合材料电导率可达 0.2S/cm。

陈贻炽等采用吸附聚合法合成了 PANI/SIS（苯乙烯-异戊二烯-苯乙烯嵌段共聚物）复合物，当苯胺（An）/SIS 的投料比为 0.2g/1.0g 时，制得的复合膜电导率可达 7.5S/cm，其电导率随基体 SIS 交联程度的增加而降低。他们还用此法合成了聚苯胺/聚（丙烯酸丁酯-苯乙烯-丙烯酸羟乙酯）导电复合材料、PANI/(SBS-LPB) 导电橡胶等。这种复合材料可热成型和溶液成型，复合材料具有典型的热塑性弹性体特征。

3.2.1.4 胶乳法

胶乳法是将苯胺等单体在胶乳中进行氧化聚合后生成导电聚合物复合材料，胶乳的稳定性是技术的关键。只有在稳定的胶乳体系中，才有可能获得性能均一的复合材料。Armes 用氯化乙烯-丙烯共聚物的胶乳制备与聚苯胺的复合物，其逾渗阈值为 15%。也可用溶剂先将树脂溶解后加入表面活性剂制成乳液再进行苯胺的聚合，已分别制成聚甲基丙烯酸烷基酚或 SBS、PS 等的复合材料。在制备中以先加苯胺单体一定时间后，再加入过硫酸铵的盐酸水溶液的条件为最好，复合材料的电导率可接近纯聚苯胺的电导率。先加氧化剂后加单体的电导率一般较前法低一个数量级，并且逾渗阈值也较前法大些。Teriemezyan 分别对 PM-MA、PS 和丙烯酸-丁二烯-苯乙烯的三元共聚物的胶乳，以现场聚合、干共混和共沉淀法等三种途径制备复合材料，以现场聚合最好。复合物的 T_g 均较纯基材有所提高，但逾渗阈值为 30%，电导率最高可达 0.1S/cm。

聚苯胺与丁苯吡胶乳复合材料的研究结果为：该复合材料的电导率可达 1S/cm，逾渗阈值为 15%。聚苯胺对丁苯吡胶乳具有补强作用，这归因于聚苯胺与丁苯吡胶乳中的吡啶生成的氢键形成了物理交联区。胶乳稳定性受氧化聚合时无机盐氧化剂的影响。在催化剂 Fe^{2+}、Fe^{3+}、Cu^{2+} 存在下，以过氧化氢为氧化剂可氧化聚合苯胺。此方法已用于制备丁苯胶乳与聚苯胺的导电复合材料，电导率可达 0.21S/cm。此氧化体系对胶体的稳定性没有影响，在单体含量较低时，也能均匀地附着在胶粒表面。

3.2.1.5　电化学沉积

电化学聚合反应可直接在电极表面或其他基质上形成聚苯胺涂层，如在金属表面沉积形成聚苯胺涂层等，主要有恒电位法、恒电流法、动电位扫描法和脉冲极化法。电化学聚合一般都是苯胺在酸性溶液中进行聚合，电极材料、电位、电解质溶液的 pH 值及其种类对苯胺的聚合都有一定的影响。马文石等以苯胺、聚硫橡胶预聚体为主要原料，采用电化学一步法原位复合，制备了聚苯胺/聚硫橡胶复合膜。复合膜溶液面中聚硫橡胶含量远大于电极面；电极面上部分聚硫橡胶中的硫原子被氧化成含氧基团；在原位复合过程中，聚硫橡胶预聚体与聚苯胺分子链中的部分氮原子或正电荷基团之间发生了化学作用。发现原位复合膜中聚苯胺能显著提高聚硫橡胶分子链中二硫键的电解聚和电聚合能力。电化学聚合虽然将聚苯胺的合成与成膜一次完成，反应条件温和，但从实用的角度来看，受操作工艺的限制该法难以用于较大的部件，很难大规模应用。

以聚丙烯酸（PAA）溶液为电解液，在电化学作用下可以直接制得聚苯胺/聚丙烯酸（酯）复合材料，该材料在较宽的 pH 值范围内具有良好的电化学活性和稳定性，这是其他聚苯胺材料所不具备的。Kuo 等利用电化学方法在 316 钢上制备盐酸掺杂聚苯胺，脱掺杂后再分别用 PAA 和聚（丙烯酸-马来酸）（PAMA）对聚苯胺进行再掺杂，与盐酸掺杂聚苯胺相比，PAA 或 PAMA 的引入可以增加氮原子上的电荷。将涂有聚丙烯酸（酯）的电极置于含有苯胺的电解液中，经电化学聚合同样可以获得聚苯胺/聚丙烯酸（酯）共聚物，Karakisla 等在涂有 PM-MA 的 Pt 电极上电化学聚合聚苯胺制备导电膜，当苯胺用量达到 15% 时，膜的电导率达到 0.1~0.2S/cm。

3.2.1.6 溶液聚合

溶液聚合是指聚合物与苯胺单体在有机溶剂或水溶液中发生的聚合反应，利用该方法可以制备不同形貌的聚苯胺，还可以在不改变聚苯胺导电性的前提下提高聚苯胺的溶解性和成膜性。最简单的溶液聚合是以聚丙烯酸为掺杂酸掺杂苯胺进行的聚合反应。Lu 等用该方法制备了具有螺旋结构的聚苯胺纳米线，其长度和直径分别为 $3.5\mu m$ 和 $500nm$，螺距为 $400nm$。Roberto 等将聚（乙烯-丙烯酸）树脂浸入含 3% PCl_5 的 CH_2Cl_2 溶液中，室温反应使 Cl^- 取代丙烯酸上的 OH^-，进一步用苯胺或对苯二胺对聚合物进行改性得到含酰胺基团的聚合物，最后再将其加入苯胺的盐酸溶液中进行反应获得丙烯酸酯-苯胺共聚物。红外光谱、X 射线光电子能谱、扫描电镜-能谱等表征方式证明聚苯胺成功接枝在氯化乙烯基丙烯酸基体上，对苯二胺的处理有利于提高共聚物的导电性。

3.2.2 常见的聚苯胺/聚合物复合材料

3.2.2.1 PANI/PMMA 复合材料

PMMA 有着优异的光学性能，在可见光区具有很好的透明性和光致发光性。将聚苯胺与 PMMA 复合，得到的聚苯胺以互穿网络结构分散在 PMMA 基体中。随着 PMMA 含量增大，复合材料的光致发光强度增加。复合后，还可很好地改善聚苯胺的力学性能和加工性能。通过原位化学氧化乳液聚合法制备的 PANI/PMMA 复合导电膜，具有良好的导电性能，电导率最大为 $1.2×10^{-2}S/cm$，复合膜的热稳定性较聚苯胺有所提高。将掺杂态聚苯胺与有机硅改性的 PMMA 复合，用溶液复合法制备 PANI/PMMA 复合电致变色膜，在外加电压作用下其颜色在绿色至蓝黑色之间可逆变化。且其中的偶联剂组分能提高电致变色膜与 ITO 导电玻璃基底的黏结性，并改善复合膜的耐溶剂性能。

3.2.2.2 PANI/PVA 复合材料

PVA 分子链上含有大量羟基，分子链间易形成氢键，具有较高的机械强度和韧性，力学性能良好。王孝华以 PVA 为基质材料，使苯胺在其溶液中聚合，制备了 PANI/PVA 复合膜，并考察了其力学性能。所得的盐酸掺杂的 PANI/PVA 复合膜的电导率为 $13.2S/cm$，最大拉伸强度为 $60.8MPa$。黄美荣等采用恒电位原位聚合法制备了 PANI/PVA 复合膜，具有明显的电致变色性。与无基体的纯聚苯胺膜相比，复合膜与 ITO 电极表面具有更好的黏结性能和均匀性、更好的电活性和更快的响应。

王青豪等利用化学乳聚法制备了 PANI/PVA 复合膜，试验得出 PANI/PVA 复合膜制备的最佳条件是：反应温度 25℃，反应时间 10h，$w(PVA)$ 为 4.3%，$n(DBSA):n(An):n(APS)$ 三者的物质的量之比为 1.25:1.0:0.42。任斌等采用原位聚合方法制得的 PANI/PVA 复合材料，电导率可达 4.55S/cm。荧光光谱表明，聚苯胺与 PVA 的复合增强了载流子的注入密度和限域效应，抑制了聚苯胺的非辐射衰减，提高了复合材料的发光效率。匡汀以乳液聚合法合成聚苯胺，分别用 NMP 为溶剂溶解本征态聚苯胺、水溶解聚乙烯醇后共混浇铸成 PANI/PVA 膜，实验表明两者具有很好的相容性；在保证高电导率的同时，膜的拉伸强度、断裂伸长率都有明显的改善，力学性能得到了很大提高。

3.2.2.3　PANI/PS 复合材料

Armes 等制备了聚苯胺包覆聚苯乙烯的核/壳复合粒子，当聚苯胺的含量在 8％左右时，能达到和本体相当的电导率。通过对聚苯乙烯微球磺化处理，引入亲水性的磺酸基，以此为模板，在磺酸根的掺杂下制备了具有核/壳结构的导电 PANI/PS 复合微球，复合微球中聚苯胺含量为 19.3％时电导率约为 0.10S/cm。冯晓苗等采用聚苯乙烯胶体粒子为模板，制备了磺化聚苯乙烯/聚苯胺核壳型纳米复合材料。普通聚苯胺只能在酸性条件下（pH＜4）才具有氧化还原活性，而磺化聚苯乙烯/聚苯胺提高了活性，在中性条件下也具有一定的氧化还原能力，这样就拓宽了其在生物传感器领域的应用前景。Yuan 等以聚苯乙烯磺酸钠为稳定剂，盐酸为掺杂剂，利用一锅法制备了聚苯胺包覆的聚苯乙烯微球，此微球具有均一光滑的表面形貌。材料的电导率为 0.0017S/cm，由 HCl 蒸气再掺杂后电导率可达到 0.1S/cm。另外，还可利用电纺技术制备具有荷叶结构的聚苯胺/PS 复合膜。这种复合膜在强酸强碱类的腐蚀性或强氧化性溶液中，仍表现出稳定的超疏水性和导电性，是一种具备自洁效应的新型材料。这也为进一步拓宽导电高分子的应用打下了基础。

3.2.2.4　聚苯胺/聚酰亚胺复合材料

聚酰亚胺（PI）具有优良的耐高低温、耐腐蚀、电绝缘、高尺寸稳定和低介电常数等性能，适合作为研制薄膜电容器的介质基材。利用原位聚合沉积，以聚乙烯吡咯烷酮（PVP）为空间稳定剂，HCl 为介质酸和掺杂剂，可以在 PI 膜表面制备高导电的聚苯胺层，形成 PANI/PI/PANI 三层复合膜。复合膜表面聚苯胺层外观质量优异，电导率达 100S/cm，有望制作有机介质电容器及其他有机电子或光电子元件。

3.2.2.5　聚苯胺/聚丙烯酸（酯）类聚合物复合材料

聚丙烯酸（酯）类聚合物具有良好的力学性能、成膜性、黏结强度、耐水性等性能，可以改善聚苯胺的缺点与不足。而且丙烯酸（酯）类单体原料易得，其聚合物既可以与聚苯胺简单混合，也可以与聚苯胺溶于共同的溶剂，更重要的是，聚丙烯酸（酯）还可以通过电化学聚合、溶液聚合、乳液聚合等常规的方法与苯胺发生共聚合反应，产物应用方便，性能良好。聚苯胺/聚丙烯酸（酯）复合材料综合了聚苯胺和丙烯酸（酯）类聚合物的优异性能，具有可加工性好、成膜性好、附着力强、电学性能好、防腐蚀性能优异等特点，在导电材料、电池材料、防腐蚀材料、催化剂、传感器等方面具有广阔的应用前景。因此，聚苯胺与聚丙烯酸（酯）复合材料成为非常具有发展潜力的新材料。

聚苯胺/聚丙烯酸（酯）互穿网络聚合物是一种独特的高分子复合材料，它既不同于共混物，也不同于共聚物。它是由交联聚合物聚丙烯酸（酯）和聚苯胺各自聚合后所得的网络连续地相互穿插而成的，两种聚合物之间不存在化学键结合。其制备方法一般是将交联的聚丙烯酸（酯）树脂浸入苯胺单体中，使苯胺在聚丙烯酸（酯）中渗透后再引发聚合。这种方法制备的聚苯胺/聚丙烯酸（酯）互穿网络聚合物可以改善聚苯胺加工性差、溶解性差等缺点，该材料具有较好的导电性、吸附性和防腐蚀性能。Tang等用两步水溶液聚合法得到了聚苯胺/聚丙烯酸酯互穿网络聚合物，其电导率为 $2.33mS/cm$。陈兴娟等采用乳液互穿网络聚合法制备聚苯胺/聚丙烯酸树脂防腐蚀涂料，该方法制备的聚苯胺/丙烯酸树脂防腐蚀涂层具有良好的防腐蚀性能。互穿网络聚合物特有的强迫互溶作用能使聚苯胺和聚丙烯酸（酯）这两种性能差异很大且具有不同功能的聚合物形成稳定的结合，从而实现组分之间性能和功能的互补。如何控制形成完全互溶的网络，呈现分子水平的互相贯穿，是影响综合性能发挥的关键因素。

对聚苯胺/聚丙烯酸（酯）复合材料的研究，从聚苯胺/聚丙烯酸（酯）共混复合材料的制备到聚苯胺/聚丙烯酸（酯）共聚复合材料的合成，取得了巨大的进步。聚苯胺/聚丙烯酸（酯）共混复合材料的制备工艺简单，投入实际应用较快。但聚苯胺/聚丙烯酸（酯）共混复合材料的性能受聚苯胺的分散性和聚苯胺与聚丙烯酸（酯）界面结合性能的影响。改善分散性和界面性能仍是研究的重点，这将有利于复合材料中聚苯胺特殊性能的发挥。聚苯胺/聚丙烯酸（酯）共聚复合材料将聚苯胺和聚丙烯酸（酯）有机结合，使聚苯胺和聚丙烯酸（酯）的优异性能得以综合发挥。但是目前的研究多局限于合成方面，研究聚苯胺和聚丙烯酸（酯）的共聚机理、明确共聚物结构与性能的关系是今后发展的主要方向。聚苯胺/聚丙烯酸（酯）互穿网络复合材料中两种聚合物分子链通过网络互穿缠结，在性能和功能上产生特殊的协同作用，得到理想的互穿网络共混物是综合性能得以发挥的关键。虽然对聚苯胺/聚丙烯酸（酯）复合材料的研究取得了一些成果，但是许多工作还是基础方面的，大部分都还没有成熟。下一步应加强构效关系研究，加大开发力度，使聚苯胺/聚丙烯酸（酯）复合材料在更广泛的领域得以应用。

3.2.2.6 聚苯胺/聚酰胺复合材料

聚酰胺材料（PA）俗称尼龙，年产量在 3×10^{6} 吨以上，是五大工程塑料中用量最大的一种，也是一种重要的合成纤维材料，其品种主要包括 PA6、PA66、长碳链聚酰胺以及新型的聚酰胺弹性体、耐高温聚酰胺等。聚酰胺材料具有良好的力学性能、耐热、耐磨损、耐化学性和自润滑性，而且易加工、摩擦系数低，其产品广泛应用于汽车、纺织、仪表、机械、食品包装、日用消费品等众多领域，但其电导率约为 10^{-12} S/m，具有很高的绝缘性，容易发生静电荷的堆积，严重时会引起爆炸及火灾，因此聚酰胺制品不仅要求具有较高的力学性能还要求具有抗静电功能。抗静电聚酰胺纤维用于服装产业可以提高穿着舒适性；抗静电聚酰胺工业丝、帘子线在轮胎、传送带使用过程中可消除或减少因摩擦产生的静电；抗静电聚酰胺粉末涂料可以喷涂于各种制品表面提高使用安全性；另外，聚酰胺用在输油管、电子电器、汽车配件等领域时对其抗静电性要求更高。

为使聚酰胺材料具有抗静电性，研究者已经使用了金属、石墨烯、碳纳米管、导电高分子或其他导电剂来提高聚酰胺导电性。其中，导电高分子因其质轻、成本低廉、导电性能优异等特点被更多研究者青睐，现已成为一种最有发展前景的聚酰胺材料导电剂，并且在学术研究方面已经发展成为高分子、电化学及固体物理的交叉学科。聚酰胺作为用量最大的工程塑料品种和重要的合成纤维材料，迫切需要解决其在应用中产生的静电堆积问题。聚苯胺作为一种最有应用潜力的导电高分子，通过与热塑性材料聚酰胺复合不仅解决了聚酰胺制品静电堆积问题，也解决了聚苯胺加工困难的问题，同时获得了具有一定力学性能的导电复合材料。对于聚酰胺材料来说，其分子链上含有一定数量的酰胺基团，其化学结构决定了它能与聚苯胺形成氢键而互相吸附，因而聚酰胺与聚苯胺复合体系制备方便，且聚酰胺材料应用范围广泛，也有利于推动聚苯胺材料的广泛应用。

（1）PANI/PA 导电复合纤维　聚酰胺纤维应用于纺织领域时对其抗静电性能的要求越来越高，和其他的导电填料相比，聚苯胺具有更多的优势。金属填料会使复合材料质量增加并且易导致聚合物氧化降解；碳纳米管易团聚且成本高；石墨烯成本较高且尚无规模化的工业应用技术；炭黑导电性差且不适合用于浅色制品。而聚苯胺不但质轻，原料易得，合成简单，还与普通线性聚合物一样，在纺丝牵伸过程中会产生取向，这种导电的各向异性，提高了纤维轴方向的导电性能，降低了逾渗阈值，不会对本体纤维的力学性能造成太大伤害，所以聚酰胺/聚苯胺导电复合纤维在抗静电织物方面具有广泛的应用前景。目前聚酰胺/聚苯胺导电复合纤维的制备方法大体可分为 3 种：原位吸附聚合、溶液纺丝和静电纺丝。

① 原位吸附聚合。由于聚苯胺难溶难熔，为实现批量生产，拓宽聚苯胺的应用范围，原位聚合方法成为实现聚苯胺加工的一种方便可行的途径。该方法是利用苯胺在纤维的表面发生化学氧化聚合反应，将聚苯胺均匀地沉积在纤维表面，形成良好的致密膜，而制成具有皮芯结构的导电纤维。所谓化学氧化聚合，

一般是在酸性水溶液中用氧化剂使苯胺聚合，并且主要采用过硫酸铵作氧化剂。原位聚合制备聚酰胺/聚苯胺复合纤维的一般工艺是在化学纤维表面先吸附一定量的苯胺单体，然后在一定反应条件下加入氧化剂及掺杂剂，苯胺单体在氧化剂及掺杂剂的作用下发生氧化聚合反应生成导电聚苯胺。

原位聚合法制得的复合纤维中的聚苯胺分散均匀，包覆性良好，解决了聚苯胺工业应用中加工困难的问题。采用原位聚合法制备导电复合纤维有两个关键因素：其一是保证生成的聚苯胺具有翠绿色的亚胺结构，从而保证其优良的导电性，因此氧化剂和介质酸的种类选择，浓度、用量等都要很好地控制；其二是保证纤维对导电聚苯胺的有效吸附，结构疏松或吸水性较好的纤维对聚苯胺的吸附较容易，能不能有效吸附聚苯胺对于聚酰胺导电复合纤维的导电性和导电持久性有重要影响。

原位聚合法制备导电复合纤维，其复合结构稳定性和热稳定性非常重要。提高结构稳定性，一般情况下采用纤维在苯胺中浸渍、扩散的方法增加二者的黏附力，但效果不是很理想。Oh 等采用等离子体处理 PA6 纤维表面以提高纤维表面的吸附力和氧化聚合速率。研究发现，经氧等离子体处理过的 PA6 纤维表面被有效侵蚀，羟基等极性基团的引入增加了聚酰胺纤维的表面活性，促进了苯胺单体的氧化聚合，增加了纤维对聚苯胺的吸附性，从而增加了电导率。并且和未经等离子体处理过的复合材料相比，等离子处理过的纤维经过反复洗涤和磨损，其电导率更加稳定和持久，这对于其在抗静电织物上的应用非常有利。复合纤维的热稳定性与酸掺杂环境关系密切，随着温度的升高，复合纤维的电导率会下降，对于不同混合酸掺杂的 PANI/PA 导电纤维的电导率热稳定性的研究发现，盐酸/十二烷基苯磺酸混合酸掺杂的导电复合纤维热稳定性最好，其次分别是盐酸/甲苯磺酸、盐酸/苯磺酸、盐酸。

原位聚合法制备的复合纤维应用范围很广，除了应用于抗静电织物，通过原位吸附聚合法制得的导电复合材料还可以用作传感材料。用一元羧酸掺杂的 PANI/PA6 复合纤维对于氨气显示出高灵敏度和快速响应。因复合纤维感应能力良好、成本低廉、制备简单，在传感应用方面具有很大的吸引力。Xia 等通过原位聚合的方法制得 PANI/PA6 皮芯结构复合纤维。获得均一包覆的聚苯胺的最优条件：pH 为 6，苯胺和 PA6 质量比为 2，过硫酸铵和苯胺物质的量之比为 1.5，反应时间为 6h。在制备过程中聚酰胺纤维必须用樟脑磺酸预处理，这是形成皮芯结构的关键。通过对该复合纤维进行甲基橙的吸附试验，在经过 5 次吸附-解吸附循环以后，复合纤维仍然具有一定的染料吸附能力（20min 以后吸附变缓），并且随着温度升高，吸附能力增强。这证明复合纤维可以被反复利用，有望用作废水中的有机染料吸附剂。

② 溶液纺丝。张清华等采用湿法纺丝工艺，以浓硫酸作为溶剂、水作为凝

固浴，纺制出 PANI/PA11 共混导电纤维。研究发现，通过适当提高纤维的拉伸倍数可以获得力学性能较好的复合纤维，随聚苯胺含量增加，复合纤维力学性能有所下降。该工艺的问题是浓硫酸作为腐蚀性溶剂对设备要求很高。通过对 PANI/PA11 共混导电纤维的形态研究发现，聚苯胺作为导电组分，沿纤维轴向方向取向，在纤维中以微纤状分布，但由于拉伸应力的作用使得两者部分剥离。

③ 静电纺丝（简称电纺）。聚酰胺纤维具有微纳米级尺寸，比表面积大、形貌可控，机械稳定性良好，不仅可以作为补强填料，而且以之为基体与聚苯胺复合时，聚苯胺能够完整地包覆在纤维表面，所得复合纳米纤维网络的电导率相比普通纤维复合材料大幅提高，可应用于微电子和微萃取技术领域。静电纺丝过程中聚合物液滴带上几千至上万伏高压静电后，在电场力的作用下在毛细管末端被加速，形成喷射细流，射流从毛细管末端向接收装置加速运动，导致射流在电场中被拉伸，实现微纳米纤维制备。

除了前面提到的在纺织品、传感器、生物材料等领域的应用，电纺复合聚酰胺纳米纤维还有更加精细的应用领域。先用 DBSA 作为掺杂剂制得聚苯胺纳米粒子，将其混在 PA6 的甲酸溶液中，通过控制聚苯胺和 PA6 的合适的质量分数，可电纺出直径约 12nm 的复合纳米纤维，有望用于连接微电子机械系统。由于电导率测试方法和电纺过程对纤维结晶度的影响，所得复合纳米纤维网的电导率要低于聚酰胺和聚苯胺溶液浇铸复合膜。Bagheri 等采用静电纺丝制得的新型 PANI/PA6 纳米纤维开发了一种顶空吸附微萃取技术。在 PA6 的甲酸溶液中加入 APS 溶解，再加入苯胺单体搅拌成均一溶液，利用此溶液进行电纺得到所需的 PANI/PA6 纳米纤维网的微观结构。所制备的纳米纤维片可以作为适当的吸附剂萃取痕量氯苯。静电纺丝得到的纳米纤维和网状结构具有更高的比表面积、更强的载荷能力和机械稳定性，在许多溶剂中都具有良好的稳定性，应用范围较广。该方法为有机化合物的测定提供了一种极其简便、迅速而又成本低廉的吸附微萃取技术，具有很高的灵敏度和再现性。

由于聚苯胺难溶难熔的特点，原位聚合和静电纺丝成为制备易加工的 PANI/PA 导电复合纤维的主要方法。原位聚合使得批量生产成为可能，并且聚苯胺可以均匀地包覆在纤维表面，分散性较好，提高了织物的导电性。静电纺丝纤维由于其特殊的微纳米结构，与聚苯胺的复合效果更好，通过控制合成聚苯胺的结构可以将复合材料应用于微电子等精细领域。

（2）PANI/PA 导电复合薄膜 将聚酰胺和聚苯胺复合制成导电薄膜，操作较简单，且不需要大型设备，有助于在实验室中进行 PANI/PA 复合材料的基础研究，如聚苯胺和聚酰胺之间的分子链相互作用、共混物相结构、聚苯胺分散性、共混物电导率的影响因素等。这些研究进而可为 PANI/PA 复合材料在工业中的应用提供指导。同时，所得复合膜还可以用于透明导电膜、肖特基二极管等领域。PANI/PA 复合导电膜的制备一般有两种方法：一种是将苯胺引入预先制好的聚酰胺薄膜中，再原位聚合转化为聚苯胺；另一种是将聚苯胺与聚酰胺溶液共混（通常浓度很低），再溶液浇铸制膜。

① 原位聚合法。原位聚合法制复合膜可以增加聚苯胺在聚酰胺薄膜上的分散性，有利于进行相关的基础研究。通过原位聚合法制得复合膜可以研究聚苯胺与聚酰胺分子之间存在的相互作用以及对各自结构特性的影响。Byun 等通过浸渍、扩散、化学氧化聚合的方法，在 PA6 薄膜上原位聚合制得的透明的导电复合膜，具有较低的逾渗阈值（大约 4% 质量分数）。红外和紫外光谱结果表明，聚苯胺和 PA6 之间有氢键相互作用，削弱了聚苯胺的掺杂能力。而且，由于聚苯胺的形成，复合膜中 PA6 的晶区被部分破坏。聚酰胺特别是 PA6 同时具有 α 和 β 两种晶型，具有不同的分子链序列且在外界条件变化时能够相互转化。Menshikova 等研究了 PA6 基体的不同晶体结构对于复合薄膜中聚苯胺的形态和性能的影响。随着 100℃ 水热法处理时间的增加，PA6 中晶型发生转变，聚酰胺基体对苯胺的吸附量减小，在 PA6 薄膜表面形成的球形聚苯胺粒子尺寸减小，分散性变好，增加了其与 KI 等的反应活性。

通过原位聚合法制得复合膜还可以研究复合膜电导率的环境稳定性与填料含量依赖性。Khalid 等通过扩散过程和化学氧化聚合制备了导电 PANI/PA66 复合薄膜。电性能研究表明周围环境温度低于 90℃ 时，复合薄膜直流电导率保持稳定，有助于其在电子电器方面的应用。Byun 等以 PA6 薄膜为基体，以不同质子酸掺杂制得了 PANI/PA 透明导电复合膜，研究了不同复合膜在空气气氛中不同高温下的电导率退化的反应动力学，发现磺基水杨酸和对甲苯磺酸掺杂的聚苯胺/聚酰胺复合薄膜符合一级反应动力学。Mezdour 等研究了 PANI/PA6 复合膜的电性能与聚苯胺填料含量的关系。介电性能研究表明，当苯胺质量分数小于 8% 时，复合膜的相对介电常数几乎不变；之后随着苯胺质量分数的增加，复合膜的相对介电常数呈现突增的趋势。这种非线性增长的原因是随着填料含量增加，填料相互靠近，填料粒子的相互作用增强，由此造成介电常数的突变，这符合逾渗理论。薄膜表面电位衰减性能的研究表明，随着苯胺含量增加，薄膜表面电位衰减速率加快，即表面电导率增加。通过 SEM 图像可以分析得出其原因是聚苯胺形成了更加密集的导电网络。

② 溶液共混。由于可溶性聚苯胺已经制备成功，溶液共混法成为制备 PANI/PA 复合薄膜的重要方法。溶液共混法的关键是找到聚酰胺和聚苯胺的共溶剂。王佛松等发明了一种可溶性聚苯胺及其衍生物的制备方法，合成的本征型聚合物可部分或完全溶于氯仿、四氢呋喃、二甲基亚砜等常用的有机溶剂；在 NMP 中的溶解性更佳。由于聚苯胺的可溶性较差，制得的复合膜中聚苯胺含量很低，与聚酰胺基体的相互作用也较小。共溶剂性质、掺杂酸种类以及聚苯胺与

聚酰胺的质量比均会影响最终制得的复合膜性能。张清华等以间甲酚作为共溶剂，以樟脑磺酸作为掺杂剂，分别与 PA66、PA1010、PA11 溶液共混，干法浇膜，制得的复合膜的电导率处于 $10^{-6}\sim10^2\,S/m$ 之间，导电阈值为 2%。用 DSC 研究了复合膜的结晶性能，结果表明 PANI-CSA 的加入使膜的熔融温度、熔融热和结晶度与基体聚合物相比均有不同程度的下降。Abraham 等以甲酸作为共溶剂，同时作为聚苯胺掺杂剂，以溶液浇铸法制得 PANI/PA6 复合薄膜，制得的不同质量比的复合薄膜的最高电导率为 $2\times10^{-3}\,S/m$，显示出半导体性质，具有良好的环境稳定性和机械强度。通过共混溶液还可以制备出纤维、涂层，用于抗静电、电磁屏蔽、透明导电膜，或者用于制造电子设备的新型电极。

由于残留的共溶剂会影响最终复合材料的性能，Basheer 等以沸点较低的六氟异丙醇作为共溶剂，将 PA6 或者 PA12 与各种功能性有机质子酸掺杂的聚苯胺通过溶液浇铸法制得共混复合膜。研究发现聚苯胺与聚酰胺之间不存在分子级别的相互作用，共混物的玻璃化转变温度不依赖于组成和掺杂酸的种类。共混物是相分离的，但电镜照片表明掺杂酸的反离子特性会影响聚苯胺在基体中的分散程度。Ebrahim 等以甲酸作为共溶剂，对氨基苯磺酸作为新型掺杂剂，通过溶液浇铸法制得 PANI/PA6 共混复合膜，提高了共混物的电导率，降低了逾渗阈值（质量分数 1.6% 左右）。基于此共混物薄膜，以 Al 作肖特基接触，Ag 作欧姆接触，制造了肖特基二极管，在聚苯胺含量较高时显示出好的整流效果。

（3）PANI/PA 导电复合粉末　聚酰胺微球的制备有悬浮/乳液聚合法、蒸沉法、相反转法、机械粉碎法、溶液沉淀法等。以聚酰胺微球为基体与聚苯胺复合制备了 PANI/PA 导电复合粉末，通过控制聚酰胺粉末的形貌和尺寸，可以提高聚苯胺在聚酰胺基体中的分散性，但聚苯胺在粉末涂料喷涂过程中的脱掺杂以及聚苯胺与聚酰胺微球之间的结合问题必须解决。聚苯胺分散性提高可以减少其用量，降低成本，也降低了聚苯胺对基体树脂性能的破坏。聚酰胺粉末与聚苯胺复合一般有原位聚合和干粉共混两种方法。王圣武等用共混和原位聚合两种方法制备了 PANI/PA6 复合材料，原位聚合聚苯胺的分散性更均匀，电导率更高。对材料进行改性后，改性复合材料中聚苯胺为纳米结构，分散性变好，电导率显著提高，有望用于电极材料。

PANI/PA 复合材料未来的研究方向应主要集中在以下几个方面：①提高聚苯胺与聚酰胺间相互作用的改性技术；②改善复合材料使用过程中电导率的稳定性和持久性的技术与方法；③控制制备工艺条件（如长碳链聚酰胺静电纺丝工艺、形貌规整的聚酰胺微球制备、原位聚合条件的控制等），建立简单实现导电聚酰胺加工的方法机制；④在混合与分相机理方面加强研究，通过分相结构的控制，大幅改善复合材料综合性能；⑤利用最优性能价格比的复合制备技术实现聚酰胺/聚苯胺复合材料的批量生产。

3.3 聚苯胺复合材料的应用

聚合物与其他物质所形成的复合材料可充分利用两者性能的优势互补，因而成为传统材料多功能化和新材料开发的重要途径。聚苯胺是一种常见的导电高分子材料，因其结构的多样性、掺杂机制的独特性、环境的稳定性、可通过化学修饰来改善其溶解和熔融的加工性等诸多优异的物理化学性质，已被广泛应用于各领域。通过复合改性技术可有效地改善聚苯胺的加工性能，进而获得多功能复合材料，拓展其应用领域。经改性的聚苯胺的复合材料在光学、电学、力学和磁学等诸多方面显示出许多优异特性，已经成为高分子化学和材料科学等多学科相交叉的前沿研究领域。

（1）催化材料

① 光催化材料。半导体的价带电子吸收高于阈值能量的光子后发生跃迁，形成电子和空穴，并分别与材料表面吸附的氧气、氢离子和水反应生成过氧自由基、氢气和羟基自由基，获得强的氧化性质，可用于氧化分解污染物。聚苯胺与不同禁带域的材料相复合，电子和空穴可在不同材料相中转移，降低了电子跃迁的禁带宽度，扩大了吸收波长的范围，从而拓展了聚苯胺的应用范围。$PANI/Bi_2WO_6$ 材料中聚苯胺的复合扩大了材料的吸收波长范围并提高了其光催化活性，$PANI/Bi_2WO_6$ 薄膜在可见光条件下，3h 可将 95% 以上的乙醛蒸气降解为 CO_2。$MgFe_2O_4/Fe_2O_3/PANI$ 在可见光条件下将苯蒸气降解为 CO_2，其中间产物为乙酸乙酯、羧酸、醛，4h 的降解率可达 62.5%。$\beta_2\text{-}SiW_{11}/PANI/SnO_2$ 在 30W 紫外灯照射 90min 后，对龙胆紫的降解率达到 90.28%。$Ag_3PO_4/PANI/GO$、$PANI/CP1$（新型配合物）、$N\text{-}K_2TiO_9/MnFeO_4/PANI$、$PANI/BiOCl$ 在可见光条件下对罗丹明或甲基橙染料都有良好的降解性。此外，$PANI/Ni\text{-}ZnO$、$PANI/CdS$、$MoS_2/PANI/CdS$ 复合材料可以在可见光条件下催化水解产生清洁燃料——氢气，适当加入电子给体和碳酸盐可提高产氢效率。

② 电催化材料。$PANI/CoFe_2O_4$ 复合材料作为聚合物电解质膜燃料电池的电催化剂，具有良好的稳定性和抗甲醇性。$Pt/PANI/WC/C$ 电催化材料的 CO 电氧化电势、甲醇电氧化电流密度和氧气电还原电流密度都高于 Pt/C，可应用于直接甲醇燃料电池。Zhang 等研究发现，在玻碳电极上，$PANI/TiC$ 有良好的电催化抗坏血酸的性能，并且在中性溶液中有 $13.3\mu A/(mmol \cdot L^{-1} \cdot cm^2)$ 的敏感度，可应用于传感器、催化、生物医学、环境分析等领域。

（2）导电材料 中间氧化态聚苯胺经质子酸掺杂后，电导率可以由本征态的

10^{-11}S/cm 提高到 10S/cm。聚苯胺与 P_2O_5、CuO、超高分子量聚乙烯复合后电导率都稍有所增加，可得到电导率为 10^{-1}S/cm 的复合材料。PANI/CuO 的平均粒径随着 CuO 量（$0.005\sim1.00$g）的增加而增加，而材料形貌依然为纳米棒状，当投加量达 0.01g 时，CuO 与聚苯胺的结合度达到最佳状态，与之对应的电导率也达到较高水平。

（3）吸波材料　最小雷达波反射率（RL）和有效带宽（$RL<-10$dB）是吸波材料性能优劣评价的重要参数。雷达波反射率小于 -10dB 是应用型吸收剂的标准，意味着 90% 的入射电磁波被吸收损耗。将导电聚苯胺与羰基铁粉复合，再与聚脲混合成吸波涂料，在 $2\sim12$GHz 的频段范围可获得优于 -10dB 的吸波性能。Tang 等制备的 PANI/PVP/CIP（羰基铁）的厚度在 1mm 左右，雷达最小反射率在 29.47GHz 时达 -15.28dB，有效禁带（$RL<-10$dB）宽 12.2GHz（$27.3\sim39.5$GHz），有望作为隐身材料使用。王国强等合成锌锰铁氧体/PANI 的复合材料，并制备了质量分数为 50% 的环氧树脂吸波涂层，其吸收峰值为 -34dB。

（4）电容器　选择具有优异电荷储存性能、快速充放电性能和稳定持久循环寿命的材料是制备良好性能的超级电容器的关键因素。聚苯胺相对于其他共轭高分子，具有合成简单、电导率高和高比容量、独特的赝电容性、能快速掺杂与脱掺杂等优点，可用于超级电容器的电极材料。苏海波等以纸纤维为柔性基板材料，结合双电层电容碳材料——氧化石墨烯的高功率密度和赝电容导电聚合物——聚苯胺的高能量密度的双重优势，制备了纸纤维基/聚苯胺/还原氧化石墨烯复合电极材料，电流密度为 1A/g 时，其比电容为 458F/g，10A/g 时，比电容为 250F/g，在 1000 次循环充放电后，比电容仍保持在 80% 左右。朱士泽等采用微乳液聚合成了聚苯胺/螺旋碳纤维（CMCs）复合材料，经过循环伏安法和恒流充放电法测试，复合材料比电容可达 134.8F/g，在 750 次循环恒流充放电后比电容保持率仍达 63.3%，比电容和循环稳定性都显著优于 CMCs 或聚苯胺本身。冯晓娟等采用原位氧化聚合法制备了纳米棒状 Mn^{2+} 掺杂聚苯胺/还原氧化石墨烯（Mn^{2+}-PANI/rGO）复合物电极材料，在电流密度为 2A/g 时，比电容高达 952F/g，1000 次循环充放电后比电容的保持率为 86.2%，具有较高的比电容和优良的循环稳定性。

赵洁等经自聚合及高温热处理，采用化学氧化聚合法，在复合材料表面自组装生长聚苯胺纳米须，构建了氧化锰/介孔碳/聚苯胺纳米复合材料，其比电容在 1.0A/g 电流密度下达到 498.6F/g，显著高于氧化锰/介孔碳二元复合材料的比电容（212F/g），当电流密度增至 10A/g 时，比电容仍能保持在 352F/g。经 1000 次充放电循环后，比电容保持率为 71.6%。Xu 等制备出的 PANI/Ni 复合膜，在电流密度为 $5mA/cm^2$ 时，得到 658.3F/g 的比电容，其电阻率比纯聚苯胺的低，在循环充放电 250 次后，比电容还维持为 450F/g。PANI/rGO 中空微球复合材料比电容为 381F/g，且循环充放电 1000 次后仍维持在原来的 83% 水平。$PANI/MoS_2$、$PANI/Ba_{0.5}Sr_{0.5}TiO_3$ 等复合材料也具有较高的比电容和电导率。$SnO_2/PANI/rGO$ 的可逆比电容在 100mA/g 时高达 772mA·h/g，循环充放电 100 次后仍高达 749mA·h/g。

（5）电极材料　聚苯胺和天然橡胶的共混物提高了其耐热和抗氧化性能，可用作电极材料。Shacklette 等报道了导电态热稳定的聚甲苯磺酸掺杂聚苯胺与聚己酸内酯（PCL）或 PET 共混物的逾渗阈值分别为 4.5% 和 6.2%，并在 PANI/PCL 复合物中聚苯胺质量分数达 33% 时，其电导率为 20S/cm。随着反离子诱导聚苯胺热塑加工，其复合物的研究也受到重视。

以磷酸二异辛基酯为掺杂剂的聚苯胺与 PVC 共混时，其逾渗阈值为 20%，而以磷酸二苯酯为掺杂剂制备的聚苯胺与 PVC 共混物的逾渗阈值为 6.0%，但其电导率最高只能达到 $10^{-3}S/cm$。以 DBSA 掺杂聚苯胺的可热塑加工的导电态聚苯胺与 PVC、高抗冲聚苯乙烯（HIPS）、PS、高密度聚苯乙烯（HDPS）、PP 等共混物的逾渗阈值则为 2%，这些复合材料的电导率只能达到 0.1S/cm。用对甲苯磺酸掺杂的聚苯胺与邻乙基苯胺的共聚物可作电极材料，制造可固化的环氧或聚氨基甲酸乙酯-丙烯酸树脂的导电复合材料，导电性呈现较低的逾渗阈值。

聚苯胺复合材料的电导率随聚苯胺含量的变化规律受基材聚合物的影响。以间甲酚为溶液制得的 PANI-CSA 与极性聚合物的复合材料的导电逾渗阈值较小（小于 3%），而用二甲苯为溶剂制备的 PANI-DBSA 与非极性聚合物的复合材料的导电逾渗阈值较高（大于 10%），显然聚苯胺复合材料的导电特性与其相结构密切相关。当聚苯胺以微纤状的分离相在复合物中存在时，有较好的导电性，如 PANI-CSA/PMMA 体系，当 PANI-CSA 质量分数小于 1% 时可形成纤维网状结构作为连续的导电通道。因而，选择控制基材类型和聚苯胺含量，采用溶液涂膜的方法，可以得到不同透光率、表面电阻率的透明涂层，用作透明电极和透明导电玻璃。用低分子量聚醚树脂与 PANI-CSA 所制备的复合膜可做光电二极管的电极材料，具有比用纯 PANI-CSA 所作的电极更好的综合性能。

（6）光电材料　聚苯胺与 3-缩水甘油醚氧丙基三甲氧基硅烷制出透光率达 80% 的 $PANI/SiO_2$ 导电薄膜，具有低电阻和高透光率，可以用于显示器、太阳能电池、抗静电涂层、带电防护膜等各种光电材料中。PTh-co-PANI/Ti 复合材料的光电转化效率达 2.66%，禁带为 2.65eV。PVA/MWCNT/PANI 复合材料的能量转化效率也可达 2.18%。

（7）传感器　在无机半导体材料气体传感器中，半导体与气体反应，导致半导体表面电子密度改变。半导体能带保持不变，表明在整个过程中，并无光学性能改变。然而对于 π 共轭体系，有机材料与气体分子之间反应，会导致聚合物能带隙的极化子（双极化子）密度改变，光学和电学性能也会变化。本征态聚苯胺具有 π 共轭大分子结构，当其与一些化学试剂进行质子化/质子化降解时，即使在室温与低浓度化学物质作用下，也能看到电学和光学物理性能的改变，利用这一点，可将它们做成气体传感元件。已有学者报道了共轭体系在分子识别基础上作为气体检测装置和化学传感器。聚苯胺的光电性能与其氧化程度有关。在 EM 情况下，当反应介质为酸性时，聚合物被质子化，从而变为绿色，即翠绿亚胺盐（emeraldine salt，ES）且有很高的导电性。当具有碱性的溶液如氨气，ES 就会质子化降解，变成蓝色，即翠绿亚胺（emeraldine，EM）且电导率会降低几个数量级。EM 和 ES 有不同的光学透明度，ES 的透明度为 63%。

聚苯胺复合材料的设计与合成、掺杂和导电机理、相关结构性能等的研究，为离子敏、气敏、湿敏传感器和生物传感器提供了新的设计思路。张洁采用原位聚合法制备了 PANI/CeO$_2$ 纳米粒子复合材料，构建了基于 PANI/CeO$_2$ 碳糊电极的无酶葡萄糖传感器，对葡萄糖具有良好的响应，29.82μmol/L～0.56mmol/L 范围线性关系良好，灵敏度为 25.79μA，检出限为 0.56μA，表现出良好的选择性和稳定性；并构建了基于 PANI/Ag 纳米粒子复合材料的甲醛气体传感器，气敏性实验对甲醛气体的响应明显较高且具有可重复性，而且在常见的丙酮、苯、氯仿、己烷和甲醛有机气体中，对甲醛表现出良好的选择性。Nicho 等研究了在气体氨的脉冲下，聚苯胺及其复合物涂层的光学响应。首先用化学氧化合成了聚苯胺，并在 PMMA 薄片上沉积，得到聚苯胺薄膜。而聚苯胺复合物涂层的制备是将 PMMA 薄片溶解，加入苯胺，然后加入氧化剂使苯胺聚合，在基底上形成 PANI/PMMA 膜，从而得到聚苯胺复合物涂层。涂层是半导体，其电导率与聚苯胺成分浓度有关。PANI/PMMA 复合物涂层样品对极低浓度的氨也很敏感，同时对氨还有很大吸收。相对而言，PANI/PMMA 复合物涂层由于具有更好的化学稳定性，比聚苯胺薄膜更适合做氨的检测元件。将不同含量聚苯胺的 Ru 系络合物作为灵敏元件组，在不同溶液介质中，根据电容变化可分辨出不同的物质。Ru 系络合物很容易分辨出水的存在，当其质量分数为 10% 时，能分辨出 NaCl 等。在一定程度下，比人的味觉更精确更灵敏。

纺织结构传感器是导电纤维应用的一个重要领域，与金属纤维产品相比，以有机高分子导电纱线来制备传感器，具有质轻、柔软、轻薄等优点，而在结构设计上更加灵活多变，可满足不同结构特点和性能产品的要求。洪剑寒等以超高分子量聚乙烯（UHMWPE）/PANI复合导电纱线制备了针织物作为应变传感器，表现出明显的应变-电阻传感性能，具有较高的敏感度，应变小于20%时，其传感因子可达30以上，拉伸多次时，传感重复性逐渐提高，3次拉伸以后，表现出良好的传感重复性。温雅楠研究了聚苯胺/尼龙-66复合纳米纤维传感膜对维生素C的检测效果，测试结果表明，较大比表面积的传感膜对维生素C可实现5ppb的裸眼检测极限，且选择性和再生重复使用性良好。将聚苯胺氧化酶固定于聚苯胺，并涂覆上聚乳酸-乙醇酸，可提高材料对血糖的监测寿命，44d后的灵敏度仍为原来的80%。将漆酶固定于Fe_3O_4/c-MWCNT/PANI/Au电极，可用于茶提取物中的酚含量的检测。PANI/$ZnMoO_4$复合材料可吸附液化石油气分子，并释放出电子和负接收离子，PANI（p型）与$ZnMoO_4$（n型）相结合的结构，提高了其与液化石油气的结合能力，即提高灵敏度，可作为液化石油气的传感材料。此外，聚酰胺6/TiO_2/PANI可用于氨气的检测，PANI/Ag、PANI/Pt可用于甲苯、三乙胺气体的检测，PANI/2-磺酸-PANI/还原石墨烯、NiHCF/PANI可用于H_2O_2的检测。

（8）分离膜材料　Kajekar等将聚砜/聚乙烯吡咯烷酮/聚苯胺复合材料作为超滤膜用于染料的去除，最高能截留住99%的染料。聚苯胺/磷钼酸与聚醚砜复合，可超滤截留98%的蛋白质，并可提高其抗污性能。PANI/MWCNT的修饰提高了电渗析离子交换膜的膜电位、运输数量和选择性。聚苯胺/聚偏氟乙烯超亲水性导电异质膜也可作为阴离子交换膜使用。

（9）防腐材料　聚苯胺因其特有的氧化还原特性，在金属与涂层之间的界面处能持续进行氧化还原反应，在阻碍金属与环境中氧接触的同时，还可促进金属表面钝化膜的形成，所以聚苯胺可作为一种优良的防腐材料。聚苯胺复合材料可用于金属的腐蚀保护。聚苯胺作为新一代环境友好型防腐涂料，未来发展方向主要是专用化、环保化、低成本化。Ding等对聚苯胺/聚硫橡胶（TR）体系和聚苯胺体系中的低碳钢在盐水和HCl环境中的防腐作用进行了比较。发现PANI/TR复合体系的腐蚀电势要高出100mV左右，能达到更好的防腐效果。在非均相体系中，电化学聚合的聚苯胺拥有近似网络的结构，而在相同体系中，复合体系的网络结构更加稠密，有更好的黏结效果，同时能进一步减缓水或其他离子的扩散速度，从而提高保护作用。

孙杨等以磷酸酯掺杂本征态聚苯胺得到纳米分散的导电聚苯胺（ES）作为防腐材料，并以聚氨酯丙烯酸酯作为基体，制备了紫外光固化聚苯胺防腐涂料，在UV辐照下3～5s制备出表面实干的防腐涂层，当ES含量为1.0%时，在NaCl(aq)中浸泡2400h，$|Z|_{0.1Hz}$阻抗值仍可高达$1.0×10^8\Omega \cdot cm^2$，经500h

盐雾试验后，涂层板面无起泡现象，锈蚀宽度小于 1mm，表明该涂层具有优异的防腐性能。邓子悦等制备了 β-环糊精掺杂聚苯胺/聚丙烯酸复合水性防腐蚀涂料，利用 β-环糊精大大提高了聚苯胺在水中的分散性，加入 1% 的 β-CD-聚苯胺使复合涂料乳液粒子平均粒径增大约 75nm，同时其 A3 钢的腐蚀电位（E_{corr}）较对比样升高约 85mV，腐蚀电流（I_{corr}）降低了近 1 个数量级，提高了水性防腐涂料的效能。

李庆伟制备了聚苯胺/环氧复合涂层，通过其在 3.5%NaCl（aq）中的电化学阻抗谱测试，确定了聚苯胺添加量为 4% 的涂层防腐性能最好，浸泡 90d 后仍具有较好的防腐性能。聚苯胺、锌和环氧树脂组成的复合涂料中，由于 Zn 和树脂的加入不仅改善了聚苯胺涂层的力学性能和阻隔防腐性能，还增加了其电化学防腐性能，表现出良好的协同防腐性能。

聚苯胺/聚吡咯-磷钨酸在 0.1mol/L 盐酸溶液中对软钢有良好的防腐性能，浸泡 36h 后其阻抗值达到 1695Ω·cm²。聚苯胺/石墨烯复合材料对 O_2、H_2O，表现出比聚苯胺和聚苯胺/黏土复合材料更好的阻隔性能。PANI/SiO₂、聚苯胺/羰基铁粉复合材料可以提高金属的腐蚀电位，降低腐蚀电流，表现出较好的防腐阻抗性能。

然而，含聚苯胺的防腐涂层要想实现工业应用，还必须突破以下几个方面的技术：①涂层中聚苯胺必须分散良好（最大粒径在 70～100nm）；②必须导电；③聚苯胺涂层有良好的黏结性能，尤其在腐蚀的环境下；④涂层必须具备类似金属的性能；⑤有化学活性；⑥具有良好的稳定性；⑦聚苯胺本身并不能满足各种实际需要，要根据不同的需求设计不同的复合体系。中国科学院长春应用化学研究所基于在聚苯胺领域的长期积累，开发出了两种聚苯胺防腐涂料体系，即掺杂态聚苯胺/聚氨酯体系和本征态聚苯胺/环氧树脂体系，这两种涂料已经在工程上推广使用。

（10）抗静电材料　聚苯胺抗静电剂的使用方法主要有 3 种：第一种是表面聚合型，主要用于纤维和织物；第二种是复合材料，少量聚苯胺引起的颜色可被其他颜料所掩盖，制成浅色或指定颜色的涂料；第三种是填充型，即将聚苯胺或复合物添加到母体高分子中，与母体高分子一起加工成型。例如掺杂的聚苯胺加入 PVC、PMMA、聚乙烯（PE）、聚丙烯（PP）、丙烯腈-苯乙烯-丁二烯共聚物（ABS）等，或者将掺杂的聚苯胺先吸附在导电炭黑表面，再加入到母体高分子中，都可给母体高分子带来抗静电效果。其技术难点主要是控制导电高分子在母体高分子中的分散状态。

祖立武等采用原位聚合法制备了改性聚丙烯/聚苯胺高分子复合抗静电剂材料，添加 PP 可使其体积电阻率下降到 10^{12} 以下，与 PP 的相容性很好。文晓梅等采用原位聚合法制备了具有良好抗静电性能和抗击穿性能的聚酰亚胺/聚苯胺复合薄膜，当聚苯胺质量分数增加到 15% 时，该复合薄膜抗静电效果最佳，而且保持了聚酰亚胺的良好力学性能。

（11）电磁屏蔽和隐身材料　聚苯胺具有高导电和高介电常数特性，可实现微波频段吸收电磁辐射和电磁屏蔽的功能。聚苯胺可在绝缘体、半导体和导体之间变化，在不同条件下呈现各自的性能，因而在电磁屏蔽和隐身中具有实用价值。相对于传统技术（目前大多使用填充有导电物质的传统塑料和火焰喷射 Zn 涂层来抗电磁干扰），聚苯胺复合物或有效的聚苯胺涂层由于电导率是均匀连续的，所以其具有独特优势。

Wessling 等制备了用于抗电磁干扰的聚苯胺复合材料。将聚苯胺分散到基体聚合物中如 PVC、PMMA 和聚酯，电导率可在 20S/cm 左右，有时甚至高达 100S/cm，远远高于目前用的炭黑填充聚合物的电导率，且抗磁效应要高出 25dB，它们在近场和远场中为 40～75dB。但由于其加工性能限制，目前还无工业用途。Deng 等在聚乙二醇作为表面活性剂的磁性流体中，合成了核壳结构的磁性和导电 Fe_3O_4/聚苯胺纳米粒子，粒度约为 20nm。复合材料有铁磁行为，磁饱和（Ms）随 Fe_3O_4 含量增加而上升，当 Fe_3O_4 质量分数达到 11.8% 时，Ms 大幅度上升，抗磁力（Hc）也会上升（0～716A/m）。室温下复合材料电导率与铁含量及掺杂程度有关。

将碳纤维-环氧树脂材料表面涂抹本征态聚苯胺，其渗透体积分数极限值将从未涂抹的 2% 上升到 25%，提高 10 倍之多。将两者接近渗透极限浓度材料的屏蔽能力进行对比，发现涂抹有聚苯胺的材料的屏蔽效应明显要好，在 1300MHz 时，未涂抹的材料抗磁效率约为 11.6dB，而涂抹后可提高为前者的 3 倍，这一点可在屏蔽低频方面得到应用。p-TSA 和 DBSA 是聚苯胺常用的掺杂剂，将两者掺杂的聚苯胺与 ABS 进行混合形成复合材料。PANI/ABS 在 101GHz 的屏蔽效应随着掺杂态聚苯胺的增加而增加。在含量较低时，可用作抗静电剂；在含量较高时（质量分数为 50%），屏蔽效率可达到 60dB，这一点使其在电子和高新技术领域的应用成为可能。

聚苯胺复合电磁屏蔽织物可改善金属电磁屏蔽织物的一些弊端，俞丹等制备了银/聚苯胺/涤纶复合材料，其屏蔽效能为 60～90dB，镀银层均匀致密，方阻为 400mΩ/□。俞菁等采用原位聚合法制备了导电聚苯胺/涤纶复合织物，再经过超支化聚酰胺-胺/Ag^+ 络合液活化处理，利用化学镀法在表面沉积金属铜，获得铜/聚苯胺/涤纶复合织物，作为中间层的聚苯胺可使铜层粒径均值明显降低，耐摩擦性和热稳定性有所提高，在 300kHz～3GHz 频率范围内，铜/聚苯胺/涤纶复合织物的屏蔽效能最高可达 130dB。

参 考 文 献

［1］ 张柏宇，苏小明，邓祥. 聚苯胺导电复合材料研究进展及其应用［J］. 石化技术与应用，2004，22（6）：461-466.

［2］ 王心怡，杨小刚，李斌. 聚苯胺复合材料的制备方法及应用进展［J］. 化学通报，2016，79（8）：707-712.

［3］ 王杏，关荣锋，田大垒，等. 聚苯胺复合材料的研究进展及其应用［J］. 化工新型材料，2008，36（1）：12-14.

［4］ 王文军，黄惠，郭忠诚，等. 导电聚苯胺/无机复合材料的研究进展［J］. 化学与黏合，2012，35（3）：61-66.

［5］ 王心怡，杨小刚，李斌. 聚苯胺复合材料的制备方法及应用进展［J］. 化学通报，2016，79（8）：707-712.

［6］ Ashokan S，Ponnuswamy V，Jayamurugan P. Synthesis and Characterization of CuO Nanoparticles，DBSA Doped PANI and PANI/DBSA/CuO Hybrid Composites for Diode and Solar Cell Device Development［J］. Journal of Alloys and Compounds，2015，646：40-48.

［7］ Mu S，Xie H，Wang W，et al. Electroless Silver Plating on PET Fabric Initiated by in Situ Reduction of Polyaniline［J］. Applied Surface Science，2015，353：608-614.

［8］ Mohanraju K，Sreejith V，Ananth R，et al. Enhanced Electrocatalytic Activity of PANI and $CoFe_2O_4$/PANI Composite Supported on Graphene for Fuel Cell Applications［J］. Journal of Power Sources，2015，284：383-391.

［9］ 姚素薇，刘春松，张卫国，等. 双脉冲电沉积制备 Ni-聚苯胺复合电极及其析氢性能的研究［J］. 电镀与涂饰，2006，25（2）：1-4.

［10］ 孙军，朱正意，赖健平，等. 层层自组装法制备石墨烯/聚苯胺复合薄膜及在传感器中的应用［J］. 高等学校化学学报，2015，36（3）：581-588.

［11］ Luo J，Ma Q，Gu H，et al. Three-Dimensional Graphene-Polyaniline Hybrid Hollow Spheres by Layer-by-Layer Assembly for Application in Supercapacitor［J］. Electrochimica Acta，2015，173：184-192.

［12］ 章家立，关婷婷，高健. 聚苯胺/纳米银复合材料的研究进展［J］. 工程塑料应用，2013，41（12）：114-117.

［13］ Yan J，Han X，He J，et al. Highly Sensitive Surface-Enhanced Raman Spectroscopy（SERS）Platforms Based on Silver Nanostructures Fabricated on Polyaniline Membrane Surfaces［J］. ACS Applied Materials & Interfaces，2012，4（5）：2752-2756.

［14］ 王东红，齐暑华，吴有明，等. 聚苯胺/无机粒子复合材料的研究进展［J］. 化学与黏合，2007，29（5）：358-360.

［15］ 杨青林，宋延林，万梅香，等. 导电聚苯胺与 Fe_3O_4 磁性纳米颗粒复合物的合成与表征［J］. 高等学校化学学报，2002，23（6）：1105-1109.

［16］ Sun L，Li Q，Wang W，et al. Synthesis of Magnetic and Lightweight Hollow Microspheres/Polyaniline/Fe_3O_4 Composite in One-step Method［J］. Applied Surface Science，2011，257（23）：10218-10223.

［17］ Elzanowska H，Miasek E，Birss V I. Electrochemical Formation of Ir Oxide/Polyaniline Composite Films［J］. Electrochimica Acta，2008，53（6）：2706-2715.

[18] Zou B X, Liang Y, Liu X X, et al. Electrodeposition and Pseudocapacitive Properties of Tungsten Oxide/Polyaniline Composite [J]. Journal of Power Sources, 2011, 196 (10): 4842-4848.

[19] 王宏智, 高翠侠, 张鹏, 等. 石墨烯/聚苯胺复合材料的制备及其电化学性能 [J]. 物理化学学报, 2013, 29 (1): 117-122.

[20] 何小芳, 何元杰, 王旭华, 等. 石墨烯掺杂聚苯胺导电复合材料的研究进展 [J]. 工程塑料应用, 2013, 41 (11): 107-110.

[21] Liu L, Yang J, Jiang Y, et al. The Structure Characteristic and Electrochemical Performance of Graphene/Polyaniline Composites [J]. Synthetic Metals, 2013, 170: 57-62.

[22] 侯朝霞, 邹盛男, 王美涵, 等. 石墨烯/聚苯胺复合材料的制备及超电容性能研究进展 [J]. 人工晶体学报, 2017, 46 (11): 2248-2254.

[23] Wang H, Hao Q, Yang X, et al. A Nanostructured Graphene/Polyaniline Hybrid Material for Supercapacitors [J]. Nanoscale, 2010, 2 (10): 2164-2170.

[24] Wang S, Ma L, Gan M, et al. Free-Standing 3D Graphene/Polyaniline Composite Film Electrodes for High-Performance Supercapacitors [J]. Journal of Power Sources, 2015, 299: 347-355.

[25] Lv D, Shen J, Wang G. A Post-Oxidation Strategy for the Synthesis of Graphene/Carbon Nanotube-Supported Polyaniline Nanocomposites as Advanced Supercapacitor Electrodes [J]. RSC Advances. 2015, 5 (31): 24599-24606.

[26] 王攀, 冯玥, 方晶, 等. 原料配比对聚苯胺/氧化石墨烯复合材料储能的影响 [J]. 电子元件与材料, 2017, 36 (9): 1-5.

[27] 杨丽蓉, 侯朝霞, 王美涵, 等. 3D-石墨烯及其聚苯胺复合材料在超级电容器中的研究进展 [J]. 功能材料, 2018, 49 (3): 03025-03030.

[28] 傅深娜, 马利, 陈红冲, 等. 三维 (3D) 石墨烯—聚苯胺复合材料在超级电容器中的研究进展 [J]. 化工新型材料, 2017, 45 (1): 7-9.

[29] Zhao T, Ji X, Bi P, et al. In Situ Synthesis of Interlinked Three-dimensional Graphene Foam/Polyaniline Nanorod Supercapacitor [J]. Electrochimica Acta, 2017, 230 (3): 342-349.

[30] Lin H, Huang Q, Wang J, et al. Self-Assembled Graphene/Polyaniline/Co$_3$O$_4$ Ternary Hybrid Aerogels for Supercapacitors [J]. Electrochimica Acta, 2016, 191 (1): 444-451.

[31] 王素敏, 王奇观, 森山广思. 碳纳米管/导电聚苯胺复合材料的制备及相互作用研究进展 [J]. 材料导报: 综述篇, 2010, 24 (11): 65-68.

[32] 冉青彦, 乔聪震, 石家华. 碳纳米管/聚苯胺复合材料的制备及应用研究进展 [J]. 化学研究, 2013, 24 (2): 199-206.

[33] 曾宪伟, 赵东林. 碳纳米管/聚苯胺复合材料的原位合成及其形成机理 [J]. 炭素技术, 2004, 23 (4): 15-19.

[34] 封伟, 易文辉, 徐友龙, 等. 聚苯胺-碳纳米管复合体的制备及其光响应 [J]. 物理学报, 2003, 52 (5): 1273-1277.

[35] Saini P, Choudhary V, Singh B P, et al. Polyaniline - MWCNT Nanocomposites for Microwave Absorption and EMI Shielding [J]. Materials Chemistry and Physics, 2009, 113 (2-3): 919-926.

[36] Ben-Valid S, Dumortier H, Décossas M, et al. Polyaniline-Coated Single-Walled Carbon Nanotubes: Synthesis, Characterization and Impact on Primary Immune Cells [J]. Journal of Materials Chemistry, 2010, 20 (12): 2408-2417.

[37] Lafuente E, Callejas M A, Sainz R, et al. The Influence of Single-Walled Carbon Nanotube Func-

tionalization on the Electronic Properties of Their Polyaniline Composites [J]. Carbon，2008，46 (14)：1909-1917.

[38] Liao Y，Zhang C，Zhang Y，et al. Carbon Nanotube/Polyaniline Composite Nanofibers：Facile Synthesis and Chemosensors [J]. Nano Letters，2011，11 (3)：954-959.

[39] 夏小倩，沈玉芳，郭文勇，等 . 聚苯胺复合材料的研究进展及其应用 [J]. 塑料助剂，2011 (1)：8-11

[40] 李曦，邬淑红，张超灿 . 乳液法改性制备聚苯胺/聚合物复合材料的研究进展 [J]. 材料导报，2006，20 (z2)：315-318.

[41] 邓建国，王建华，龙新平，等 . 聚苯胺复合材料研究进展 [J]. 高分子通报，2002 (3)：33-37.

[42] Yang C Y，Cao Y，Smith P，et al. Morphology of Conductive，Solution-Processed Blends of Polyaniline and Poly (methyl methacrylate) [J]. Synthetic Metals，1993，53 (3)：293-301.

[43] Haba Y，Segal E，Narkis M，et al. Polyaniline － DBSA/polymer blends prepared via aqueous dispersions [J]. Synthetic Metals，2000，110 (3)：189-193.

[44] Kim B J，Oh S G，Han M G，et al. Preparation of PANI-coated Poly (styrene-co-styrene sulfonate) Nanoparticles [J]. Polymer，2002，43 (1)：111-116.

[45] 马永梅，谭晓明，谢洪泉 . 聚苯胺导电复合材料制备的若干进展 [J]. 材料导报，1998，12 (4)：65-682.

[46] Kuo C W，Yang C C，Wu T. Facile Synthesis of Composite Electrodes Containing Platinum Particles Distributed in Nanowires of Polyaniline-Poly (acrylic acid) for Methanol Oxidation [J]. International Journal of Electrochemical Science，2011，6：3196-3209.

[47] Amrithesh M，Aravind S，Jayalekshmi S，et al. Enhanced Luminescence Observed in Polyaniline － Polymethylmethacrylate Composites [J]. Journal of Alloys and Compounds，2008，449 (1-2)：176-179.

[48] Tetsuo H，Takumi N，Noriyuki K. Synthesis and Characterization of Novel Conducting Composites of Polyaniline Prepared in the Presence of Sodium Dodecylsulfonate and Several Water Soluble Polymers [J]. Synthetic Metals，2006，156 (21-24)：1327-1332.

[49] 李玉峰，高晓辉，祝晶晶，等 . 聚苯胺/聚丙烯酸 (酯) 复合材料制备方法研究进展 [J]. 化工进展，2015，34 (3)：751-757.

[50] 孙同杰，董侠，胡海青，等 . 聚酰胺/聚苯胺导电复合材料制备方法的研究进展 [J]. 高分子学报，2014 (4)：427-440.

[51] Basheer R A，Hopkins A R，Rasmussen P G. Dependence of Transition Temperatures and Enthalpies of Fusion and Crystallization on Composition in Polyaniline/Nylon Blends [J]. Macromolecules，1999，32 (14)：4706-471264.

[52] 才宇飞，付永伟 . 聚苯胺复合材料应用研究进展 [J]. 山东化工，2017，46 ：54-56.

[53] 陈炅，钟发春，赵小东，等 . 聚苯胺复合材料应用研究进展 [J]. 化学推进剂与高分子材料，2006，4 (4)：25-28.

[54] Proń A，Laska J，Österholm J-E，et al. Processable Conducting Polymers Obtained via Protonation of Polyaniline with Phosphoric Acid Esters [J]. Polymer，1993，34 (20)：4235-4240.

第4章 聚苯胺防腐涂料

金属材料是现代国民经济的重要组成部分，遍及国民经济中的各个部门。金属材料长时间暴露在环境中，会受到环境介质的化学作用或电化学作用导致金属腐蚀，造成设备事故以及人员伤亡，并给经济带来巨大的损失。

金属腐蚀并不能完全抑制，只能减缓其腐蚀的速度。通过金属材料表面覆盖一层保护介质可以将金属基材与腐蚀介质隔离开来，并有可能通过电化学的作用减弱金属腐蚀。常见的保护层包括聚合物涂层、金属涂层、无机非金属涂层及有机无机复合涂层等。聚合物涂层中的导电聚合物既能够在金属材料表面形成致密涂膜，起到机械屏蔽作用，同时也可以抑制金属材料表面发生的电化学反应，受到了人们的广泛关注。与其他导电聚合物相比，聚苯胺具有结构多样化和特殊的掺杂机制，而且聚苯胺型涂料具有抗划伤和抗点蚀等特殊性质，因此它具有良好的防腐蚀性能并在技术上显示了极大的应用前景。与常规缓蚀剂如铬酸盐、钼酸盐等相比，聚苯胺对环境没有任何副作用，是一种符合时代和科技发展的绿色缓蚀剂。

自 1985 年 DeBerry 首次报道聚苯胺作为一种新型的金属表面防腐涂层和缓蚀剂以来，世界各国学者相继开始了关于聚苯胺防腐机理和应用的研究。众多研究发现，聚苯胺的导电高分子膜可用于铸铁、碳钢、不锈钢、铝、铜、锌和钛等多种材料的腐蚀防护。国内对聚苯胺防腐涂层的研究也逐渐被重视。中国科学院长春应用化学研究所研究人员开发出本征态聚苯胺/环氧共混物，通过对其防腐性能进行电化学研究发现：其对中碳钢的防腐效果优于单纯环氧树脂。同济大学研究人员将聚苯胺水性微乳液与环氧树脂乳液直接共混制备防腐底漆，再与环氧树脂面漆复合，采用开路电位法测量涂料的防腐性能。涂覆该涂料的钢板的平衡开路电位提高了 235mV，在自来水中至少浸泡 90 天，既不起泡、也不生锈。重庆大学研究人员通过化学氧化聚合法，制备出聚苯胺/环氧树脂（EP）复合基料，通过测试发现：苯胺单体的加入量、反应时间和氧化剂含量都对 PANI/EP 复合涂层的防腐性能有影响，复合涂层的附着力、光泽性以及防腐性能等均优于商品 PANI/EP 共混物涂层。

由于聚苯胺防腐涂料具有广阔的市场前景，不少公司先后投入工业研究。美国 GeoTech 公司生产了商品名为 Catiz-TM 的聚苯胺防腐涂料，用于保护发射塔使其免受发射时高温酸雾的腐蚀。德国的 Wessling 于 1993～1994 年开发出工业用聚苯胺防腐涂料后，于 1996 年 7 月成立了 Ormecon 公司专门从事聚苯胺的研究及开发，已经研究出了几种聚苯胺防腐涂料并进入市场，如 CORRPASSIV、ORMECONTM、Version 牌号等。其中 CORRPASIV 是一种海洋防腐涂料，已成功应用于船舶、港口和码头的防腐。美国 Monsanto 公司开发的聚苯胺/聚丁基异丁酸酯共混体系既有优良的黏结性又能起到很好的防腐保护作用。湖南省本安亚大新材料有限公司现已形成聚苯胺防腐涂料 1000 吨/年的生产能力，成为国内最早的聚苯胺防腐涂料生产和销售企业。

（1）本征态聚苯胺的防腐作用　研究者很早就发现本征态聚苯胺具有防腐作用。本征态聚苯胺的金属防腐作用主要体现在本征态聚苯胺与金属发生钝化反应，在金属表面形成致密的钝化膜，减缓了金属的腐蚀，但是由于本征态聚苯胺结构较为单一，其防腐作用主要体现在聚苯胺的钝化作用上，这也使其研究内容较为单一。Akbarinezhada 将本征态聚苯胺与环氧树脂共混制成聚苯胺防腐涂层，由于聚苯胺的钝化作用，涂层开路电位进入钝化区，在 3.5％NaCl 溶液中，本征态聚苯胺对碳钢有较好的防腐作用。贾艺凡等将本征态聚苯胺与环氧改性硅树脂共混制成复合涂层，发现当涂层中聚苯胺添加量为 1.0％时，聚苯胺颗粒分散较均匀，且能形成致密的钝化膜，涂层电阻值较大，腐蚀防护性能最好。

（2）掺杂态聚苯胺的防腐作用　与本征态聚苯胺相比，掺杂态聚苯胺对金属的保护作用除了本征态聚苯胺具有的机理外，还有来自掺杂剂离子的作用。不同的掺杂酸对聚苯胺的防腐性能有较大的影响。在掺杂过程中，掺杂剂阴离子为保持电位平衡也进入到聚苯胺中，当聚苯胺涂层涂覆到金属材料表面时，聚苯胺不仅与金属形成了阻止腐蚀的钝化膜，同时，聚苯胺分子链内的对阴离子也会随着反应的进行逐渐释放出来，若该阴离子能与金属材料发生一些具有防腐作用的反应，它便可以进一步促进钝化膜的形成，使聚苯胺的防腐蚀效果进一步增强。

Grgur 等比较了通过化学合成和电化学合成得到的掺杂态、本征态聚苯胺的防腐性能，发现化学合成的掺杂态聚苯胺的防腐性能最好。Kohl 分别用磷酸、硫酸、盐酸、甲苯磺酸和磺基水杨酸掺杂聚苯胺，研究不同掺杂酸及其掺杂浓度对防腐性能的影响，对于所有聚苯胺使用的掺杂酸来说，在低体积浓度（0.1％～5％）时，涂层耐腐蚀性最好。Zhang 等发现与环氧树脂涂层相比，经氢氟酸掺杂的聚苯胺涂层具有较高的耐腐蚀性和附着强度。氢氟酸掺杂聚苯胺的存在改变了镁合金表面腐蚀膜的化学结构，形成不溶性 MgF_2 保护膜，显示出很好的防护效果。Arefinia 等研究发现，将十二烷基苯磺酸掺杂聚苯胺纳米材料涂覆在金属表面时，聚苯胺会缓慢释放出十二烷基苯磺酸官能团与金属发生反应，生成不溶性的沉积物覆盖于金属表面，防止进一步的腐蚀。研究者相继发现，经磺酸、钨酸、钼酸盐、樟脑磺酸、钨磷酸盐等掺杂后，聚苯胺的防腐性能均有不同程度的改善。

聚苯胺具有独特的掺杂-脱掺杂特性，可以在去质子化解掺杂后，再经过目标酸二次掺杂得到二次掺杂态聚苯胺。对于一些水溶性较差的大分子有机酸，不易作为反应体系，通过直接混合法制备出具有特定形貌结构的掺杂态聚苯胺，要将此类酸根离子或官能团引入到聚苯胺分子中，可以通过二次掺杂的方法来实现，进而改进聚苯胺的某些特殊性能。研究发现二次掺杂态聚苯胺具有比一次掺杂态聚苯胺更好的防腐性能，因为二次掺杂态聚苯胺既保留了一次掺杂酸的良好形貌，又有较强的掺杂剂阴离子释放能力，聚苯胺释放出的掺杂剂阴离子与铁阳离子形成难溶复合物，增强了聚苯胺涂层对金属的保护作用。

4.1 聚苯胺防腐涂料的优点

相对于其他种类的防腐涂料，聚苯胺防腐涂料还具有以下几个优点：①因聚苯胺特殊的防腐机理，从而在理论上要达到普通的防腐涂料所具有的防腐效果，聚苯胺涂膜的厚度只需 $20\mu m$ 即可。②市售的普通防腐涂料往往含有如 Cr、Pb、Zn 等重金属，而聚苯胺防腐涂料不含重金属，因此在使用过程中不会像普通涂料那样出现重金属离子析出的问题，且因体系不存在重金属离子的牺牲损耗，能更持久地对涂层进行保护，节省资源，对环境保护更有利。③聚苯胺防腐涂料防腐性能高，同时该体系还具有一定的特殊防静电性能。④聚苯胺防腐涂料具有优良的边缘防腐性能，有效地阻隔了金属边缘的水和空气的渗透腐蚀，具有抗划伤能力，减少了防划伤流平剂的使用。研究表明，对于宽度为 $1\sim2mm$ 的划痕，含有聚苯胺的涂层可有效抵御腐蚀并能进一步防止锈层的扩大。⑤聚苯胺防腐涂料耐酸碱，可在不同 pH 条件下使用，从而拓展了使用范围。

4.2 聚苯胺防腐机理

聚苯胺本身具有结构多样化的特点，不同的化学结构的聚苯胺具有不同的物理性质，在颜色和电导率上也有较大的区别，聚苯胺的导电是以掺杂质子酸的方式实现的，在进行掺杂时，聚苯胺化学结构链上的固有电子数目并未发生变化，使其表现出强大的防腐性能。对聚苯胺的防腐机理有以下几种认识。

4.2.1 钝化作用

聚苯胺涂层能够改变金属表面电能，使金属表面电极电位向正极移动，从而降低腐蚀速率，导电聚苯胺的氧化还原电位为 $0.5\sim0.7V/SCE$（饱和甘汞电极），而金属铁的氧化还原电位为 $-0.64V/SCE$，因此聚苯胺切断金属与氧和水的直接接触，自身与金属铁发生氧化还原反应，在金属表面形成一层致密的氧化膜，使得金属电极电位处于钝化区，得到保护，达到防腐的目的。Wessling 等认为聚苯胺把铁氧化成 Fe^{2+} 以及它自身被还原为还原态聚苯胺（LE），Fe^{2+} 进一步被氧化为 Fe_2O_3 和氧再氧化 LE 使其成为本征态聚苯胺（EB）或 EB 盐状态，这一氧化还原反应机制反复进行（图 4-1）。研究证实，铁表面涂覆含有本征态聚苯胺的有机膜后在其表面产生 Fe_2O_3 或 γ-Fe_2O_3 覆盖的 Fe_3O_4 三明治结构而变得钝化，从而使铁电极电位处于钝化区，得到保护。Fahlman 等通过 X射线研究发现该氧化膜厚 6.5nm，主要是处于外层的约 1.5nm 厚的 γ-Fe_2O_3 层和靠近纯铁 4nm 厚的 Fe_3O_4 层。Wang 等通过监测聚苯胺电化学沉积过程研究涂层的防腐蚀性能及其作用机理，发现聚苯胺可以提供大的阴极电流使铝表面钝化，能够有效防止局部腐蚀。

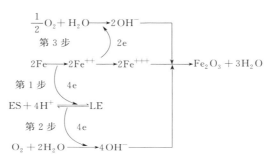

图 4-1　Fe_2O_3 膜的形成过程

（ES 表示聚苯胺翠绿亚胺盐）

4.2.2　屏蔽作用

涂料通常都具有屏蔽保护的作用，将金属表面与周围腐蚀环境隔开，阻止氧气、水及其他离子的浸入，降低金属的腐蚀速率。聚苯胺涂层保护钢铁主要是产生某种屏蔽作用，通过涂层阻止腐蚀介质与金属表面接触，从而降低金属的腐蚀速率。Wessling 通过电化学方法测试发现，随着聚苯胺涂层厚度的增加，铸铁的腐蚀电位正移，腐蚀电流减小，他将该原因解释为聚苯胺的屏蔽作用。如图 4-2 所示，Schauer 等提出一种聚苯胺的屏蔽机理，认为在界面Ⅰ处阳极部分反应，铁氧化所产生的电子由聚苯胺输送至界面Ⅱ，促使大量的阴极反应在该处发生，从而避免了阴极反应在界面Ⅰ的发生（即空气中氧和水无法渗透到金属铁表面）。这种隔离阴阳极反应的机制，许多研究者也称为空间隔离阳极部分和阴极部分的反应，使得阴阳极分离的钝化状态得以保持下来，形成良好的屏蔽效果，提高了涂层的防腐蚀能力。

聚苯胺涂层保护金属的效果与聚苯胺涂层的厚度有一定关系，实验室证明，聚苯胺涂料只有在达到 $1\mu m$ 以上时，才会对工件所遭受到的腐蚀起到缓解作用，这种实验结果证明聚苯胺的保护作用有一定的屏蔽效果。Yagan 等认为聚苯胺涂

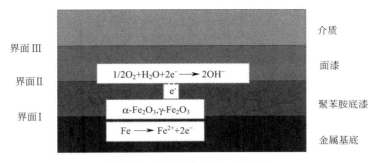

图 4-2　聚苯胺的屏蔽作用机理

层防腐蚀机理主要是本征态的聚苯胺催化铁表面钝化膜的形成而被还原，而还原态的聚苯胺能提供好的屏蔽作用。

4.2.3　缓蚀作用

苯胺和苯胺衍生物是铁基金属的有效缓蚀剂，这主要是因为苯胺的 N 原子上具有未共用的电子对，金属铁存在空的 d 轨道，当聚苯胺涂覆在金属表面时，孤对电子与空轨道易形成配位键，其分子则吸附在金属表面形成一层疏水吸附层，降低了腐蚀效率，起到缓蚀作用。王杨勇等比较了在普通环氧树脂涂层中引入 0.4% EB 分别在 3.0% NaCl 溶液和 0.1mol/L HCl 溶液中对 A3 钢的腐蚀效果。可以看出，少量聚苯胺的引入可以大幅度改善涂层的防腐性能，这是传统缓蚀剂所不具备的，这也更易实现大规模工业应用。

4.2.4　电场作用

金属表面涂覆上聚苯胺涂层后，Jiang 等认为在金属与聚苯胺之间会形成一个电场，该电场的方向与电子传递的方向相反，从而阻碍了电子从金属向氧化物质传递，相当于起到电子传递的屏障作用。该情况只存在于聚苯胺型防腐涂层与金属基体之间，而环氧树脂等常规涂层不能形成这种电场。研究者认为因聚苯胺的电导率远低于钢铁和铜，可以将聚苯胺看成半导体，在金属与半导体界面上通常存在 Schotteky 位垒，并提出了如图 4-3 所示的机理图。

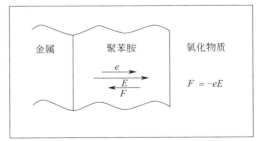

图 4-3　聚苯胺电场作用机理

E—聚苯胺在金属表面形成的电场；

F—电子在电场作用下产生的电场力

4.2.5 阳极保护作用

阳极保护理论就是聚苯胺涂层电极电位低于被其保护的金属，在腐蚀电池中作为阳极牺牲，从而减轻金属的腐蚀速率。Kinlen 等认为聚苯胺、聚吡咯、聚噻吩等导电聚合物（ICP）在金属钝化区具有稳定的电位，并能在金属表面形成一层氧化保护层，ICP 膜上氧的还原弥补了金属溶解消耗的聚合物的电荷，从而稳定了金属钝化状态的电位，尽量减少金属的溶解率。

ICP 还原/金属氧化反应：

$$(1/n)M+(1/m)ICP^{m+}+(y/n)H_2O \longrightarrow$$
$$(1/n)M(OH)_y^{(n-y)+}+(1/m)ICP^0+(y/n)H^+ \tag{4-1}$$

ICP 被氧气分子氧化：

$$(m/4)O_2+(m/2)H_2O+ICP^0 \longrightarrow ICP^{m+}+mOH^-$$
$$(1/n)M(OH)_y^{(n-y)+}+(1/m)ICP^0+(y/n)H^+ \tag{4-2}$$

他提出了如式(4-1)、式(4-2) 所示的 ICP 涂层对金属的阳极保护机理，ICP 成为金属表面的钝化和 ICP 膜上氧的还原之间的阳极电流媒介。Kinlen 等又通过扫描参比电极技术（SRET）研究了碳钢表面聚苯胺覆盖层小孔内的电化学行为，发现小孔处裸露的金属为阳极，而小孔周围的为阴极，浸泡数日后这种电偶行为就会停止，经推断可能是因为小孔处金属已经被钝化。因此，他认为阳极保护作用的发生就是将金属在电解质中的腐蚀电位移至钝化区，产生一种 Fe-聚苯胺的复合物，从而使金属得到保护。

4.2.6 空间隔离阴阳极反应

聚苯胺具有一定的电荷传递功能，能在铁表面拦截电子，并输送至底漆外部，使大量的阴极反应在该处发生，从而避免了阴极反应在金属/涂层界面的发生，提高了涂层的防腐蚀能力。

4.2.7 离子交换膜作用

选择性的透过和阻止具有侵蚀性的阴阳离子，在多层协同作用下达到消除腐蚀反应的目的。Ren 等采用循环伏安法在不锈钢表面沉积了聚吡咯（底）/聚苯胺（顶）复合双涂层，分析防腐蚀机理认为聚吡咯/聚苯胺复合双涂层致密，能有效地阻止侵蚀性物质的进攻，更重要的是能够钝化基体金属且具有离子交换膜的作用。

4.3　聚苯胺的防腐方式

聚苯胺可有效地防止金属腐蚀，主要通过3种方式应用于防腐：缓蚀剂、聚苯胺涂层与复合涂层的添加剂。

4.3.1　缓蚀剂

缓蚀剂是指向腐蚀介质中加入少量即可有效抑制或防止金属腐蚀的一类物质，其分子结构中常含有N、S与O等电负性较大且可提供孤对电子的原子。在腐蚀环境中，缓蚀剂能取代水分或腐蚀离子吸附于金属表面，使金属与腐蚀环境隔绝开，起到抑制金属腐蚀的目的。因此，缓蚀剂防腐性能的强弱主要取决于缓蚀剂在金属表面的吸附强度。缓蚀剂在金属表面吸附强度的主要影响因素有：①缓蚀剂的分子结构（包括立体结构）；②缓蚀剂的芳香性、供体的电荷密度；③其他功能基团的性质；④分子的面积（分子的形状与分子量）。此外，在缓蚀剂分子中，官能团＝NH—、—N＝N—、—CHO、R—OH与R＝R等的存在可有效提高缓蚀剂在金属表面的吸附强度。缓蚀剂的优点是使用方便，可以应用于形状复杂管道等的防护；缺点是形成的防护层较薄且常有缺陷。因此，与常规的涂层相比，缓蚀剂的防腐效率较低。

聚苯胺分子结构中含有多个可提供孤对电子对的氮原子，能与金属原子中空的d轨道形成配位键，增强聚苯胺与金属之间的相互作用力，使聚苯胺在金属上的黏附力增强；聚苯胺分子量大，提高了聚苯胺在金属表面的覆盖率。因此，聚苯胺可作为缓蚀剂有效地保护金属。众多研究者利用Tafel曲线对聚苯胺缓蚀剂防腐性能进行考察，结果显示腐蚀电流（I_{corr}）急剧下降，腐蚀电位（E_{corr}）变化较小，表明聚苯胺属于混合型缓蚀剂。

聚苯胺高分子链之间存在氢键、电性力及π-π作用力，分子间作用力强。因此，聚苯胺是一种溶解度很小的导电聚合物，这严重限制了其在缓蚀剂中的应用。提高聚苯胺溶解性的方法有：①使用聚苯胺纳米材料或使用表面活性剂；②使用聚苯胺衍生物，以减小分子间的相互作用力。当衍生物带有亲水基团时，更能显著提高聚苯胺的溶解性。聚苯胺衍生物还可以提高分子量和分子尺寸，有利于提高其在金属表面的覆盖率，提高缓蚀效率。常见的可溶性聚苯胺衍生物有：聚二苯基胺（10×10^{-6}时，缓蚀效率达96%）、聚胺醌（1000×10^{-6}时，缓蚀效率可达91%）、聚苯胺-甲醛（10×10^{-6}时，缓蚀效率约为94%）与聚邻氨基苯甲酸（60mg/L时，缓蚀效率约为94%）等；③降低聚苯胺的分子量，以降低聚苯胺高分子链间的作用力与缠绕程度，提高其溶解性。这种方法的缺点是降低了聚苯胺在金属表面的覆盖率，可能会降低缓蚀效率。与高分子量聚苯胺不同，苯胺低聚体主要抑制阳极腐蚀，其缓蚀效率主要取决于低聚体分子链的长度与低聚体上官能团的位置；④苯胺与其他苯胺衍生物共聚，打乱聚苯胺高分子链的有序性，降低分子间作用力，提高其溶解性。

4.3.2 聚苯胺涂层

与聚苯胺缓蚀剂相比，聚苯胺涂层解决了聚苯胺溶解性小这一难题，应用更广泛。聚苯胺涂层可以作为物理屏蔽层，有效地把金属与腐蚀环境隔离开，保护金属基材。大量研究表明聚苯胺还可以在涂层/金属基材界面上诱导生成致密的金属氧化物，钝化金属基材，进一步保护金属。

聚苯胺涂层主要通过电化学聚合法直接将聚苯胺沉积在金属基材表面。聚苯胺防腐性能的研究最早是从研究苯胺电化学聚合开始的。聚苯胺合成与在金属上成膜一次完成，制备工艺简单且成本低廉，可以在复杂界面上沉积成膜。电化学合成聚苯胺涂层有以下特点：①电化学法合成聚苯胺的方法多种多样，有恒电位法、恒电流法、循环伏安法等，且影响因素较多，生成的聚苯胺膜的性质不稳定；②聚苯胺需在高电位下聚合，其性质受金属基材的影响，限制了金属基材的种类；③电化学法合成聚苯胺涂层很难用于较大的金属基材，很难大规模应用，对金属基材结构与大小有要求；④电化学法生成的聚苯胺涂层孔隙率较大；⑤聚苯胺的氧化还原过程（掺杂/脱掺杂过程）伴随着对阴离子的进入和脱出，对阴离子从聚苯胺涂层中脱出会导致涂层的孔隙率提高，提高了腐蚀介质在聚苯胺膜中的传质速度，使涂层防护效率下降。随着掺杂离子的掺杂/脱掺杂，聚苯胺涂层还会发生较大的体积膨胀/收缩，这一过程会产生很大的界面应力，导致涂层在金属材料表面的附着力降低，有时甚至剥落；⑥电化学合成聚苯胺一般在水溶液中进行，制得的聚苯胺涂层中含有较多的水分，致密度较低，在干燥过程中，经常出现涂层龟裂现象；⑦电沉积聚苯胺涂层只在最接近金属基材表面能形成致密涂层，之后的涂层疏松、致密性差。因此，涂层厚度的增加对涂层防腐性能的改善较小。这些缺点限制了聚苯胺涂层的大规模化，适用于小批量生产。但是电化学法制得的聚苯胺涂层纯度高，其防腐体系与机理较简单。因此，电化学法合成聚苯胺涂层常用于聚苯胺防腐机理的理论研究。

张爱玲等用有机硅烷偶联剂 KH-560 做修饰剂在不锈钢上用循环伏安法制备出聚苯胺膜，经修饰后的聚苯胺膜使不锈钢的腐蚀电位提高了 70mV，腐蚀电流由 $1 \times 10^{-6}\text{A}$ 下降到 $6.3 \times 10^{-8}\text{A}$，大幅度提高了不锈钢的抗腐蚀性能。Özyilmaz 等在草酸介质中采用循环伏安法分别在不锈钢和镀镍的铜基体表面沉积了聚苯胺涂层，考察了其防腐蚀效果。Kraljic 等研究了在硫酸和磷酸电解质溶液中电化学沉积的聚苯胺涂层对钢的保护作用。Gvozdenovi 等在安息香酸盐介质中，采用动电位扫描和恒电流法在铝合金表面电化学沉积了聚苯胺涂层，研究表明聚苯胺对铝合金有好的保护作用。Lu 等以硝酸为电解质，通过循环伏安法在不锈钢表面沉积聚苯胺涂层，发现聚苯胺能在金属表面形成薄而致密的钝化层，阻止腐蚀剂的入侵。

导电聚苯胺涂层还可以通过溶解法制得。溶解法是指将聚苯胺溶于溶剂中，之后将其涂覆于金属基材上，待溶剂挥发后形成涂层。溶解法对金属基材没有要求，但是制得的聚苯胺涂层附着力差。聚苯胺在一般溶剂中溶解性均很差，可溶解聚苯胺的溶剂价格昂贵、且毒性大。因此，在聚苯胺防腐应用中，很少使用溶解法。

4.3.3 聚苯胺复合涂层

聚苯胺溶解性差、附着力较差、致密性差且成本比一般有机涂层高很多。为克服这些缺点可将已制得的聚苯胺与树脂复合制备聚苯胺复合涂层。聚苯胺复合涂层附着力好、防腐性能佳且成本低。因此，与缓蚀剂、聚苯胺涂层相比，聚苯胺复合涂层应用最为广泛。一般将含量低于 3.0% 的聚苯胺以物理混合的方式均匀地分散于有机涂层中，制得聚苯胺复合涂层。有机涂层作为物理屏蔽层可有效地使涂层与腐蚀环境隔绝开，但长期在腐蚀环境下，有机涂层的力学性能、致密性与防腐性能均会下降。为使涂层能够长期有效地具有优异的防腐性能，常向涂层中添加一些无机添加剂钝化金属，这些无机添加剂常为铬与铅等重金属盐类，具有毒性与致癌性，对人体与环境有严重的危害。聚苯胺为环境友好型导电聚合物，稳定性好、具有独特的防腐机制，能够取代重金属作为有机涂层的添加剂来制备聚苯胺复合涂层，增强涂层的防腐性能。

常见的聚苯胺复合涂层有聚苯胺/环氧树脂、聚苯胺/聚氨酯、聚苯胺/丙烯酸酯与聚苯胺/醇酸树脂涂层等。大量文献报道表明聚苯胺复合涂层可以对金属基材起到长期有效的保护作用，Chen 等研制的聚苯胺/环氧树脂涂层可在室温下 3.5% NaCl 溶液中保持优异的防腐性能达 150 天。然而，在聚苯胺复合涂层中常出现聚苯胺团聚或分散不均一等现象，大幅度地降低了涂层的致密性，使涂层的防腐性能下降。因此，在聚苯胺复合涂层中解决聚苯胺在有机涂层中的分散性是关键。

4.3.3.1 聚苯胺叠层复合涂层

复合法不需要考虑聚苯胺在涂层中的分散性，每个涂层发挥各自作用，金属与介质屏蔽效果好，防腐效果佳。聚苯胺叠层防腐涂层先以电化学聚合，将一种单体沉积在金属表面作为黏结层，再沉积另一种单体作为面层形成复合涂层。叠层防腐涂层能实现涂层的附着力、屏蔽性和防腐性等方面的互补，但会受到电解质溶液的种类、溶液 pH、涂层沉积顺序和沉积电位等的影响。

Bahrami 等采用恒电势法在碳素钢表面沉积得到聚苯胺和聚吡咯叠层涂层，其中聚吡咯为第一涂层（首先沉积）。覆有该叠层涂层的碳素钢在 NaCl 溶液中浸泡 1h 后，与单一的聚苯胺和聚吡咯涂层相比，孔隙电阻分别提高了 3.2 倍和 2.3 倍，电荷转移电阻提高了 17.8 和 6.4 倍。聚合溶液的 pH 为 8 时有利于形成附着力强、致密而均匀的防腐涂层。Pekmez 等在草酸溶液中电化学沉积得到聚联噻吩（PBTH）和聚苯胺的叠层涂层，以 PBTH 或聚苯胺作为第一涂层时防腐效果较单一涂层均有较大提高，但对比两种叠层涂层，发现 PANI/PBTH（PANI 为第一涂层）比 PBTH/PANI（PBTH 为第一涂层）的防腐性能更好。这是由于 PANI 涂膜呈现多孔的纳米纤维结构，而 PBTH 涂膜则致密且光滑，PANI/PBTH 涂层的 PBTH 涂膜（第二涂层）可填补 PANI 涂膜（第一涂层）结构上的孔隙，使其获得更好的防腐性能。此外，研究表明草酸有助于聚合物稳定地沉积在不锈钢上，在没有草酸的溶液中 PBTH 不能沉积。Narayanasamy 等采用相同的方法制得了聚苯胺和聚（N-甲基苯胺）的叠层涂层，同时也证明了当聚苯胺作为第一涂层时叠层涂层的防腐性和稳定性更好。

4.3.3.2 与成膜物质共混

由于聚苯胺不易溶于常规有机溶剂，且聚苯胺作为涂层存在着机械强度低、黏附力差的缺点，大量使用纯聚苯胺作为防腐涂料无论从经济上还是从涂膜综合性能上都不是很理想。因此，人们尝试把聚苯胺作为现有防腐涂料添加剂，与常规涂料成膜物质（如环氧树脂、聚酰亚胺、聚丙烯酸树脂等）混合使用形成复合涂层，聚苯胺按照不同材料的防腐机制，有效发挥各涂层的防腐性能。通过机械研磨或机械搅拌的方法与常规涂料成膜物质混合后进行涂覆，这种方法是目前研究聚苯胺防腐蚀性能和机理方面应用最多的方法。如今最优的共混防腐体系主要有以下几种。

（1）聚苯胺/聚酰亚胺共混体系　Lei 等还研究了聚苯胺与聚酰亚胺共混体系的防腐性能。聚酰亚胺是一种新型耐高温热固性工程塑料。当进行溶液混合成膜时，它能够与聚苯胺反应，在两者之间形成化学键，并得到致密的防护膜。该体系将聚酰亚胺的高温热稳定性和掺杂态聚苯胺的导电性相结合，使得该混合物既有较高的热稳定性同时又有一定的导电性和防腐性。

（2）聚苯胺/树脂体系　与聚苯胺共混制备复合涂料的树脂应具备两个特性：①与聚苯胺要有良好的相容性，以便聚苯胺在涂料中均匀分散；②与底材要有较高的附着力。通常与聚苯胺共混的树脂有醇酸树脂、环氧树脂、聚氨酯等。通常聚苯胺是以粉末形式加到醇酸树脂中的，涂层覆盖的钢底材在 3% NaCl 溶液中阻抗比裸露的钢的阻抗高出 10～15 倍，腐蚀电流密度大大降低。

环氧树脂和聚苯胺共混所得的涂料具有良好的附着力和分散性，防腐性能与单一的聚苯胺涂层相比有较大的提高。聚苯胺/环氧树脂体系是在环氧树脂中加入适量聚苯胺，这样的体系具有比纯聚苯胺涂层性能更好的防腐性能，主要体现在以下几个方面：该共混体系能与相邻界面产生吸引力，使整个体系具有良好的附着力，它可以使中碳钢的腐蚀电位正向移动，腐蚀电流减小，防腐效果更好。聚苯胺/环氧树脂体系具有良好的力学性能，在固化过程中没有小分子副产物生成，不产生气体，体积收缩，热膨胀系数小，使涂层不会因高温而产生龟裂。

聚苯胺含量为 3％时防腐性能最佳，这种涂料对于铁基金属的保护机理可归纳为两方面：一是涂料本身的阻碍作用；二是分散于涂料中的聚苯胺对金属表面的钝化作用，随着聚苯胺含量的增加，有更多的聚苯胺与金属接触，使金属表面形成一层致密的氧化膜，阻止金属进一步发生腐蚀，但是如果聚苯胺含量过高，则聚苯胺不能很好地分布在金属表面，从而降低防腐性能。

国内外的研究者对聚苯胺/环氧共混涂料作了大量研究，包括涂料原料与配方、涂料制备工艺、施工工艺、基材等方面。Bagherzadeh 等研究了在盐雾环境下纳米聚苯胺掺杂的环氧涂料，发现其防腐蚀性能显著增强，明显优于不含聚苯胺的涂料，且附着力增强，扫描电镜分析得出，在金属表面形成氧化层是其防腐蚀性能提高的原因。随后，他们又对聚苯胺/环氧涂料作了进一步研究，制备了微米和纳米聚苯胺，并将其添加到水性环氧涂料中，将此涂料涂覆于金属表面，分别测试了含不同质量分数的纳米和微米聚苯胺的环氧涂料的性能，并与不含聚苯胺的环氧涂料进行对比，结果表明，二者的防腐蚀效果均优于不含聚苯胺的涂料，这是因为在金属表面形成了氧化层，佐证了先前研究结论的正确性。高焕方等制备了不同质量分数的本征态聚苯胺/环氧防腐涂层，研究了聚苯胺含量对涂层防腐蚀性的影响，得出涂层中聚苯胺含量为 5.0％时具有最佳的防腐蚀性，他们的研究为探究共混涂料的原料配比提供了参考。

刘军喜等则对共混涂料的制备工艺进行了深入探讨，以期得到高分散性的聚苯胺涂料，其采用了两种制备聚苯胺/环氧涂料的路线，一种是聚苯胺与胺类固化剂混合，再加到环氧树脂中，此时，固化剂相当于溶剂，分散、溶解聚苯胺，提高聚苯胺在涂料中的分散性和溶解性；另一种是聚苯胺和环氧树脂混合，再加入胺类固化剂。实验证明，前一种方法制得的涂层的防腐性能比后者所得涂层的防腐性好。此外，研究还发现，聚苯胺的分散性对聚苯胺涂覆的碳钢的防腐性影响较大，分散性越好，涂层的防腐性越强。而通过研究不同的胺类固化剂，优选出对聚苯胺溶解性能最好的胺类固化剂，也为制备分散性能好的聚苯胺/环氧共混涂料奠定了一定的基础。邓宇强等对煤基聚苯胺/环氧树脂涂料的防腐性和防腐机理进行了研究，并与常规防腐蚀涂料进行了对比，结果显示，煤基聚苯胺/环氧树脂涂料在缓蚀、阳极保护、屏蔽等方面性能优良，这为煤的功能化应用提供了新思路。邓宇强等的研究拓宽了制备共混涂料的原料选择范围。

为进一步提高聚苯胺/环氧体系的防腐蚀性，研究者采用该共混涂料与其他涂料复配或向该体系中加入特殊添加物的方法。王刚等以不同功能的质子酸对聚苯胺进行了二次掺杂，制备的聚苯胺与环氧共混，考察了不同质子酸掺杂的聚苯胺/环氧涂料的防腐性后发现，以十二烷基苯磺酸钠掺杂的聚苯胺/环氧共混涂料具有很好的防腐蚀性，涂覆该涂料的平衡开路电位较空白试样有较大提高。此外，他们还研究了聚苯胺/聚酯树脂/环氧树脂三元共混涂料，发现以苯肼对聚苯胺进行适度的还原处理，可以改善其在涂料中的溶解性和分散性，提高涂料的防腐性，研制的涂料的最佳配方为：聚苯胺溶液中苯肼含量为1%，环氧树脂、聚酰胺固化剂和聚苯胺的质量比为1：1：0.06，涂覆该共混涂料的电极腐蚀电位可达−305mV。

腐蚀环境对涂料的防腐蚀性也有很大影响。Talo等采用电化学方法分别在中性、酸性、碱性溶液中研究了聚苯胺/环氧树脂的防腐蚀性能，在NaCl溶液中，本征态聚苯胺比导电聚苯胺具有更好的防腐性，且抗点蚀能力较好，而在盐酸溶液中，掺杂态聚苯胺则具有更好的防腐效果。因此聚苯胺的防腐蚀效果与介质有关，为不同环境介质中的防腐涂料配方的选择提供了参考。

此外，还有研究者就聚苯胺/环氧涂料对特殊环境中基材的防腐蚀性进行了研究。Saravanan等采用本征态聚苯胺与环氧涂料共混，研究了其对低碳钢的防腐蚀保护作用。重点研究了该涂料对嵌入混凝土中的钢筋的防腐蚀性，结果显示：含有聚苯胺的环氧涂料对于混凝土环境中的钢材具有有效的防腐蚀保护性能。而且聚苯胺/环氧涂料损伤后具有自修复能力，这是其他涂料不具有的特性。Radhakrishnan等将聚苯胺加入环氧粉末涂料中，采用静电喷涂，在−60kV，140℃下烘烤20min，在热盐条件下，通过测试电化学阻抗谱研究了其防腐蚀性能，并且做了盐雾测试。聚苯胺共混涂层在65℃热盐条件下处理1400h，没有发生变化。在人为损伤的情况下，该涂层表现出良好的自修复能力，甚至在持续的热盐条件下，基材也没有生锈。这是由于聚苯胺的交联提高了隔离防护和自修复性，阻止了基材的腐蚀，DSC研究证实了这一解释。

（3）聚苯胺/聚硫橡胶共混体系　聚硫橡胶是一种长链聚合物，能够溶解于乙腈溶液中，还能与聚苯胺反应，所以，常用三氟乙酸和三氯乙酸为电解液，在聚硫橡胶的乙腈溶液中对苯胺进行聚合，使其在某些钢材表面形成一层聚苯胺/聚硫橡胶复合材料。这种复合材料在中碳钢上有强烈的附着力，因此可以很好地阻止碳钢表面的腐蚀。

4.3.3.3　聚苯胺/金属及其氧化物复合防腐涂料

利用金属可以牺牲阳极的阴极作用，金属氧化物的分散和阻挡作用，将金属及其氧化物与聚苯胺进行复合，可以加强聚苯胺的防腐蚀作用。将金属物质与聚苯胺进行复合，可以加强聚苯胺的阳极保护作用，这主要是由于加入的金属物质也具有牺牲氧化的作用，与聚苯胺的阳极保护作用相一致，从而促进了其阳极保护作用。Olad 等利用 60μm 的 Zn 粉和 35nm 的纳米 Zn 粒子以溶液共混法制备 PANI/Zn 复合粒子，发现当 Zn 的含量逐渐增大时，以两种不同粒径的 Zn 粒子制备出的 PANI/Zn 复合材料导电性和抗腐蚀能力都有所上升，但 PANI/Zn 纳米粒子的抗腐蚀能力要优于与微米级的粒子共混的样品。这主要是由于在铁表面，Zn 充当原电池反应中的牺牲阳极，从而达到防腐蚀的效果。Zn 这种作用类似于聚苯胺的电位保护作用，两者具有协同效应。在探究 Zn 和环氧树脂对金属基体的抗蚀性能时，他们还制备了不同质量分数的 Zn 和环氧树脂的 PANI/Zn/环氧树脂复合涂层，涂于铁材料上并放到 0.1mol/L HCl 溶液中进行腐蚀试验。结果显示，含 4％ Zn 的 PANI/Zn 涂层表现出较高的开路电位和较低的腐蚀电流，环氧树脂含量在 3％～7％ 范围内的 PANI/Zn/环氧树脂复合涂层对铁材料具有较好的防腐蚀性能。

由于聚苯胺为 p 型半导体，可以添加一些 n 型半导体材料，两者由于导电机理不同，对电流的传导有一定的阻碍作用，因此可以达到更好的防腐蚀效果。Sathiyanarayanan 等将聚苯胺包裹在 Fe_2O_3 表面，通过实验考查了两者质量比为 1∶2、1∶1、2∶1 时苯胺对 Fe_2O_3 的包覆状态，发现当苯胺单体加入量过少时，聚苯胺在 Fe_2O_3 表面覆盖率较低，而当苯胺加入量过大时，其在 Fe_2O_3 包覆层过厚，同时还可能二次成核。同时通过 EIS 实验可知，聚苯胺∶Fe_2O_3 的质量比为 1∶1 时防腐蚀性能最好，在 3％NaCl 水溶液中浸泡 5 天，其阻抗值为 80.8k$\Omega\cdot$cm^2，远远大于其他两种质量比的阻抗值。

Mostafaei 等利用原位化学氧化法成功合成了聚苯胺/氧化锌纳米复合材料，并将复合材料与环氧树脂共混涂于低碳钢表面，在 60℃ 的 NaCl 溶液中观察低碳钢材料的腐蚀行为。实验观察到，含 2％ZnO 的 PANI/ZnO 环氧涂层对低碳钢材料具有较好的耐腐蚀性能，这可以归结于，ZnO 材料的加入使得涂层具有较好的阻隔性能。王华等采用化学氧化法合成 PANI/TiO$_2$ 复合材料，并将复合材料溶解于氮甲基吡咯烷酮并涂于 304 不锈钢表面，观察涂覆不同质量分数 TiO$_2$ 的 TiO$_2$/EB（本征态聚苯胺）复合涂料的不锈钢在 3.5％NaCl 溶液中的腐蚀行为。结果表明，PANI/TiO$_2$ 复合涂层对不锈钢材料具有优异的防腐蚀性能，并且当 TiO$_2$ 质量分数为 5％时，复合涂层的防腐蚀性能最佳。TiO$_2$ 的加入，使得聚苯胺的团聚现象有所降低，故随着涂层中的 TiO$_2$ 含量增加，涂层的耐腐蚀性能有所增强。Sathiyanarayanan 等在磷酸体系中制备了 PANI/纳米 TiO$_2$ 复合材料，研究表明聚苯胺在 TiO$_2$ 表面聚合，以此复合材料作为底涂层、丙烯酸树脂为面漆制备了复合涂层，此复合涂层在氯化钠溶液中对铁基金属有较好的防腐蚀效果。Radhakrishnan 等通过原位聚合法制备了 PANI/纳米 TiO$_2$ 颗粒涂料，在腐蚀性环境下研究发现复合材料比纯聚苯胺表现出更优越的耐腐蚀性，通过研究 PANI 与纳米 TiO_2 质量的配比，发现聚苯胺质量分数为 10%，纳米 TiO_2 质量分数为 4.8% 时，PANI/TiO_2 复合涂层对钢片的防腐效果最好。

4.3.3.4　聚苯胺/无机物复合防腐涂料

国内外研究者对聚苯胺/无机复合防腐涂料做了大量研究，包括复合涂料的原料配比、制备方法、聚苯胺基材种类、复合涂料对不同金属的防腐保护等方面。在聚苯胺中掺杂无机物质，可以使复合材料在具备两者性能的同时表现出更为出色的协同作用，从而有效地提高涂层的防腐性能。而对于聚苯胺而言，将蒙脱土、沸石、二氧化硅等无机矿物复合到聚苯胺中可以有效提高涂层的防腐蚀效果。

Piromruen 等以 APS 为引发剂，合成含不同质量分数的苯胺的 PANI/MMT 纳米复合材料。通过热重分析和盐雾试验，含 5% 质量分数的苯胺的复合涂层材料表现优异的耐腐蚀性能，这可能是蒙脱土中纳米硅酸盐片层分散在聚苯胺中，使得腐蚀介质，像氧气、水分子等的扩散途径变得更加曲折。Yeh 等将聚苯胺与层状蒙脱土进行掺杂，证明 MMT 最低加入量为 0.75% 质量分数时就已优于单纯聚苯胺作为防腐蚀涂层时的效果，并且随着蒙脱土加入量的增多其防腐效果有所改善。

Olad 等利用原位乳液聚合法将聚苯胺包覆在蒙脱土外层，考查了两种不同蒙脱土掺杂聚苯胺后的涂层防腐蚀效果，两种蒙脱土中一种为有机型蒙脱土（OMMT），另一种为亲水型蒙脱土（Na^+-MMT）。经过蒙脱土改性后聚苯胺的防腐蚀效果优于纯聚苯胺，这主要是由于分散在聚苯胺中的纳米层状硅酸盐可以延长腐蚀介质 H^+、O_2 和 OH^- 扩散至基质的时间。在 3.5% NaCl 水溶液中聚苯胺包覆的亲水型蒙脱土抗腐蚀性能要优于聚苯胺包覆的有机型蒙脱土，而在 $1mol/L$ 的 H_2SO_4 溶液腐蚀环境中，聚苯胺包覆的有机型蒙脱土被腐蚀的速率要低，这主要是由于亲水型蒙脱土在酸性条件下会发生水解消耗周围环境中的 H^+。Chang 等以聚合法合成了 PANI/Na^+-MMT 与 PANI/OMMT，在聚合过程加入十二烷基苯磺酸进行掺杂，考察了涂层在冷轧钢表面的防腐蚀性能。通过实验证明了其防腐蚀效果来自聚苯胺的氧化还原保护以及 MMT 在复合材料的空间阻碍作用，增加了 O_2 和 H_2O 通过涂层与金属表面接触的路径。通过对复合涂层进行气体渗透率分析，证明 PANI/Na^+-MMT 对 O_2 和 H_2O 阻碍效果最好，气体渗透率最高可以下降 79.18% 和 29.48%。这主要是由于 Na^+-MMT 在聚苯胺中的分散性好，从而更有效地增加了扩散路径。

Zhang 等利用原位插层聚合法合成了 PANI/OMMT 粉末，并将该粉末均匀分散在环氧树脂中。将掺杂了 PANI/OMMT 的环氧树脂涂于 AZ91D 镁合金上，

通过 EIS 实验可知该种涂层在 3.5% 的 NaCl 溶液中浸泡满 6000h 后其 $|Z|_{0.01Hz}$ 为 $1G\Omega \cdot cm^2$，而未加入 OMMT 的浸泡 6000h 后其 $|Z|_{0.01Hz}$ 为 $120M\Omega \cdot cm^2$。他们认为其缓释效果不仅是由于聚苯胺在 AZ91D 镁合金上所形成的氧化层，同时也因为 OMMT 的片层结构增加了涂层的屏蔽作用。李玉峰等利用原位插层聚合方法制备了水分散性的 PANI/蒙脱土复合物，并以水性环氧树脂乳液为成膜物，制备了水分散性聚苯胺/环氧树脂乳液复合防腐涂料，对其性能进行了研究，结果表明，该复合涂层对 A3 钢具有较好的防腐蚀效果，腐蚀电流可降低至 $10\sim9.7A/cm^2$，而 Hosseini 等则研究了聚苯胺/蒙脱土复合物添加到环氧涂料中对铝材的防腐蚀性的影响。

Olad 等将苯胺与沸石混合，苯胺聚合后填充于沸石的孔道中从而获得聚苯胺/沸石复合材料。通过改变沸石的加入量来考查其防腐性能，实验结果证明当沸石加入量为 3% 时，所形成的复合材料在 HCl、H_2SO_4 及 NaCl 环境中抗腐蚀的效果最好。这主要是由于沸石中的孔道会给腐蚀物质提供一个扩散通道，而聚苯胺/沸石复合材料中的孔道被聚苯胺所填充，从而有效地阻止了腐蚀物质的进入。由上可知，在涂层中加入无机物质并使其在聚苯胺中均匀分散，可以使 O_2、H_2O 等腐蚀物质通过涂层的路径变得更为曲折，增加了其通过路径的长度，使得腐蚀物质的腐蚀效率变低，从而达到防腐蚀的作用。

Chang 等成功合成了聚苯胺/石墨烯复合材料，并将复合材料溶于 NMP 中，涂于碳钢材料上，同聚苯胺/黏土复合材料比较耐腐蚀性能，结果显示，聚苯胺/石墨烯复合涂料具有更好的防腐蚀性能，能够对 O_2 和水分子具有较好的阻隔作用，降低腐蚀速率。Chang 等制备出了聚苯胺与对氨基苯修饰的石墨烯（ABF-Gr）杂化材料并将其应用于防腐涂层。随着 ABF-Gr 加入量的增多，其防腐效果增强，当 ABF-Gr 加入量为 0.5% 质量分数时其 E_{corr} 为 $-537mV$，R_p 为 $135.22k\Omega \cdot cm^2$，优于掺杂同样质量分数的黏土。这主要是由于 ABF-G 更为优异的层状结构改善了其在聚苯胺中良好的分散性能，从而有效地阻止 O_2、H_2O 等腐蚀介质的侵入。聚苯胺/石墨烯复合涂层通过一定处理可以保持石墨烯层状形态，聚苯胺颗粒均匀分散在它的表面和片层间，有效地阻隔了 O_2 和水分子的进入，降低了腐蚀速率，提高了聚苯胺涂层的防腐蚀性能。

为了提高聚苯胺水性涂料的防腐蚀性能，张兰河等制备了聚苯胺/石墨烯水性环氧防腐涂料，浸泡于 3.5% NaCl 溶液中观察碳钢的腐蚀行为，相比于水性环氧涂层和聚苯胺水性涂层，聚苯胺/石墨烯复合涂层的阻抗值最大，腐蚀电流密度为 $24.30\mu A/cm^2$，聚苯胺/石墨烯复合涂层对碳钢的保护度达到 94.24%，具有较好的防腐蚀性能。

碳纳米管因其优异的力学性能、导电性，纳米尺寸和较大的比表面积，一直备受人们的关注。Hermas 等在不锈钢表面通过原位聚合合成了聚苯胺/碳纳米管复合材料，在 0.25mol/L HCl＋0.25mol/L H_2SO_4 的高腐蚀溶液中，对涂覆复合材料的改性钢的耐腐蚀性能进行了研究。结果显示，在改性钢和聚苯胺界面形成了钝化膜，碳纳米管的加入提高了聚苯胺钝化膜的形成，降低了腐蚀速率。Kumar 等利用原位聚合法成功合成了聚苯胺/碳纳米管复合材料，并在 3.5% NaCl 溶液中测试复合涂层的腐蚀行为，电化学测试结果显示，功能化碳纳米管的加入提高了聚苯胺涂料对低碳钢材料的防腐蚀性能。

王树国等用 MnO_2 作氧化剂，添加适当比例的 SiO_2 粒子，制备出了盐酸掺杂的聚苯胺包覆 SiO_2 复合粒子，将复合粒子作为防腐填料加入环氧树脂，为成膜物，并将复合涂料在碳钢基体上进行涂层。通过加速浸泡实验、开路电位法、Tafel 极化曲线考察了其防腐性能，研究发现复合涂层的腐蚀电位较环氧树脂涂层提高 400mV，腐蚀电流下降 4、5 个数量级，得出所合成的涂料具有优良的防腐性能。他们对本征态和掺杂态聚苯胺/无机粒子复合涂层的防腐性能进行了比较，为研究不同酸掺杂的聚苯胺的防腐性能提供了依据。

胡传波等以过硫酸铵为氧化剂，苯胺为原料，在碳化硅存在的条件下，置于盐酸溶液中，搅拌，再用氨水去掺杂，得到本征态的聚苯胺/纳米碳化硅复合材料，采用 SEM、XRD 等手段对其进行表征。将聚苯胺涂层和聚苯胺/纳米碳化硅复合涂层分别置于 3.5% NaCl 溶液中，通过极化曲线和电化学阻抗谱来评价涂层的防腐蚀性能。结果显示，聚苯胺/纳米碳化硅复合涂层的耐腐蚀性能强于只含有聚苯胺的涂层，腐蚀电流密度最小，腐蚀电位最高。

4.4　聚苯胺防腐性能的影响因素

4.4.1　氧气腐蚀

介质中氧气的含量对聚苯胺的防腐效果有明显的影响。涂有聚苯胺的试样在 10% NaCl 溶液中浸泡 4d 后，得到的阻抗谱图与在随后通 30min 氮气后得到的阻抗谱图完全一样；再通 30min 氧气后，发现涂层的电荷转移电阻有明显的增高；而通入氧气 12h 后，阻抗图谱与未通氧气前完全一样，浸泡 5d 后，氧气的影响消失。这表明至少在浸泡的初期，聚苯胺涂层和氧气之间有一定的相互作用。Posdorfer 等在通入氮气的情况下，将分散的聚苯胺涂覆在铜片上，发现绿色的导电聚苯胺盐并不变色，但将该试样放入空气中仅 20s，就发现蓝色的非导电性聚苯胺盐和一价铜氧化物生成，并且随着时间的延长，Cu_2O 的量呈指数减少到一个恒定值，大约 0.6nm 厚，而 CuO 的形成则随时间不断地增长；这与没有聚苯胺涂层的情况明显不同。Lu 等认为聚苯胺是被溶解的氧缓慢氧化，从而使得不锈钢表面形成一层钝化膜。为了证实单独聚苯胺涂层的有效性，Marcin

等通过在聚苯胺涂层中加入少量铂的微米颗粒，发现铂的加入加速了氧的还原，使还原电流足以平衡钝化电流，从而使得不锈钢的电势永远处于钝化区。

4.4.2 面漆

和普通防腐涂料相同，面漆对聚苯胺底漆的防腐效果有增强作用，选择适当的面漆对发挥聚苯胺涂层的防腐作用至关重要。Li 等认为单独的聚苯胺涂层 Correpair Ⅱ 多孔，自由质子很容易透过继而溶解钝化层，这一溶解速率大于聚苯胺的钝化速率，因此，单独的聚苯胺涂层不具有防腐效果；而单独的面漆 Correpair Ⅲ 则是一典型的非透过性绝缘体，其防腐性能因涂层缺陷大大降低；但当同时使用底漆和面漆时，则具有最佳的防腐效果，阻抗谱表明涂层中有氧化还原反应发生；当在聚苯胺涂层上简单地涂覆一层面漆后，其阻抗谱呈一绝缘体的特征，与上述阻抗谱不同。面漆并不是通过隔离来防止腐蚀反应的发生，而是通过延长腐蚀物质的扩散路径来降低金属/聚合物界面上的腐蚀速率。Posdorfer 等通过电化学阻抗谱（EIS）、扫描开尔文探针（SKP）以及伏安法等，研究了不同面漆对含有聚苯胺的底漆（CORRPASSIVTM 涂层）的剥离速率、腐蚀速率及腐蚀电流和电位的影响，发现双组分环氧树脂面漆和 CORRPAS-SIVTM 底漆涂层体系的防腐性能优于丙烯酸树脂面漆和富锌底漆涂层体系的防腐性能。另外，盐雾实验和 EIS 研究也发现，对于相同的底漆 CORRPAS-SIVTM，双组分环氧树脂面漆的防腐性能优于双组分丙烯酸树脂面漆和单组分丙烯酸树脂面漆，也优于双组分环氧树脂面漆和富锌底漆涂层体系的防腐性能。

4.4.3 腐蚀环境

不同氧化程度和掺杂水平的聚苯胺，在不同的腐蚀环境中表现出不同的行为。对低碳钢的腐蚀研究发现，在 0.1mol/L HCl 中，掺杂态聚苯胺具有明显的防腐效果；56d 之后，纯环氧涂层与本征态聚苯胺涂层的腐蚀速率分别为掺杂态聚苯胺涂层的 41 倍和 7 倍；而在 3.5％ NaCl 溶液中，本征态聚苯胺的防腐效果优于掺杂态。Pud 等研究了本征态和不同掺杂剂如樟脑磺酸、十二烷基苯磺酸等掺杂聚苯胺的防腐效果，并比较了不同掺杂过程对结果的影响，除了上述相似结果外，还发现将制备好的未掺杂聚苯胺涂层掺杂后，其效果明显优于直接制备的掺杂态聚苯胺涂层；这是由于在聚苯胺涂层的掺杂过程中，涂层的性能发生了一些改变，从而使得整个涂层腐蚀电流的改变。此外，Talo 等还研究了聚苯胺环氧共混物涂层在酸、碱及中性腐蚀介质中的防腐性能，发现防腐效果与聚苯胺的形态及腐蚀环境有密切关系，并指出在酸性介质中，掺杂剂的选择十分重要。但也有报道认为掺杂态和本征态聚苯胺的防腐性能相当。

4.4.4 基底的表面处理

进行良好的表面处理也是提高聚苯胺涂层防腐性能的重要措施之一。Fahl-man 等通过对不同价态铁的结合能的研究发现，如果先将冷轧钢上的氧化物除去，再涂覆聚苯胺底漆，则具有显著的防腐效果。Araujo 等认为未掺杂聚苯胺不具有本质上的防腐性能，并将其原因归为两点：一是聚苯胺薄膜的多孔性，这可以通过增加涂层的厚度或者涂刷面漆的办法来解决；二是这种涂层对基底的附着力很差，因此，即使覆盖面漆也不能提高其防腐性能。Yasuda 等通过提高涂层对基底的附着力，显著改善了防腐性能。

4.5 不同的聚苯胺防腐体系及其性能

4.5.1 单一聚苯胺体系

本征态聚苯胺虽然黏结性差，但与传统的防腐材料相比有更好的防腐性能，分散的颗粒状聚苯胺使冷轧钢的表面形成了致密的氧化物钝化层，导致金属的腐蚀电位增大量可达 200mV，腐蚀电流密度减小；在各种不同的腐蚀环境中，涂覆了聚苯胺的试样被腐蚀的速率有所降低。Araujo 等认为未掺杂的聚苯胺不具有本质上的防腐性能，并归纳出两点原因：一是聚苯胺薄膜的多孔性没有良好的阻隔性能，二是这种涂层对基底的附着力很差；再加上其经济成本高、难溶、难熔等因素，因此用纯聚苯胺作为防腐涂料不太现实。本征态聚苯胺电导率也很低，这极大地限制了聚苯胺在防腐方面的应用，常用的聚苯胺防腐涂料是还原态聚苯胺和掺杂的聚苯胺。本征态聚苯胺溶解在 DMF 中，被苯胺还原，可得到还原态聚苯胺。在不锈钢的防腐过程中，还原态聚苯胺使腐蚀电位升高，自腐蚀电流降低，在膜层与不锈钢表面，形成一层氧化物钝化膜，从而保护不锈钢的表面。另外，用诸如杂多酸、酒石酸、共聚物酸等混酸对聚苯胺进行掺杂，掺杂后的产物在电导率和稳定性上发生很大变化。酸掺杂后的聚苯胺防腐涂料能在易被腐蚀的金属基层形成一层相当致密的氧化物钝化层，这就大大提高了其在防腐蚀保护方面的价值。

防腐涂料主要是通过电化学沉积或化学氧化聚合得到。电化学沉积可以得到具有理想防腐效果的致密的聚苯胺涂层，而直接通过化学氧化聚合得到的聚苯胺涂层的防腐性能较差，通常需要对聚苯胺进行改性处理。

4.5.1.1 电化学沉积聚苯胺防腐涂料

电化学沉积聚苯胺涂料是在电解质溶液（无机酸或有机酸）中经电化学聚合反应将单体沉积在金属表面得到聚合物涂层等。电化学沉积的反应条件简单且易于控制，但对电极材料、沉积电位和电解质溶液的酸度等有一定的要求。Lu 等以 HNO_3 为电解质通过循环伏安法在 430 不锈钢表面沉积聚苯胺涂层，发现覆有聚苯胺涂层的金属表面的氧化层厚度为裸露金属的 0.21 倍，在 3.5% 的 NaCl 溶液中浸泡 120h 后，覆有聚苯胺涂层的不锈钢的腐蚀电阻和极化电阻分别是裸露不锈钢的 5 倍和 7 倍，表明聚苯胺能在金属表面形成薄而致密的钝化层，阻止腐蚀剂的入侵。

在不锈钢表面采用循环伏安法电化学合成导电聚苯胺薄膜，合适的聚合条件可以提高不锈钢在 0.5mol/L H_2SO_4 和 3.5% NaCl 溶液中的耐腐蚀性能。在循环电位扫描过程中，扫描电位上限、扫描速率、扫描圈数和聚合液浓度对不锈钢表面导电聚苯胺薄膜的耐腐蚀性能均有较大的影响。循环伏安法合成聚苯胺膜的最佳工艺条件为：聚合液浓度为 0.1mol/L 苯胺＋0.3mol/L H_2SO_4，循环电位区间为 −0.2～0.9V，扫速速率为 10mV/s，扫描 3 个循环。扫描电镜观察结果表明聚苯胺薄膜呈现颗粒状和纤维状。

（1）循环电位上限的影响　由图 4-4(a) 可以看出，用循环伏安法在各种上限电位（0.80～1.00V）下制得的导电聚苯胺薄膜与空白不锈钢试样相比较，腐蚀电位明显上升，腐蚀电流密度显著降低了一个数量级，在 0.5mol/L H_2SO_4 溶液中均具有耐腐蚀效果。随循环上限电位增加，腐蚀电流密度 I_{corr} 增加，但改变并不明显，而维钝电流密度 I_p 先减小后增加，因此综合考虑，当电位上限为 0.9V 时，聚苯胺薄膜具有最好的耐腐蚀效果。不同循环电位上限对聚苯胺在 3.5% NaCl 溶液中腐蚀速率的影响见图 4-5，在各种电位下制备的聚苯胺薄膜的腐蚀速率均小于空白不锈钢。随着聚合上限电位增加，腐蚀电流减小，在 0.9V 时电流降到最低，之后再增加电位，腐蚀速率迅速增加。聚苯胺在 NaCl 中对不锈钢中的保护作用小于在 0.5mol/L H_2SO_4 中的。

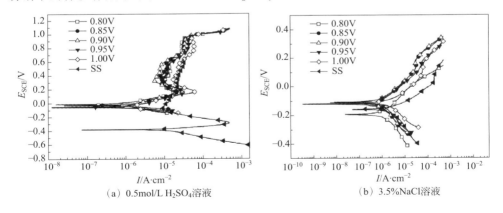

（a）0.5mol/L H_2SO_4 溶液　　　　（b）3.5%NaCl 溶液

图 4-4　不同上限电位制备的聚苯胺薄膜在 (a) 0.5mol/L H_2SO_4 和
(b) 3.5%NaCl 溶液中的极化曲线

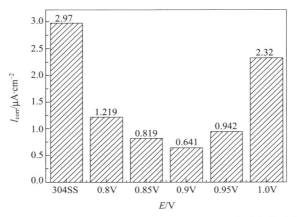

图 4-5 不同上限电位制备的聚苯胺薄膜在 3.5% NaCl 溶液中的腐蚀电流密度

（2）扫描圈数的影响 由图 4-6 可以看出，在 0.5mol/L H_2SO_4 中扫描圈数对不锈钢的腐蚀电位影响不大，但扫描圈数大于 3 时，随着循环次数增加，腐蚀电流和维钝电流增加。当扫描圈数为 3 个循环时，腐蚀电流和维钝电流最小。而在 3.5％ NaCl 溶液中，扫描圈数增加，不锈钢的腐蚀电位明显负移，腐蚀电流增加。因此，扫描圈数增加，膜的耐蚀性下降。

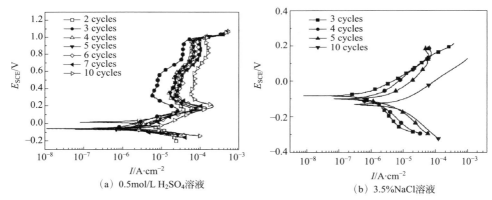

（a）0.5mol/L H_2SO_4溶液 （b）3.5%NaCl溶液

图 4-6 不同循环次数制备的聚苯胺薄膜在 （a） 0.5mol/L H_2SO_4 和
（b） 3.5%NaCl 溶液中的极化曲线

（3）扫速速率和聚合液浓度的影响 由图 4-7 可以看出，随扫描速率增加，聚苯胺薄膜在 0.5mol/L H_2SO_4 中腐蚀电位下降，腐蚀电流和维钝电流增加，因此耐腐蚀性能下降。当苯胺单体浓度为 0.1mol/L 时，H_2SO_4 浓度为 0.3mol/L，聚苯胺膜的维钝电流最小。但是维持苯胺单体与 H_2SO_4 浓度比不变，浓度变为两倍时，腐蚀电流和维钝电流增加，膜的耐蚀性急剧降低。

张淑英等采用循环伏安法在 312 型不锈钢电极上电化学聚合苯胺制备修饰不锈钢电极，并应用极化曲线、腐蚀电位时效分析以及交流阻抗对所得电极进行防

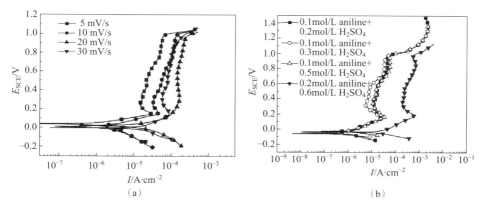

（a）   （b）

图 4-7 扫速速率和聚合液浓度对聚苯胺薄膜在 0.5mol/L H₂SO₄ 中的极化曲线的影响

腐性能的探讨。与未修饰不锈钢电极相比，修饰后的不锈钢电极的腐蚀电位上升
了 160mV，腐蚀电流降低了 20 倍。腐蚀电位的时效分析证实，聚苯胺膜修饰的
不锈钢电极可以在 3% NaCl 溶液中保持 13000min 而不被腐蚀。通过等效电路拟
合交流阻抗谱得到了不锈钢电极上的聚苯胺薄膜的电化学参数，并分析和探讨
了聚苯胺修饰不锈钢电极耐蚀机理和失效机理。

（1）极化曲线的测试 将未修饰的 312 型不锈钢电极与聚苯胺-不锈钢分别
放入 3% NaCl 溶液中浸泡。30min 后，以 0.5mV/s 的扫描速率进行动电位极化
曲线测定，结果见图 4-8。不锈钢的自腐蚀电位 E_{corr} 为 $-0.670V$，自腐蚀电流
I_{corr} 为 6.734μA。在不锈钢上电聚合聚苯胺的自腐蚀电位 E_{corr} 为 $-0.519V$，自
腐蚀电流 I_{corr} 为 0.3636μA。与未修饰的不锈钢电极相比，聚苯胺-不锈钢电极
的自腐蚀电位向正极方向移动了 160mV，且腐蚀电流下降了约 20 倍，说明聚苯
胺的加入能有效提高不锈钢的自腐蚀电位，降低自腐蚀电流，说明聚苯胺具有很
好的防腐蚀性能。

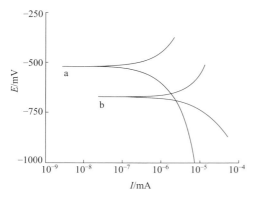

图 4-8 电极电位的极化曲线

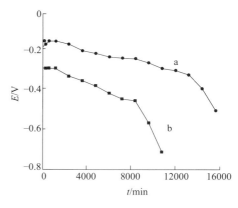

图 4-9 电极腐蚀电位时效曲线

（2）腐蚀电位时效分析　图 4-9 为 312 型不锈钢电极与聚苯胺-不锈钢电极在 3% NaCl 溶液中的腐蚀电位时效分析图。在电极被观测的 16000min 内，聚苯胺-不锈钢电极开路电位一直高于不锈钢电极的开路电位。覆有聚苯胺的不锈钢电极起始开路电位为 −0.18V，随着时间的推移，电极腐蚀电位曲线略有波折地逐渐下降。分析认为，浸泡初始阶段主要因为聚苯胺膜层的屏蔽作用维持其高的电位，随着腐蚀介质透过聚苯胺膜层，溶解的氧气到达金属表面，金属基体发生钝化，因而电极开路电位逐渐下降且幅度不大；但是，由于腐蚀介质在聚苯胺膜层上的扩散作用，使得介质中 Cl⁻ 浸入到金属表面诱发其腐蚀反应，导致金属的自腐蚀电位逐渐下降并最后趋近于裸电极的自腐蚀电位。通常认为，导电聚合物在金属的钝化区具有稳定的电位，且能在金属表面形成一层具有保护作用的氧化膜。聚合物膜上氧的还原弥补了金属溶解所消耗聚合物的电荷，从而稳定了金属钝化状态的电位，减小了金属的腐蚀溶解速率。当聚苯胺-不锈钢电极在 NaCl 溶液中浸泡超过 13000min 后，电极的电位开始急速下降。经观察发现，聚苯胺薄膜的颜色由原来的翠绿色变成了深绿色，且膜层出现膨胀现象。这是由于聚苯胺的溶胀作用使溶液通过膜层渗透到涂层/基体金属表面，从而引起了基体金属的腐蚀同时还破坏了涂层与基体金属之间的结合。

（3）交流阻抗的测试　交流阻抗实验采用三电极体系，测试条件：交流电位幅值 5mV，施加直流偏置电位 10mV（相对于开路电位），测量频率 0.05～5×10⁵ Hz。图 4-10 为未修饰不锈钢电极在 3% NaCl 溶液中于自然腐蚀电位下的 Nyquist 图，由图 4-10 可以看出，阻抗的高频段为一个半圆，容抗半圆弧后出现呈 45°直线，说明这是一个浓差极化作用的扩散过程。采用图 4-11 所示的等效电路处理阻抗数据，图中 R_s 为溶液电阻，R_f 为界面电荷传递电阻，C_{dl} 为金属界面双电层电容，W 为物质迁移控制引起的扩散阻抗。经计算 $R_s = 28.78\Omega$，$C_{dl} = 1.478 \times 10^{-5} F$，$R_f = 2222\Omega$，$W = 4.93mS/s$。

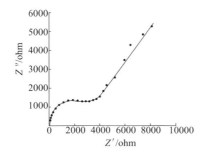

图 4-10　不锈钢电极在 3%
NaCl 溶液中的 Nyquist 图

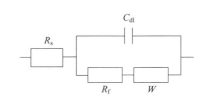

图 4-11　不锈钢电极在 3%
NaCl 溶液中的等效电路图

图 4-12 为聚苯胺-不锈钢电极在 3% NaCl 溶液中浸泡 5min 时的交流阻抗图。可以看出，阻抗谱近似为一半圆，表明浸泡初期聚苯胺薄膜对电极有保护作用，该结论与时效分析结果相符。应用图 4-13 所示的等效电路拟合阻抗谱，得到溶液电阻 $R_s = 26.94\Omega$，聚苯胺涂层电容 $C_{dl} = 1.891 \times 10^{-5}$ F，聚苯胺涂层电阻 $R_f = 2889\Omega$。

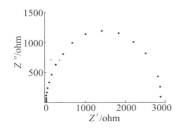

图 4-12 聚苯胺-不锈钢电极在
3% NaCl 溶液中浸泡 5min 的 Nyquist 图

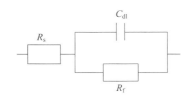

图 4-13 聚苯胺-不锈钢电极在
3% NaCl 溶液中等效电路图

图 4-14 为聚苯胺-不锈钢电极在 3% NaCl 溶液中浸泡 4500min 时，于自然腐蚀电位下的 Nyquist 图。交流阻抗谱图基本特征为含一个半圆的双容抗弧。双容抗弧中高频区的半圆表征了聚苯胺薄膜的电阻和电容，低频部分反映了膜与金属界面上电化学过程的反应电阻和双层电容。经图 4-15 所示等效电路拟合处理所得阻抗数据后，得到溶液电阻 $R_s = 71.84\Omega$，涂层电阻 $R_d = 1740\Omega$，涂层电容 $C_1 = 7.574 \times 10^{-5}$ F，界面电荷传递电阻 $R_f = 2119\Omega$，金属界面双电层电容 $C_2 = 6.566 \times 10^{-5}$ F，由以上拟合结果可以看出，阻抗谱具有 2 个时间常数，一个是电极表面疏松部分的 NaCl 的直接腐蚀，一个是水分子和侵蚀性 Cl^- 透过聚苯胺膜的腐蚀，同时具有物质扩散控制的影响。

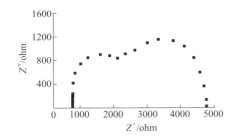

图 4-14 聚苯胺-不锈钢电极在 3% NaCl 溶液中浸泡 4500min 的 Nyquist 图

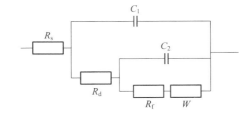

图 4-15 聚苯胺-不锈钢电极在 3% NaCl 溶液中浸泡 4500min 的等效电路图

随着时间的推移，聚苯胺膜的吸水性导致聚苯胺膜层被严重破坏，从而使腐蚀加速，此结果与时效分析结果相一致。聚苯胺通过与氧的可逆氧化还原反应切断金属与氧的直接联系，从而达到防腐目的，并且聚苯胺在金属表面产生一个电场，该电场的方向与电子传递方向相反，阻碍电子从金属向氧化物质的传递，相当于一个电子传递的屏障作用。应用循环伏安的方法可以在 312 型不锈钢电极上聚合生成聚苯胺膜制得聚苯胺-不锈钢电极，使不锈钢的腐蚀电位上升 160mV，腐蚀电流降低 20 倍，对不锈钢起到了腐蚀保护的作用。经过极化曲线的测试可以看出，聚苯胺具有很好的防腐蚀性能；时效分析的结果证明，聚苯胺修饰不锈钢电极可以在 3% NaCl 溶液中保持 13000min 不腐蚀；通过交流阻抗的测试，聚苯胺具有很好的防腐蚀作用。由实验的结果可以看出，聚苯胺对不锈钢的作用机理是屏蔽作用。聚苯胺涂覆的涂层可以致使腐蚀电势迁移，从而降低金属的腐蚀速率。

4.5.1.2 改性化学氧化聚合聚苯胺防腐涂料

由于聚苯胺分子链骨架刚性强、分子间作用力大，导致聚苯胺不溶不熔，极大地影响了其大规模的生产与应用。聚苯胺的溶解性、屏蔽性等较差，不宜直接作为涂料使用。为了改善聚苯胺的溶解性，人们开始尝试对聚苯胺进行改性，包括选用氮位取代苯胺单体如（N-甲基苯胺或 N-乙基苯胺）进行聚合，以期获得形态结构致密以及防腐性能较好的防腐涂层；此外，选用含取代基的苯胺单体（环取代或氮位取代），通过化学氧化法聚合，以期达到改善聚苯胺溶解性和可加工性的目的。在聚苯胺的苯环上引入取代基，可以有效地降低分子链刚性，减小链间作用力，进而提高其溶解性。同时也能有效地阻止取代基位置可能发生的副反应，有利于整个大分子共轭体系的形成。而且取代基的存在也会为结构测试带来方便。有研究表明通过引入供电子基取代基可以有效改善其防腐能力和溶解性。因此通过对聚苯胺进行改性，提高其在有机溶剂中的溶解度逐渐成为聚苯胺防腐涂料的研究热点。

经有机酸掺杂或与层状硅酸盐纳米黏土共混后，其溶解性、成膜性、屏蔽性和附着力等均可得到改善，因此改性的聚苯胺涂料具有理想的防腐效果。Olad 等以 SDBS 为软模板和掺杂剂制备了聚苯胺纳米管，其在电导率、溶解度和防腐性能等方面较未改性的聚苯胺均有所提高，其中电导率提高了 91 倍，在 NMP 中的溶解度提高了 22.6%，覆有聚苯胺纳米管的铁片在 H_2SO_4 和 NaCl 溶液中的 R_{corr} 分别降低了 10.9% 和 53.1%。实验中聚苯胺以 EB 的形式存在，表明 EB 在中性溶液中的防腐性比在酸性中好。

邓俊英等选用羧甲基壳聚糖（CM-CTS）为掺杂酸，通过改变掺杂酸与苯胺单体的比例合成出了空心微米小球，实现了聚苯胺形态从纳米纤维向空心微球的转变；并采用电化学交流阻抗技术和动电位极化方法研究了所制得的空心微米聚苯胺小球在不同浓度的 HCl 溶液中对碳钢的缓蚀作用，证明在 0.5mol/L 的盐酸溶液中，聚苯胺的加入量为 40mg/L 时，其对碳钢的缓蚀效率可以高达 91.6%～92.3%。Elkais 等将苯磺酸钠掺杂的聚苯胺应用在低碳钢，考查了试样在 3%NaCl 溶液中、湿度为 2.5% 的撒哈拉沙漠环境中以及贝尔格莱德市中心的腐蚀效果。结果证明，苯磺酸钠掺杂的聚苯胺起到了明显的防腐蚀效果，同时表明苯磺酸钠掺杂聚苯胺在低碳钢上的保护效果随试样所处环境的不同有所差异。

4.5.1.3 具有超疏水效果的聚苯胺涂层

邢翠娟等以苯胺为单体，过硫酸铵为氧化剂，通过改变不同的掺杂剂，采用"无模板"法合成了具有不同浸润性的聚苯胺微/纳米结构，并得到超疏水聚苯胺微/纳米结构。随着聚苯胺微/纳米结构疏水性的增强，对碳钢的腐蚀防护作用增强，当掺杂剂为全氟辛酸时所制备的超水聚苯胺微/纳米结构表现出最佳的防腐蚀性能（$\eta = 94.70\%$）。所有的聚苯胺微/纳米结构都具有比较好的防腐效果，其腐蚀电流密度较空白碳钢都有显著下降，并且其防腐效率随着聚苯胺微/纳米结构疏水性的提高而增大。

涂覆无掺杂剂聚苯胺（PANI-no）、十二酸掺杂的聚苯胺（LA-PANI）、乙酸掺杂的聚苯胺（AA-PANI）和全氟辛酸掺杂的聚苯胺（PFOA-PANI）时，电极的接触角由 33.9° 增加到 157.8°，而相应的腐蚀电流密度由 0.1517mA/cm^2 降低到 0.01245mA/cm^2，与空白碳钢电极的腐蚀电流密度（0.2350mA/cm^2）相比均有明显降低，表明聚苯胺微/纳米结构能使腐蚀速率下降，其中接触角最大（157.8°）的超疏水 PFOA-PANI 涂覆电极的腐蚀电流密度降低的程度最大，仅为空白碳钢电极的 5.3%，表现出最大的防腐效率（94.7%）；另外，涂覆 LA-PANI、AA-PANI 和 PFOA-PANI 电极的腐蚀电位也较空白碳钢电极有所正移，且随着聚苯胺微/纳米结构疏水性的提高正移程度增加，其中涂覆超疏水 PANI-PFOA 电极正移程度最大，正移了 27.15mV，这表明聚苯胺微/纳米结构涂覆到碳钢表面后，在碳钢表面形成了一层很薄的氧化膜，使得腐蚀速率降低，这种防腐作用还源于 PANI-PFOA 超疏水涂层对水分子的排斥作用。水分子在防腐涂层中的吸附为 H$^+$ 等腐蚀物质通过涂层到达金属表面提供了扩散通道，因此要具有优异的防腐性能必须能有效抑制水分子在涂层内的吸附和扩散。超疏水聚苯胺微/纳米结构能有效阻止水分子在涂层中的扩散，从而阻断了 H$^+$ 等腐蚀性物质到达金属表面，因此能有效地抑制腐蚀过程地进行。

为了更好地理解浸润性对聚苯胺防腐蚀性能的影响，测试了涂有不同浸润性聚苯胺微/纳米结构的电极在 0.1mol/LH$_2$SO$_4$ 中的交流阻抗谱。容抗弧为一个"压抑"的半圆，说明双电层的阻抗行为与等效电容的阻抗行为并不完全一致，而是有一定的偏离，一般称为"弥散效应"。这种行为是由电极表面的粗糙程度和碳钢表面活性点分布不均匀引起的。不同浸润性聚苯胺的阻抗谱主要有高频容抗弧和低频的感抗弧组成，随着聚苯胺微/纳米结构浸润性的增强，容抗弧的直径逐渐增大，电子转移能力逐渐降低，抗腐蚀能力逐渐增强。从 Bode 图低频区可见，与空白电极的阻抗值（50.38Ω·cm²）相比，随着聚苯胺疏水性的增强（接触角由 33.9°增大到 157.8°），阻抗值逐渐增大（123.31～475.73Ω·cm²）。较高的阻抗值意味着较低的腐蚀速率，因此，聚苯胺微/纳米结构的防腐性能随着疏水性的增大而增强，这与 Tafel 极化曲线得到的结果一致。

综合 Tafel 极化曲线和电化学交流阻抗的结果表明，4 种聚苯胺微/纳米结构都能起到防腐蚀的功能，尤其是超疏水的聚苯胺微/纳米结构表现出优异的防腐性能（$\eta=94.7\%$），能够有效地减小碳钢表面的腐蚀速率。这主要有两方面的原因：首先，聚苯胺高度离域的电子具有较强的电子转移能力，能够有效地促进电极表面形成一层氧化膜，使腐蚀电位正移，阻抗增加，腐蚀电流密度降低；其次，超疏水性的聚苯胺表面有很高的粗糙度，使足够多的空气填充在微/纳米结构之间，减少聚苯胺微/纳米结构对水分子的吸附，因而阻断了 H^+ 等腐蚀性物质到达电极表面，有效抑制腐蚀的发生，同时还能有效地阻止腐蚀产物向溶液中扩散，在一定程度上也抑制了腐蚀过程。

研究者通过纳米铸造的方法使聚苯胺固化成膜还原了荷叶的表面结构，尝试研究聚苯胺涂层表面物理粗糙结构对防腐蚀效果的作用。Peng 等利用荷叶作为模板制备出具有超疏水性能的聚苯胺涂层。他们首先将荷叶作为模板在上面覆盖一层聚二甲基硅氧烷（PDMS）的预聚体，随着其固化成膜获得了具有荷叶表面结构的 PDMS 模板，随后将聚苯胺覆盖在 PDMS 模板上，还原了具有微纳米粗糙结构的荷叶表面。具有粗糙度的聚苯胺涂层比平坦的聚苯胺涂层具有更好的防腐蚀性能，其腐蚀电位为 $-364mV$，比平坦的聚苯乙烯涂层高出 194mV，其电阻值为 $19.83M\Omega·cm^2$，高于平坦的聚苯乙烯涂层 $13.49M\Omega·cm^2$。这主要是由于所制备出的具有超疏水性能的聚苯胺能够有效地阻止腐蚀物质的接触，从而更好地起到防腐蚀的作用。Chang 等同样是利用了纳米仿生学原理，利用聚苯胺和多壁碳纳米管制备出具有超疏水效应的聚苯胺涂层，其防腐蚀效果又高于单纯具有微纳米粗糙度的聚苯胺膜。这主要是由于在聚苯胺中加入多壁碳纳米管可以获得一种"赝电容"效应，使其缓蚀性能更好。

4.5.2 不同树脂复合的聚苯胺体系

由于聚苯胺具有 π-共轭的高分子链结构，较强的链间相互作用致使聚苯胺不溶不熔，加工性较差。因此，在涂料应用中聚苯胺多与其他树脂进行共混复合，可以提高其成膜能力和与基材的黏结性能。环氧树脂因其具有良好的附着力、较好的成膜性、耐化学品性能和耐摩擦等优点，是防腐涂料常用的树脂基体。

高焕方等在环氧树脂中分别加入了质量分数为0%～10%的本征态聚苯胺，发现随着涂层中聚苯胺含量的增加，涂层的防腐蚀性能出现了先增大后减小的趋势，当聚苯胺含量为5.0%时具有最佳的防腐蚀性能。通过SEM观察可知，加入量为5.0%的聚苯胺可以在树脂中均匀分散；加入量较少时，聚苯胺的分散分布较为稀疏，而加入量较多时，则会引起团聚，导致涂层表面产生更多的微孔，进而导致涂层防腐蚀性能下降。

Kalendová等合成了磷酸掺杂的聚苯胺，与环氧树脂混合后考查了其力学性能、涂膜硬度及抗腐蚀等性能，发现加入体积分数为15%的聚苯胺时涂层的防腐性能最佳。侯文鹏等合成了盐酸及不同量高氯酸掺杂的聚苯胺，以环氧树脂为成膜物质，两者共混后在Q235碳钢基体上制备了聚苯胺/环氧复合涂层，研究了其在3.5%NaCl溶液中的防腐蚀性能。结果表明聚苯胺掺杂了0.005mol/L高氯酸时涂层的耐腐蚀能力最强，在溶液中浸泡720h后仍然具有较高的 $|Z|_{0.01Hz}$ 值，腐蚀电位比纯环氧涂层提高了0.1V，腐蚀电流密度降低了两个数量级。这主要是由于高氯酸浓度较低时，可以得到直径在60～100nm、长度在500nm至几微米之间的形貌较好的聚苯胺纤维，其与环氧树脂共混后涂层表面缺陷较少。

张春等将23.4g有机磷酸（乙二醇单甲醚磷酸酯和乙二醇单甲醚磷酸二酯混合物，OP）与93g聚苯胺掺杂，得到PANI-OP粉末。随后将不同量的PANI-OP加入水性环氧树脂中，并在3.5%NaCl溶液中（pH=6.1）浸泡90d后考察了其防腐性能。结果表明当涂层中PANI-OP含量为0.1%时，低碳钢表面出现的锈点较小，而当PANI-OP加入的质量分数从0.1%增加至3.0%时，粒子之间的团聚增加，涂层变得疏松多孔，致密性下降，使得涂层出现布满锈点的状态。

黄健涵等以p-TSA掺杂合成本征态聚苯胺，对比了p-TSA掺杂聚苯胺/羟基丙烯酸树脂共混涂层、聚苯胺/羟基丙烯酸树脂共混涂层以及与p-TSA掺杂聚苯胺/环氧树脂共混涂层三者在镁质基材上的防腐效果。通过实验对比可知，p-TSA掺杂聚苯胺与羟基丙烯酸树脂混合涂料显示了更好的防腐能力，该涂层涂覆的镁质基材在3.5% NaCl中的腐蚀电位约为-0.20V（镁的初始腐蚀电位为-1.77V），保持了约16d；同时通过SEM观察可知掺杂聚苯胺在羟基丙烯酸树脂中分散较为均匀，膜层较致密。

Grgur等将苯磺酸钠与聚苯胺掺杂后与环氧树脂共混，与单纯的环氧树脂对比了其在低碳钢上的防腐蚀能力。结果发现二者在3% NaCl溶液中和0.1mol/L H$_2$SO$_4$溶液中的防腐蚀机理有所不同：在3% NaCl溶液中由于聚苯胺的屏蔽效应和其掺杂与去掺杂反应，首先发生阴极反应，$[PANI^{y+} + (C_6H_5COO^-)_y]_n$会得电子发生去掺

杂反应得到 $(PANI)_n$，随后 $(PANI)_n$ 跟溶液中的 Cl^- 再次发生掺杂阳极反应得到 $[PANI^{y+} + Cl_y^-]$，在这个过程中防止了铁的阳极腐蚀反应，使得其防腐蚀效果更好。而在 $0.1mol/L$ 的 H_2SO_4 中，则是由于聚苯胺的质子化效应，基材周围溶液中的 H^+ 浓度降低，从而减缓了腐蚀速率。该体系主要是考察了合成后的聚苯胺与树脂共混后的涂膜性能，根据屏蔽效应共混后的膜致密性较好，无明显缺陷时，其对 O_2 和 H_2O 阻碍作用越强，故其防腐蚀效果越好。

傅文峰等采用直接混合氧化法分别在磷酸和硫酸体系中制备了掺杂态聚苯胺，通过研磨把聚苯胺分散到环氧树脂中制备复合涂层，研究了不同酸掺杂的聚苯胺在环氧树脂中的耐蚀性能以及聚苯胺用量对耐蚀性能的影响。电化学阻抗谱研究发现，聚苯胺的加入提高了环氧涂层屏蔽保护效果并能提供钝化保护作用，合适的添加量为 0.6%；盐雾试验结果表明，磷酸掺杂的聚苯胺在环氧树脂涂层中可以对基体提供较好的保护，而硫酸掺杂的聚苯胺保护效果较差。

（1）聚苯胺对环氧树脂成膜性能的影响　选择磷酸体系中制备的聚苯胺，改变聚苯胺的用量，研磨配制不同聚苯胺含量的聚苯胺/环氧树脂复合涂料，表 4-1 是添加不同量的聚苯胺所得环氧树脂涂层的成膜情况。由表 4-1 可以看出，当添加量不超过 0.8% 质量分数时，聚苯胺在环氧树脂中具有良好的分散性，随着聚苯胺用量的增加，涂层颜色逐渐加深，当聚苯胺用量为 0.6% ～ 0.8% 时，涂层呈现蓝黑色，表面致密有光泽，成膜状态良好；当聚苯胺添加量达到 1.0% 时，涂层出现一定的粗糙度，光泽度受到影响；当聚苯胺用量达到 2% 时，涂层已有肉眼可见的缩孔，致密性受到破坏；当聚苯胺用量达到 4% 时，缺陷已经非常明显，有大面积花斑出现。由此可见聚苯胺的添加量会影响环氧树脂的成膜性能。在试验过程中还发现，添加聚苯胺后涂层的干燥速率显著变慢，而聚苯胺添加量越大，所需干燥时间越长。可能是由于聚苯胺具有很强的吸湿性，影响固化干燥，且聚苯胺的纳米纤维结构也影响树脂与固化剂的交联。

表 4-1　不同聚苯胺添加量涂层成膜情况

w（聚苯胺）/%	干燥时间/h	颜色	光泽	表面状态
0.4	48	蓝	无光泽	聚苯胺分散不连续
0.6	60	蓝黑	高光泽	致密，无缺陷
0.8	60	蓝黑	高光泽	致密，无缺陷
1	72～84	蓝黑	高光泽	零星针孔
2	120	蓝黑	中光泽	大量针孔
3	120	蓝黑	中光泽	大量针孔
4	>168	蓝黑	无光泽	花斑

（2）聚苯胺用量对防蚀性能影响的电化学研究　通过交流阻抗谱（EIS）研

究涂层防蚀性能是一种快捷、有效的方法。表 4-2 可以看出，与单纯环氧树脂相比（$R_c=1.339\times10^9$），添加聚苯胺后，复合涂层的 R_c 普遍增加，当聚苯胺添加量为 0.6％时，涂层电阻增加最大（$R_c=5.117\times10^9$），这说明聚苯胺的加入提高了涂层的屏蔽保护效果；但当聚苯胺添加量达到 2％时，浸泡开始就出现扩散迹象，可能由涂层致密性差造成的。浸泡 7d 后，表 4-3 显示，添加量为 0.6％的涂层电阻依然非常高（$R_c=3.054\times10^9$），出现钝化膜特征，而纯环氧树脂涂层失效比较快，涂层电阻明显下降（$R_{po}=2.284\times10^9$），再次证明聚苯胺的加入对涂层保护效果的提高；另外，聚苯胺添加量为 1.0％的涂层，浸泡 7d 后涂层电阻下降更多（$R_{po}=1.456\times10^9$），并没有出现钝化迹象。可能因为聚苯胺在环氧树脂中分散限制，导致添加量大的涂层致密性变差，大量的 Cl^- 容易渗透进涂层底部使原本形成的钝化膜遭受破坏，从而失去保护作用。阻抗谱研究结果进一步证明聚苯胺在环氧树脂中合适的添加量不能超过 1％，优选 0.6％。

表 4-2　初期奈奎斯特图拟合参数

W（聚苯胺）/%	0	0.1	0.2	0.4	0.6	0.8	1.0	2.0
涂层电阻$\times10^{-9}$/($\Omega\cdot cm^2$)	1.339	2.062	1.551	8.071	5.117	3.141	3.071	2.369

表 4-3　浸泡 7d 后的奈奎斯特图拟合参数

W（聚苯胺）/%	0	0.6	1.0
涂层电阻（R_{po} 或 R_c）/($\Omega\cdot cm^2$)	2.284×10^6	3.054×10^9	1.456×10^6

（3）掺杂酸对聚苯胺防蚀性能影响的盐雾试验　研究盐雾试验是直观评价涂层失效的一种方法，用在海洋环境中的涂料，耐盐雾腐蚀是一项重要的性能，固定聚苯胺的添加量为 0.6％，考察不同掺杂酸对复合涂层耐盐雾性能的影响。盐雾试验中 168h 之内各涂层基本没有明显锈迹出现，仔细对比发现，磷酸掺杂的聚苯胺复合涂层效果更好一些；随着盐雾试验的进行，锈迹开始出现并不断增多，360h 时锈迹已经非常明显；继续试验，锈迹继续加重，720h 时各涂层之间保护性能优劣已经非常明显；磷酸掺杂的聚苯胺复合涂层保护效果明显优于硫酸掺杂的聚苯胺复合涂层。盐雾试验 1000h 后，把划痕部位进行剥离发现磷酸掺杂的聚苯胺复合涂层对基体仍然具有一定的附着力，而硫酸掺杂的聚苯胺复合涂层对基体基本失去附着力，容易成块剥落。剥离之后的照片更能清楚地说明保护效果的优劣，被磷酸掺杂的聚苯胺复合涂层保护的基体仍然光亮洁净，仅在划痕部位出现些微侵蚀，且已出现钝化迹象；被硫酸掺杂的聚苯胺复合涂层保护的基体在划痕部位遭到严重腐蚀，锈迹斑斑，其他部位也有腐蚀介质侵蚀痕迹。可能的原因有以下几种推测：①聚苯胺的形貌影响其在环氧树脂中的分散性，在高强酸——硫酸体系中合成的聚苯胺为规则的长纤维形貌，分散性能不如在中强酸——磷酸体系

中合成的不规则短纤维形貌的产品；②掺杂酸阴离子影响涂层与基体的结合强度，PO_4^{3-} 的存在提高了环氧树脂与基体的附着力；③掺杂酸阴离子影响复合涂层的催化钝化等电化学保护性能，众所周知，PO_4^{3-} 对铁基体有良好的钝化功能。

将聚苯胺与水性树脂（多为环氧树脂和聚氨酯）共混可制备出新型水性防腐涂料。提高聚苯胺粒子在树脂中的分散性是制备这种水性防腐涂料的关键，减小聚苯胺的粒子粒径或对聚苯胺及水性树脂进行改性，均可提高聚苯胺的分散性。Gurunathan 等将聚苯胺与一种新型阳离子型水性聚氨酯分散系（PUD）共混，制备出了 PUD-2000/PANI（PUD 中二元醇的数目为 2000，PANI 的质量分数为 6％）防腐涂料，测试结果表明，PUD-2000/PANI 的电导率比聚苯胺与普通 PU 共混（聚苯胺的质量分数为 15％）时提高了 6.5 倍，说明聚苯胺能更好地分散在 PUD 中，使 PUD 的电导率显著提高。Chen 等将苯胺与部分磷酸化的聚乙烯醇（PPVA）化学氧化聚合制备出 PANI/PPVA 纳米复合物，将其与水性环氧树脂乳液共混得到水性防腐涂料。发现 PPVA 是很好的聚合物稳定剂，能提高聚苯胺在 EP 中的分散性。该研究制备的防腐涂层在 NaCl 溶液中浸泡 30d 后，其 OCP 较覆有 PANI/EP 涂层的铁片升高了 0.203V；浸泡 50d 时，涂层电阻（R_c）较聚苯胺/EP 提高了 8.8 倍。

在水性环氧树脂涂层中引入导电聚苯胺使涂层具有一定的导电性。随着聚苯胺添加量的增加涂层导电性提高，将金属腐蚀产生的电子导到涂层与溶液的界面上，隔离阴极与阳极间的反应，形成完整的金属表面氧化膜。同时，聚苯胺对金属离子的螯合作用和对氧气的屏蔽提高了涂层的抗"闪锈"能力和防腐效果。但是，聚苯胺添加量过大（达到 0.8％）使涂层后期的屏蔽腐蚀离子效果明显降低，使防腐作用主要依赖氧化膜，涂层综合防腐效果降低。聚苯胺添加量（质量分数）为 0.6％时聚苯胺在水性环氧中分散效果好，金属表面涂层的氧化膜均匀，具有最好的抗"闪锈"能力和防腐性能。

聚苯胺带有大量亚胺基团，发生腐蚀后部分 Fe^{2+} 和 Fe^{3+} 被亚胺基团吸附形成 Fe—NH—螯合官能团，从而提高腐蚀电位；另一方面，形成的金属氧化膜使表面金属钝化，从而降低腐蚀速率。但是，添加聚苯胺对腐蚀电位的影响不大。当聚苯胺添加量很小时，没有足够的亚胺基结合产生铁离子，因此提高的电位不会低于饱和状态下的电位；当添加量过高时，涂层的吸水性被极性较强的聚苯胺提高，加速了腐蚀速率。图 4-16 给出了纯钢片和几种涂层在 3.5％盐水浸泡 240h 后的极化曲线图。可以看出，C 曲线（当聚苯胺添加量为 0.6％）腐蚀电位最高，在表 4-4 中其腐蚀速率也是最低的；聚苯胺添加量为 0.4％和 0.8％的涂层的腐蚀电位略低于添加量为 0.6％，但是腐蚀速率很明显地增大了 2～4 倍，说明 0.6% 是导电聚苯胺在这个体系中最适合的添加量。

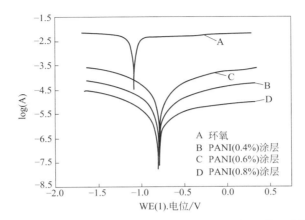

图 4-16　纯钢片和几种涂层在 3.5% 盐水浸泡 240h 后的 tafel 曲线

表 4-4　极化曲线数据

样品	A	B	C	D
$Corr_p/V$	−1.08	−0.7	−0.75	−0.79
$Corr_v/(mm/a)$	142.72	0.049	0.011	0.024

　　Bagherzadeh 发现在双组分水性环氧树脂中加入很少量（质量分数 0.2%）的纳米聚苯胺就能显著地提高涂层的防腐能力，而且即使在腐蚀测试之后，涂层仍然保持着良好的附着力。戈成岳等采用聚苯胺纳米纤维与环氧树脂复合的方法制备复合涂层，涂层电阻普遍增加。聚苯胺添加量为 0.6% 时电阻最大，且浸泡 7d 后，涂层电阻依然非常高（$R_c = 3.054 \times 10^9 \, \Omega/cm^2$），而不加聚苯胺的涂层失效比较快，涂层电阻明显下降（$2.284 \times 10^6 \, \Omega/cm^2$）。试验说明聚苯胺的加入提高了涂层对金属的钝化作用。但当聚苯胺添加量达 2% 时，涂层的致密性变得非常差，起初就出现了介质的扩散渗透迹象，对金属无任何保护作用。可能是聚苯胺添加量大时，在环氧树脂中分散不均匀导致涂层的致密性变差，大量的腐蚀性介质（Cl^-）扩散渗透进入涂层底部使钝化膜遭受破坏，甚至促使涂层剥离，失去保护作用。

4.6　聚苯胺防腐涂料的应用

　　因为聚苯胺具有特殊的防腐功能，其主要应用领域包括：船舶、港口码头设备、远洋集装箱、军舰、两栖装甲、化工设备、高压铁塔、送变电设备、铁路桥梁等。研究发现聚苯胺防腐涂料具有更好的防腐性能。它可用于许多领域的金属防腐，如海上石油钻井平台、交通设施、石油工业输送管线等，有着取代传统防腐涂料的潜能。

（1）管道防腐涂料

管道防腐涂料根据管道内外的流体性质的不同，可以分为管道内涂料和管道外涂料，对于石油管道和污水处理管道，聚苯胺的涂料是最佳的管道内防腐涂料，因为涂有聚苯胺防腐涂料的钢材可以代替不锈钢，根据不同的使用环境调整组分，可以达到很好的防腐效果。聚苯胺防腐涂料主要用于石油管道和污水处理管道的内防腐。德国 Ormecon 研制的 CORRPASIVE 4900 可应用于城市污水处理系统中，其底漆中含有分散的聚苯胺，面漆为环氧树脂。

（2）海上设施的防腐

海上的设施如船舶、码头、海上石油钻井平台等常常处于海水的腐蚀环境中，海上设施的材料主要是钢铁，海洋可对钢铁造成严重腐蚀，影响腐蚀的环境因素有很多，造成海上设施局部腐蚀的主要因素是海洋微生物。传统上是在涂料中加入重金属离子，固化微生物蛋白质，杀死吸附在涂层上的微生物。但是一旦涂层中的重金属析出到海洋中，会对环境造成严重污染。目前人们通过降低聚苯胺涂层的 pH值，抑制适合碱性海水中生存的微生物的吸附，从而达到防污防腐的目的。

改变聚苯胺涂料的 pH 值，若维持在酸性范围内，则不利于适合在碱性海水中生存的微生物的吸附与生存，若维持在碱性范围内，则不利于适合在酸性海水中生存的微生物的吸附与生存，从而达到防腐的目的。控制 pH 的方法就是利用质子酸掺杂的聚苯胺涂料，为了保证在海水中的稳定性，常用分子量大的磺酸和十二烷基苯磺酸。掺杂的聚苯胺涂料，再与环氧树脂复合，这种新型的涂料避免了涂料带来的海洋环境污染。

国外已经研究出 CORRPASSIV、ORMECON、Versicon、和 Corepair 等聚苯胺防腐涂料，其中 Skippers CORRPASIVE 是一种海洋防腐涂料，可应用于船舶、港口和码头的防腐。王献红等开发出了可用于船舶的防污防腐涂料：加有氧化亚铜的聚苯胺涂料，避免了重金属析出造成的环境污染；以聚苯胺/脂肪族多元胺的溶液作为固化剂，与环氧树脂混合，添加稀释剂、消泡剂、增塑剂等制成涂料，该涂料不需要添加任何溶剂，对海洋无污染，适用于船舶防腐。

（3）油罐防腐涂料

由于储油罐金属材料本身的不均匀性，且热应力、机械应力不同，会造成电极电位的差别而形成电化学腐蚀，同时油品中含有的水、氯化物、钙镁铁盐、硫酸等电解质为电化学腐蚀创造条件。为了防止电化学腐蚀，罐内壁涂层通常添加导电粉末，消除油罐不同部位的电势差，切断油罐电化学腐蚀的必要条件。但是，这种导电填料属于无机小分子，与有机高聚物在结构上有很大差异，导致填料与基料的分散性不好，难以形成稳定的均相体系，减弱了导电性，降低了涂料的防腐性能。聚苯胺是一种有机高聚物，它与涂料中的其他有机组分结构相似，有良好的相容性。同时，聚苯胺具有导电性，可以替代传统无机填料，用于油罐防腐涂料中。二甲苯、正丁醇混合溶剂充分溶解的煤基聚苯胺涂料具有很好的稳定性和耐油性，是目前最好的抗静电油罐涂料。

（4）高耐磨性防腐涂料

聚苯胺高耐磨性复合涂料具有广阔的发展前景。强军锋等采用了高细度氧化铝和氧化硅为填料，环氧树脂-多元胺固化体系为主要成膜物质，并加入聚苯胺辅助成分，制备出了一种新型的高耐磨、高硬度的防腐涂料，这种材料正在推广使用，有望在海洋和石油管道等有强烈摩擦的条件下作为防腐涂料。

4.7　聚苯胺防腐涂料的未来研究方向

作为一种新型环境友好型防腐材料，聚苯胺具有广阔的应用前景，虽然已取得了一定范围的商业应用，但还存在许多亟待解决的问题。

（1）完善聚苯胺的防腐机理　深入研究聚苯胺的防腐机理，寻找其具有最佳防腐性能时的环境条件和氧化还原态，为开发性能优良的防腐涂料提供理论指导。

（2）优化聚苯胺的改性方法　如何对聚苯胺进行化学或者物理改性使其涂膜和加工性能得到改善是目前研究的重点之一。

（3）在聚苯胺复合过程中，选择合适的成膜物质，降低环境污染、设备投资和生产成本；探索聚苯胺与常规成膜物质的相互作用机理，提高聚苯胺在基体中的分散程度；对聚苯胺分子改性或对其进行掺杂是否能提高聚苯胺在基体树脂中的分散性，有待深入研究。

（4）将金属和无机矿物等新材料引入聚苯胺中进行复合，以进一步提高其防腐蚀作用，也是目前和将来一段时间内研究的热点方面。

（5）扩大聚苯胺在防腐领域的应用范围　利用聚苯胺良好的环境和化学稳定性，制备在特殊条件下（如航海、航空）使用的聚苯胺防腐涂料。

（6）目前对聚苯胺防腐涂料的环境影响因素（如温度、pH值）的研究很少，但实际应用过程中，环境因素对聚苯胺防腐涂料的防腐蚀性能影响较大，急需加强这方面的深入研究。

参 考 文 献

[1]　范欣，范平，吴跃焕，等. 聚苯胺在不同防腐应用体系中的应用研究进展 [J]. 高分子通报，2015（2）：32-39.

[2]　索陇宁，尚秀丽，周莘文，等. 聚苯胺防腐涂料在金属防护中的应用 [J]. 中国建材科技，2013（2）：62-64.

[3]　郑燕升，胡传波，青勇权，等. 聚苯胺复合防腐材料的研究进展 [J]. 塑料工业，2013，41（12）：1-5.

［4］ 李会敏，高永建，张世堂，等. 聚苯胺防腐涂料研究进展［J］. 化学研究，2013，24（2）：195-198.

［5］ 潘业翔. 聚苯胺防腐涂料的研究现状［J］. 广州化工，2014，42（2）：15-17.

［6］ 郑豪，叶瑛. 导电聚苯胺在海洋装备防腐防污中的应用［J］. 腐蚀科学与防护技术，2013，25（5）：429-432

［7］ 贺乾元，尹安，杨立文，等. 聚苯胺及其防腐涂料的研究进展［J］. 现代涂料与涂装，2016，19（1）：21-24.

［8］ 张国兵，魏民，杨小刚，等. 掺杂态聚苯胺的性能及其防腐应用研究进展［J］. 高分子通报，2017（7）：23-28.

［9］ Elkais A R，Gvozdenović M M，Jugović B Z，et al. The Influence of Thin Benzoate-Doped Polyaniline Coatings on Corrosion Protection of Mild Steel in Different Environments［J］. Progress in Organic Coatings，2013，76（4）：670-676

［10］ Kamaraj K，Karpakam V，Sathiyanarayanan S，et al. Synthesis of Tungstate Doped Polyaniline and Its Usefulness in Corrosion Protective Coatings［J］. Electrochimica Acta，2011，56（25）：9262-9268.

［11］ Pour-Ali S，Dehghanian C，Kosari A. Corrosion Protection of the Reinforcing Steels in Chloride-Laden Concrete Environment through Epoxy/Polyaniline-Camphorsulfonate Nanocomposite Coating［J］. Corrosion Science，2015，90：239-247.

［12］ Kohl M，Kalendová A. Effect of Polyaniline Salts on the Mechanical and Corrosion Properties of Organic Protective Coatings［J］. Progress in Organic Coatings，2014，77（9）：1369-1375.

［13］ 赵慧萍. 聚苯胺的腐蚀防护机理及其在金属防腐中的应用之我见［J］. 中国石油和化工标准与质量，2013（1）：33-33.

［14］ Wessling B. Corrosion Prevention with an Organic Metal（Polyaniline）：Surface Ennobling，Passivation，Corrosion Test Results［J］. Materials and Corrosion，1996，47（8）：439-445.

［15］ Fahlman M，Jasty S，Epstein A J. Corrosion Protection of Iron/Steel by Emeraldine Base Polyaniline：an X-ray Photoelectron Spectroscopy Study［J］. Synthetic Metals，1997，85（1-3）：1323-1326.

［16］ Schauer T，Joos A，Dulog L，et al. Protection of Iron against Corrosion with Polyaniline Primers［J］. Progress in Organic Coatings，1998，33（1）：20-27.

［17］ 王杨勇，强军锋，井新利. 聚苯胺防腐涂料的研究进展［J］. 宇航材料工艺，2002（4）：1-6.

［18］ Kinlen P J，Menon V，Ding Y. A Mechanistic Investigation of Polyaniline Corrosion Protection Using the Scanning Reference Electrode Technique［J］. Journal of The Electrochemical Society，1999，146（10）：3690-3695.

［19］ 曹雨，张海瑞，王纪孝. 聚苯胺及其衍生物在防腐领域中的应用进展［J］. 化学工业与工程，2016，33（4）：79-84.

［20］ Quraishi M A，Shukla S K. Poly（aniline-formaldehyde）：A new and Effective Corrosion Inhibitor for Mild Steel in Hydrochloric Acid［J］. Materials Chemistry and Physics，2009，113（2-3）：685-689.

［21］ Yadav D K，Chauhan D S，Ahamad I，et al. Electrochemical Behavior of Steel/Acid Interface：Adsorption and Inhibition Effect of Oligomeric Aniline［J］. Rsc Advances，2012，3（2）：632-646.

［22］ Wang T，Tan Y J. Understanding Electrodeposition of Polyaniline Coatings for Corrosion Prevention

Applications Using the Wire Beam Electrode Method [J]. Corrosion Science, 2006, 48 (8): 2274-2290.

[23] Chen Y, Wang X H, Li J, et al. Long-Term Anticorrosion Behaviour of Polyaniline on Mild Steel [J]. Corrosion Science, 2007, 49 (7): 3052-3063.

[24] 郭玉高, 马硕, 陈晓, 等. 聚苯胺防腐涂料的研究及应用进展 [J]. 天津工业大学学报, 2015, 34 (4): 27-33.

[25] 章振华, 袁庭辉, 张大全, 等. 聚苯胺复合材料防腐性能研究进展 [J]. 腐蚀科学与防护技术, 2017, 29 (1): 73-79.

[26] Olad A, Barati M, Behboudi S. Preparation of PANI/epoxy/Zn Nanocomposite Using Zn Nanoparticles and Epoxy Resin as Additives and Investigation of Its Corrosion Protection Behavior on Iron [J]. Progress in Organic Coatings, 2012, 74 (1): 221-227.

[27] Malik M A, Galkowski M T, Bala H, et al. Evaluation of Polyaniline Films Containing Traces of Dispersed Platinum for Protection of Stainless Steel against Corrosion [J]. Electrochimica Acta, 1999, 44 (12): 2157-2163.

[28] Li P, Tan T C, Lee J Y. Corrosion Protection of Mild Steel by Electroactive Polyaniline Coatings [J]. Synthetic Metals, 1997, 88 (3): 237-242.

[29] Araujo W S, Margarit I C P, Ferreira M, et al. Undoped Polyaniline Anticorrosive Properties [J]. Electrochimica Acta, 2001, 46 (9): 1307-1312.

[30] 王华, 赵洪东. 电化学合成条件对聚苯胺膜耐蚀性能的影响 [J]. 腐蚀科学与防护技术, 2013, 25 (5): 359-364.

[31] 张淑英, 阮北, 武克忠. 聚苯胺修饰不锈钢电极防腐性能的研究 [J]. 河北师范大学学报: 自然科学版, 2013, 37 (2): 169-173.

[32] 邢翠娟, 于良民, 张志明. 超疏水性聚苯胺微/纳米结构的合成及防腐蚀性能 [J]. 高等学校化学学报, 2013, 34 (8): 1999-2004.

[33] 范欣, 范平, 吴跃焕, 等. 聚苯胺在不同防腐应用体系中的应用研究进展 [J]. 高分子通报, 2015 (2): 32-39.

[34] 高焕方, 张胜涛, 刘建平, 等. 聚苯胺防腐蚀涂料的研制及其性能 [J]. 材料保护, 2009, 42 (2): 61-63.

[35] 侯文鹏, 葛子义, 赵文元. 高氯酸掺杂聚苯胺/环氧涂层对 Q235 碳钢防腐蚀性能的影响 [J]. 腐蚀科学与防护技术, 2013, 25 (2): 121-126.

[36] 黄健涵, 王治安, 李倩倩, 等. 对甲苯磺酸掺杂聚苯胺对镁的防腐蚀性能 [J]. 腐蚀科学与防护技术, 2008, 20 (4): 283-285.

[37] Grgur B N, Gvozdenović M M, Mišković-Stanković V B, et al. Corrosion Behavior and Thermal Stability of Electrodeposited PANI/Epoxy Coating System on Mild Steel in Sodium Chloride Solution [J]. Progress in Organic Coatings, 2006, 56 (2-3): 214-219.

[38] 傅文峰, 戈成岳. 聚苯胺在环氧树脂涂层中防蚀性能研究 [J]. 中国涂料, 2013, 28 (8): 35-40.

[39] 王娜, 程克奇, 吴航, 等. 导电聚苯胺/水性环氧树脂防腐涂料的制备及防腐性能 [J]. 材料研究学报, 2013, 27 (4): 432-438.

[40] 方瑞萍, 陕绍云, 李星, 等. 聚苯胺防腐涂料的研究进展 [J]. 化工新型材料, 2013, 41 (5): 19-21.

第5章 聚苯胺吸波材料

由于现代电子和集成电路的蓬勃发展，电磁污染问题随之产生，影响范围包括日常生活、军事活动、空间探索等所有电子电气系统。一方面，随着人们对电子产品使用量和依赖性的急剧增加，电磁波将更直接地接触我们，可能对人体产生一定的影响；另一方面，国防隐身技术的关键技术与吸波材料的发展及应用息息相关，世界各国正积极寻求适应未来战场的新型吸波材料。合适的吸波材料应用在电子设备中有助于控制电磁波过度地自我辐射并在外部电磁干涉下确保设备不受干扰。这些吸波材料还能在隐身防护技术领域被用作反雷达监视的有效对策。军用飞机和车辆的外表面涂有微波吸收涂层可以避免被雷达探测到。因此，吸波材料在电磁污染控制、电磁干扰屏蔽和隐身技术等方面起着重要作用。

吸波材料是通过把电磁能转化成热能或使电磁波因干涉而消失的方式将入射的电磁波吸收、衰减掉的一类功能材料，其原理主要为介电损耗和磁损耗。按照材料损耗机理，可将吸波材料分为以下 3 类：电阻型、电介质型和磁介质型。具有较高的介电损耗角正切的电阻型吸波剂以炭黑、碳化硅、金属粉、石墨为代表，一般而言，电导率越高和介电常数越大吸收效率越好；以钛酸钡铁电陶瓷和导电高分子等为代表的电介质型吸波剂的工作原理主要是通过介质极化弛豫损耗来吸收或消耗电磁波；共振和磁滞损耗是磁介质型吸波剂对电磁波衰减的主要来源，包括铁氧体和羰基铁在内的磁性材料都属于磁介质型。

理想的吸波材料应同时具有厚度薄、密度低、频带宽和灵活性等优势。金属和磁性材料等传统的吸波材料具有良好的机械和吸收性能，但显示了质量大、易腐蚀和可加工性差等缺点。相反，导电高分子作为吸波材料得到了广泛研究，因为它们质量轻、耐腐蚀、良好且灵活的可加工性和电导率可变性。与金属相比，它们展现出了特殊属性，即它们不仅反射而且还可以选择性地吸收电磁辐射。电导率随辐射频率发生变化使导电高分子在适用于军事和民用领域吸波材料配方中都很有用。特别就军事和宇航领域而言，导电高分子及其复合材料的电导率变化范围很宽，表现出动态微波吸收特性，具有多方面的应用。

5.1 聚苯胺吸波材料的优势及吸波机理

现代军事要求雷达波吸收剂具有薄（涂层薄）、轻（涂层密度小）、宽（吸波频率范围宽）、强（吸波能力强）的特点。在吸收剂选择方面，导电高分子材料中的聚苯胺由于其独特的性质而被认为是最有可能达到这些要求的材料。聚苯胺由于电导率高、质轻、掺杂态和未掺杂态的环境稳定性好、易于制备、单体的成本低等优点，在电磁波吸收、电磁干扰屏蔽（EMI）、软导体涂层或防护罩中的应用引起广泛关注。国外已有报道利用聚苯胺的微波吸收特性，将其用作远距离加热材料，用于航天飞机中的塑料焊接技术；另外，美国已研制出一种由聚苯胺复合而成的雷达吸波材料，具有光学透明性，可以喷涂在飞机座舱盖、精确制导武器和巡航导弹的光学透明窗口上，以减弱目标的雷达回波。

　　根据"导电孤岛"模型，介质在微波场的作用下会发生电的极化，表征介质极化的宏观物理量相对介电常数呈复数形式，为 $\varepsilon_r = \varepsilon' - i\varepsilon''$，其中 ε' 和 ε'' 分别为介电常数的实部和虚部，介电损耗与介电常数虚部密切相关。由电场引起的极化有电子极化率、离子极化率、固有偶极子的取向极化率和界面极化率四种类型。由电子建立的电荷位移极化所需要的时间很短，可与光的振动周期相比，即为 $10^{-14} \sim 10^{-15} \mathrm{s}$。而由离子建立的电荷位移极化所需的时间稍长些，在 $10^{-12} \sim 10^{-13} \mathrm{s}$ 范围。因此，电子和离子的极化均具有较大的恢复力和较小的阻尼，其共振频率较高，均在紫外和红外区，故在微波范围的介电常数虚部几乎为零，所以电子和离子极化率对微波吸收的贡献可以不予考虑。相反，固有偶极子的取向极化率和界面极化率具有恢复力小、阻尼小的特点，共振频率出现在微波范围。因此，认为固有偶极子的取向极化率和界面极化率是导电高分子在微波范围内介电损耗的主要来源。掺杂态聚苯胺的介电损耗是在微波电磁场作用下，材料被反复极化，分子电偶极子振动与电磁场的振荡存在滞后效应，分子电偶极子振动与分子之间产生摩擦，消耗部分电磁能；另一方面，掺杂态聚苯胺的电导率不为零，在电磁场作用下会形成感应电流而产生焦耳热，也造成一定的损耗。

　　聚苯胺的分子主链具有电子高度离域的共轭结构，通过化学或电化学掺杂后，其电导率可实现从绝缘态到半导体态再到金属态的转变，同时引起其光谱和磁性能的变化，呈现自旋铁磁相互作用和铁磁性。掺杂包括两步转变过程：①聚苯胺分子链的质子化形成不稳定的双极子；②双极子分离形成稳定的极子，且掺杂是可逆的。

　　当聚苯胺经掺杂处于半导体状态时，对微波有较好的吸收性能。掺杂态聚苯胺属于电损耗型介质，其微波吸收特性与导电高分子中的分子链结构、掺杂剂、掺杂度、掺杂方式、对阴离子性质、室温电导率及所使用的黏合剂、涂层厚度、制备工艺等条件有密切关系，尤其与材料的电磁性质——电磁参数，即复介电常数 ε_r、复磁导率 μ_r 有直接关系。万梅香研究了导电高分子的电磁参数与微波吸收特性及其与室温电导率的关系，当导电高分子的电导率 σ 在 $10^{-1} \sim 100 \mathrm{S/cm}$ 之内时，无论是介电损耗还是磁损耗均为最大值，在此范围内呈现较好的微波吸收，最大衰减随电导率的增加而增加，且介电损耗远大于磁损耗，电磁能主要衰减在材料的电阻和介电极化弛豫损耗上。

本征态聚苯胺的室温电导率较低，在 10^{-5} S/cm 数量级；乳液法合成的 PANI-DBSA 室温电导率达到了 10^{-2} S/cm 数量级；反相微乳液法合成的盐酸掺杂 PANI 室温电导率达到了 0.1S/cm 数量级；而用溶液法合成的盐酸掺杂的 PANI 室温电导率较高，比本征态聚苯胺提高了 6 个数量级，达到了 10S/cm 数量级。掺杂态聚苯胺的室温电导率较本征态聚苯胺有大幅度提高，都达到了半导体材料的电导率范围。这是由于掺杂剂掺杂聚苯胺后，在聚苯胺分子中形成了孤子、极化子等多种载流子，提高了掺杂态聚苯胺的导电能力。

本征态聚苯胺在 2～18GHz 范围内的电磁参数值都很小，且基本没有变化，说明本征态聚苯胺的电磁性能较差；经过掺杂剂掺杂后，掺杂态聚苯胺的电参数（ε'、ε'' 和 $\tan\delta_\varepsilon$）在 2～18GHz 整个频段范围内较本征态聚苯胺都有明显增大，并且在 2～4GHz 的低频范围内这种增大趋势尤为显著，同时，在 2～18GHz 范围内，掺杂态聚苯胺的磁参数（μ'、μ'' 和 $\tan\delta_\mu$）较本征态聚苯胺有一定提高，但其值仍然较小，这是因为聚苯胺本身是一种潜在的导电材料，经过掺杂剂掺杂后，其电性能可以有较大提升，但其并非导磁材料，掺杂后磁性能不会较本征态有大的变化。掺杂态聚苯胺的掺杂酸的种类和用量以及聚苯胺的微观形态对聚苯胺的吸波性能都有很大的影响。

5.2　聚苯胺吸波性能的影响因素

5.2.1　不同质子酸对掺杂态聚苯胺电磁损耗及吸波性能的影响

聚苯胺的吸波性能与其电导率直接有关，因此只要影响聚苯胺电导率的各种因素都会影响其吸波性能，其中主要的影响因素是质子酸种类和后处理条件。聚苯胺及其衍生物经质子酸掺杂后电导率可提高 10 个数量级以上。目前，常用的无机质子酸有盐酸、硫酸、高氯酸和三氟乙酸等，有机质子酸有 DBSA、CSA、TSA 和二丁基萘磺酸等。它们在反应体系中，一方面提供酸性环境；另一方面以掺杂剂的形式进入聚苯胺骨架，赋予其一定的导电性。但是无机酸掺杂的聚苯胺不溶于水及绝大多数有机溶剂的特点极大地限制了它的应用。而有机酸作为质子酸可改善聚苯胺的可溶性，有利于产物的加工，所以也逐渐成为研究的热点。不同掺杂酸掺杂的聚苯胺具有不同的电磁参数和吸波性能。

颜海燕等探讨了掺杂态聚苯胺电导率及吸波性能与质子酸种类之间的关系。所用的掺杂酸主要包括稀盐酸、稀硫酸、磺基水杨酸（SSA）、TSA、DBSA 等。他们还选电导率较大的三种掺杂态聚苯胺，测定其电磁参数与微波吸收（表 5-1）。从表 5-1 可知 PANI-H_2SO_4 的介电常数、介电损耗较小，其磁损耗比

PANI-HCl 和 PANI-DBSA 大，在 9.3GHz 的微波反射只有－1.85dB，PANI-HCl 和 PANI-DBSA 的微波反射分别为－4.94dB 和－5.12dB，其介电损耗角正切 $\tan\delta_{\varepsilon_r}$ 比磁损耗角正切 $\tan\delta_{\mu_r}$ 大，$\tan\delta_{\mu_r}$ 接近 0，几乎无磁损耗，属介电损耗型吸波材料。

表 5-1 不同酸掺杂聚苯胺的电磁参数与微波吸收

样品	ε'	ε''	μ'	μ''	$\tan\delta_{\varepsilon_r}$	$\tan\delta_{\mu_r}$	$R/(-\text{dB})$
PANI-HCl	7.26	3.51	1.00	0.005	0.484	0.005	4.94
PANI-H$_2$SO$_4$	3.56	0.32	0.80	0.030	0.090	0.040	1.85
PANI-DBSA	7.03	3.75	1.00	0.007	0.530	0.007	5.12

陈骁等测试了分别用乳液法和反相微乳液法合成的 PANI-DBSA 和 PANI-HCl 的吸波性能。在 2～12GHz 频率范围内测试，乳液法合成的 PANI-DBSA 的反射率绝对值的最大值为 30dB，反射率绝对值大于 10dB 的频宽范围是 7.6GHz；反相微乳液法合成的 PANI-HCl 的反射率绝对值最大值为 28dB，反射率绝对值大于 10dB 的频宽范围是 10.2GHz。这说明乳液法合成的聚苯胺和反相微乳液法合成的聚苯胺都有良好的吸波性能。

刘学东等比较了 PANI-HCl、PANI-H$_2$SO$_4$ 和 PANI-[十二烷基苯磺酸钠(LAS)-HCl]三种聚苯胺的电磁参数和吸波性能。图 5-1 为 3 种掺杂态 PANI 的复介电常数实部 ε' 和虚部 ε'' 随频率的变化关系曲线。从图 5-1 中可以看出，PANI-(LAS-HCl)的复介电常数实部 ε'、虚部 ε'' 的值都明显大于 PANI-HCl 和 PANI-H$_2$SO$_4$，而 PANI-HCl、PANI-H$_2$SO$_4$ 复介电常数实部 ε'、虚部 ε'' 的值相差不大。这表明在微波电磁场作用下，PANI-(LAS-HCl)的电极化程度较高，表现为复介电常数实部值较大；材料偶极矩产生重排所引起的损耗增大，表现为复介电常数虚部 ε'' 值较大，并且远高于 PANI-HCl 和 PANI-H$_2$SO$_4$。HCl、H$_2$SO$_4$ 等质子酸在掺杂过程中，质子进入到高分子链上，高分子链上的正电荷均匀分布，这种分布形成的极化子相对较少，所产生的介电损耗也相对较小；而用 LAS 与 HCl 混合后掺杂的 PANI，高分子链上的正电荷分布不均匀，这种不均匀分布相当于形成众多的极化子，对介电损耗的贡献很大。

PANI-(LAS-HCl)和 PANI-H$_2$SO$_4$ 的复磁导率实部 μ' 的变化基本上呈现先增大，达到最大值后又减小，在大于 11.3GHz 频段后又出现增大的趋势；PANI-HCl 的复磁导率实部 μ' 呈现较多的波动。复磁导率虚部 μ'' 的变化为 PANI-(LAS-HCl) 和 PANI-H$_2$SO$_4$ 都是先增大后减小，PANI-HCl 仍呈现较多的波动。本征态 PANI、掺杂态 PANI 都为非磁性物质，其复磁导率实部 μ' 和虚部 μ'' 都较小。在 8.20～12.50GHz 频段外加电磁场作用下，3 种材料的磁化程度不高，可以通过复磁导率实部 μ' 值表现出来；另外对 3 种材料磁偶矩产生的重排

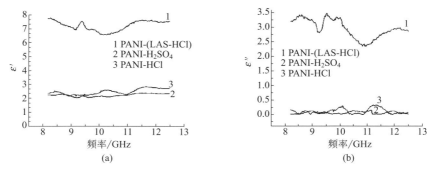

图 5-1　掺杂态 PANI 的复介电常数实部和虚部与频率的关系

引起的磁损耗也较低，从复磁导率虚部 μ'' 值也可以反映出来。总体来讲，3 种掺杂态 PANI 的磁化程度和在外磁场的作用下材料磁偶极矩产生重排引起损耗的程度均很小。

PANI-(LAS-HCl) 的介电损耗参数为 0.33～0.50，PANI-HCl 和 PANI-H_2SO_4 的介电损耗参数为 0.002～0.13；PANI-(LAS-HCl) 在 9.791～11.618GHz 频率范围内的磁损耗参数值大于 0.27，最大值为 0.928。一般来讲，对处于电磁场中的介质而言，其微波吸收功能主要体现在介质的介电常数和磁导率的虚部 ε'' 值和 μ'' 值上。从介电损耗角正切的形式 $\tan\delta = \tan\delta_\varepsilon + \tan\delta_\mu = \dfrac{\varepsilon''}{\varepsilon'} + \dfrac{\mu''}{\mu'}$ 来看，材料的 ε''、μ'' 越大，而 ε'、μ' 越小，则正切损耗越大，就越利于微波的吸收。而实际使用时，必须综合考虑 ε''、μ'' 和 ε'、μ' 这 4 个参量，如果 ε' 和 μ' 很小，则意味着材料的电极化和磁化程度不高，也不利于微波的吸收，因而不能片面追求 ε''、μ'' 增大而忽略整体吸波效果。

为反映材料的整体微波吸收性能，图 5-2 给出了 3 种掺杂形式的 PANI 随频率变化时对微波的吸波情况。在 8.20～12.50GHz 频段范围内，PANI-(LAS-HCl) 都大于 13.44dB 的吸收值，最大吸收值达 30.349dB，明显高于其他两种掺杂的 PANI。PANI-HCl 的吸收值出现了 3 个峰值，分别在 8.931GHz、9.984GHz、11.016GHz 处有 5.731dB、8.876dB、11.161dB 的吸收峰，PANI-H_2SO_4 在 10.372GHz、11.081GHz 处有 5.96dB、4.359dB 两个吸收峰。综合图 5-1 和图 5-2 可以发现，3 种掺杂形式的 PANI 的微波吸收性能受介电常数的影响较大。

5.2.2　酸用量对掺杂态聚苯胺电磁损耗及吸波性能的影响

为了讨论不同掺杂剂柠檬酸的用量对产物聚苯胺电磁损耗的影响，谷留安选取［柠檬酸］/［苯胺］＝0.5∶1、1∶1 和 2∶1 的三个样品（三个样品的电导率依

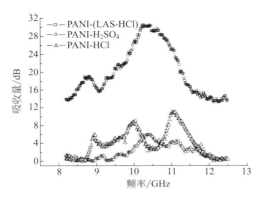

图 5-2　3 种掺杂形式的 PANI 微波吸收性能与频率的关系

次为：$0.034S/cm$、$0.102S/cm$ 和 $0.210S/cm$）进行了电磁参数测试。首先把柠檬酸掺杂的聚苯胺和固体石蜡等质量混合，压制成外径为 7mm、内径为 3mm、厚度为 2mm 的环状薄片。然后采用 HP-5783E 型矢量网络分析仪对样品的电磁参数进行测量，测量的频率范围为 $2\sim18GHz$。由于［柠檬酸］/［苯胺］＝0.5∶1 的聚苯胺样品的电导率为 $0.034S/cm$，不在 $0.1\sim1S/cm$ 的范围内，所以其介电损耗和磁损耗均为最小，吸波性能也最差。［柠檬酸］/［苯胺］＝2∶1 的聚苯胺样品的电导率为 $0.210S/cm$，比 1∶1 的电导率（$0.102S/cm$）大，所以前者的介电损耗和磁损耗均要大于后者，吸波性能也比后者好。

　　三个样品的电磁参数结果如图 5-3 和图 5-4 所示。由图 5-3 可见，随着［柠檬酸］/［苯胺］比例的增大，产物聚苯胺介电常数的实部 ε' 和虚部 ε'' 在 $2\sim18GHz$ 整个频段范围内都有明显增大，这是由于随着柠檬酸用量的增大，样品聚苯胺的掺杂度增大，有更多的柠檬酸根作为反离子"悬挂"在聚苯胺分子链上，增大了聚苯胺分子之间的距离，降低了分子之间的作用力，有利于分子链上电荷的离域化。另外，聚苯胺经过质子酸掺杂后，苯环和醌环结构变成了新的结构，某些氮原子被质子化，由质子携带的正电荷被离域到邻近的芳环上，发生了从苯环至醌环的电子云转移，出现新的苯式结构和醌式结构，氮原子所带的正电荷通过共轭效应使得每个苯环的化学环境乃至电荷分布均等同，形成一个大共轭体系，从而有利于电荷在整个聚合物共轭主链上的转移，使其介电常数有较大提高。此外，随着柠檬酸用量的增大，样品聚苯胺磁导率的实部有所下降，而磁导率的虚部表现出缓慢增加的趋势，如图 5-4 所示。

　　图 5-5 为聚苯胺的介电损耗因子和磁损耗因子在 $2\sim18GHz$ 范围内随频率变化的关系曲线。从图中可知，介电常数随着频率的降低而增加，这表明了掺杂态聚苯胺在低频区具有较强的界面极化作用，因此在低频区介电常数有很强的频散效应，是掺杂态聚苯胺这种带电载体体系的特征。当柠檬酸用量增加时，聚苯胺的质子化

程度增强，因而有利于分子链上电荷的离域，因此增大了在电场作用下的偶极子的取向极化和界面极化，从而使其介电常数增大，这与样品电导率的变化规律一致。而样品的磁损耗很小，随频率变化也不大，这与导电高分子对电磁波的吸收机制主要体现在介电损耗而非磁损耗的事实一致。虽然柠檬酸不同用量下制备的导电聚苯胺的磁损耗很小，但是仍能看出，[柠檬酸]/[苯胺]=10：1的聚苯胺磁损耗与另外两个样品相比仍为最大，这与样品电导率的变化也是一致的。

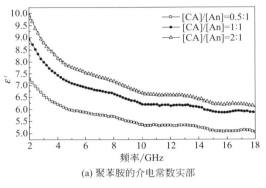

(a) 聚苯胺的介电常数实部

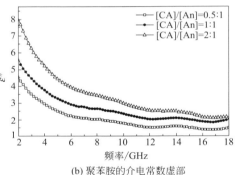

(b) 聚苯胺的介电常数虚部

图 5-3　聚苯胺在 2~ 18GHz 的介电常数曲线

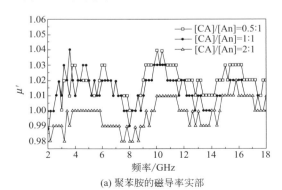

(a) 聚苯胺的磁导率实部

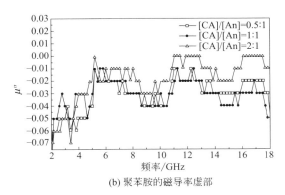

(b) 聚苯胺的磁导率虚部

图 5-4　聚苯胺在 2~18GHz 的磁导率曲线

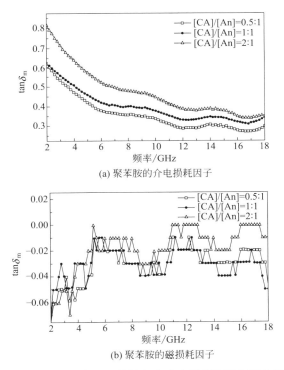

(a) 聚苯胺的介电损耗因子

(b) 聚苯胺的磁损耗因子

图 5-5　聚苯胺在 2~18GHz 的介电损耗和磁损耗曲线

　　根据柠檬酸掺杂导电聚苯胺的复介电常数和复磁导率常数等电磁参数测试结果，运用金属基底吸波材料吸收率计算软件对[柠檬酸]/[苯胺]{[CA]/[An]}＝0.5∶1、1∶1 和 2∶1 的三个样品进行了吸波性能模拟，可以得到电磁波在进入吸波材料时随频率衰减的关系曲线，横坐标为频率 f，范围是 2~18GHz，纵坐标为电磁波的衰减大小 R，单位是分贝（dB），其中，步长选择为 0.2GHz，样品厚度为 2mm。

图 5-6 为柠檬酸不同用量时，聚苯胺的吸波性能在 2～18GHz 范围内随频率变化的关系曲线。可见，在 2～18GHz 的范围内，各样品都具有微波吸收性能，而且呈现出明显的规律性。三个样品分别在 17.8GHz、16.2GHz 和 15.6GHz 处存在最大吸收损耗，分别为 9.5dB、11.7dB 和 16.3dB，［柠檬酸］/［苯胺］＝1∶1和 2∶1 的两个聚苯胺样品在 2～18GHz 范围内吸收率大于 10dB 的频率范围分别是 14.8～18GHz 和 13.5～18GHz，频宽分别为 3.2GHz 和 4.5GHz。与样品的介电常数随频率减小逐渐增大的趋势有所不同的是，样品的吸波性能随频率的变化没有单纯增大或单纯变小的趋势，而是存在极大值。

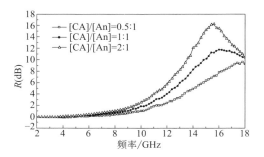

图 5-6　柠檬酸不同用量时聚苯胺在 2~ 18GHz 的吸波性能曲线

电磁参数测试结果和吸波性能模拟结果都证实了上述导电聚苯胺的电导率与其微波吸收特性之间的关系。由于前期实验表明，增加柠檬酸的用量可以增大产物聚苯胺的电导率，根据这一结论，将柠檬酸的用量从 2∶1 大幅度提高到10∶1，测得其电导率为 0.262S/cm。并对其吸波性能进行模拟，结果如图 5-7 所示。

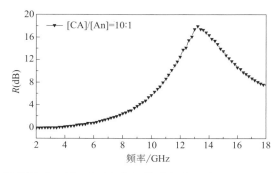

图 5-7　［CA]/[An]＝ 10∶1 时产物聚苯胺在 2~ 18GHz 的吸波性能曲线

从图 5-7 中可见，［CA]/[An]＝10∶1 时，产物聚苯胺在 13.1GHz 处对电磁波有最大吸收为 18.1dB，吸收大于 10dB 的频率范围是 11.2～16.3GHz。与前述［CA]/[An]＝0.5∶1、1∶1 和 2∶1 的三个样品相比，最大吸收的数值最大，吸收大于 10dB 的频宽最宽，并且最大吸收的位置最接近低频区，这有利于强吸收低频吸波材料的制备。

5.2.3 聚苯胺微观形态对电磁参数及吸波性能的影响

吸波剂微观形态对吸波材料性能的影响逐步成为人们的研究内容。葛福鼎等从理论上论证了磁性吸波剂颗粒形状对材料吸波性能的影响，研究表明磁性吸波剂微观形态为片状或针形时，材料的吸波性能优于具有球形结构的吸波剂。邹勇等发现含有纤维状 PANI-DBSA 的复合材料较早发生电导率突变，且其吸波性能优于球状 PANI-HCl 复合材料。

5.2.3.1 管状聚苯胺的电磁参数和吸波性能

聚苯胺微管具有新颖的中空结构，使其具有独特的电磁特性，有望成为一种新型的微波吸收剂。聚苯胺微/纳米管不仅具有一般导电高分子对电磁波的介电损耗，而且具有磁损耗，其中的原因归结于独特的中空管结构。对于微/纳米管结构，除电磁场自极化外还会出现电磁场交叉极化，即电场与磁场能同时引起材料电极化和磁极化。交叉极化产生电磁耦合，从而使聚苯胺微/纳米管具有独特的电磁波吸收机制，且对微波吸收能力也相对增强。由于二次作用机制，聚苯胺微/纳米管材料介电损耗也显著提高。

万梅香等以萘磺酸（NSA）为掺杂剂、D-葡萄糖（D-glucose）为共掺杂剂采用一种非模板法-原位掺杂聚合法制备出直径为 $1\sim3\mu m$ 的管状聚苯胺（图 5-8），萘磺酸在制备微管结构中起到了很重要的作用，聚苯胺微管的电导率为 $3.5\sim2.6S/cm$。传统方法制备的盐酸掺杂聚苯胺在 $8\sim12GHz$ 微波频率范围内仅表现出电损耗，但是非模板法制备的微管状聚苯胺在 $1\sim18GHz$ 频率范围内不但有电损耗还有异常的高磁损耗（图 5-9）。

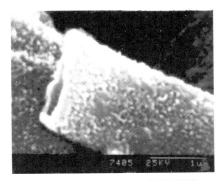

(a) 无模板法合成的萘磺酸掺杂聚苯胺　　(b) 萘磺酸掺杂聚苯胺/D-葡萄糖微管

图 5-8　管状聚苯胺的 SEM 图像

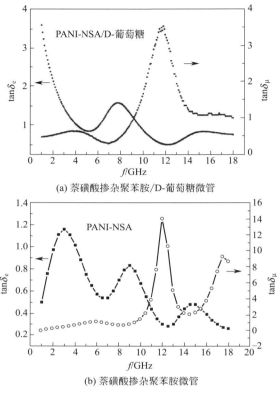

(a) 萘磺酸掺杂聚苯胺/D-葡萄糖微管

(b) 萘磺酸掺杂聚苯胺微管

图 5-9　管状聚苯胺的电磁损耗对微波频率的依赖性

　　为了明确 1～18GHz 频率范围内电磁损耗的来源，他们比较了管状和球状萘磺酸掺杂聚苯胺，发现管状萘磺酸掺杂聚苯胺有高的磁损耗，而球状的没有（图 5-10）。为了进一步证明上述结果，他们还测试了掺杂剂萘磺酸、萘磺酸和苯胺形成的盐、萘磺酸掺杂聚苯胺微管的电磁损耗，结果发现，除了萘磺酸掺杂聚苯胺微管之外，掺杂剂萘磺酸和萘磺酸-苯胺盐都没有磁损耗。因此可以理所当然地相信磁损耗是微管的内在特性。这可能源于聚苯胺管状微管结构导致的作为极化子电荷载体的偏序表现出顺磁性能。

　　姚寅芳在相同的盐酸浓度（0.1mol/L）下，以 2-蒽-9-基亚甲基-丙二腈（AYM）为模板分别制备球状颗粒聚苯胺和管状聚苯胺，并将上述产物溶解于 1mol/L 盐酸溶液中进行二次掺杂。当反应体系盐酸浓度为 0.1mol/L 时，所制备的管状和球状颗粒聚苯胺电导率均为 10^{-2} S/cm 左右，将两种形态的聚苯胺进行二次掺杂，使其电导率上升至 1S/cm 左右，有利于材料的微波吸收性能。从图 5-11 中可以看出，以 AYM 为模板制备出的管状聚苯胺直径约为 $2\mu m$，且表面光滑，球状颗粒聚苯胺的平均粒径则在 $1～2\mu m$ 范围。

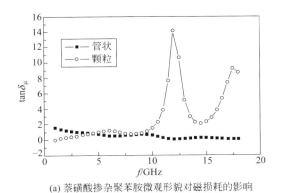

(a) 萘磺酸掺杂聚苯胺微观形貌对磁损耗的影响

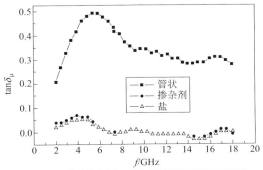

(b) 萘磺酸掺杂剂、苯胺/萘磺酸盐和萘磺酸掺杂
聚苯胺的磁损耗对微波频率的依赖性

图 5-10　1~18GHz 频率范围内掺杂聚苯胺对磁损耗和微波频率的影响

(a) 管状　　　　　　　　　　　(b) 球状颗粒

图 5-11　管状聚苯胺和球状颗粒聚苯胺的 SEM 图

　　当反应体系中 HCl 浓度为 0.1mol/L，反应时间为 12h 时可获得长度为几十微米，直径为 1~2μm 左右的管状聚苯胺。管状聚苯胺热稳定性能稍优于球状颗

粒聚苯胺，而且管状聚苯胺的电导率随着盐酸浓度的增加而增大，当 HCl 浓度为 0.1mol/L，聚苯胺的电导率达 10^{-2}S/cm。将所制备的管状聚苯胺与球状颗粒聚苯胺以 4%～20% 的比例与环氧树脂混合，制成标准样片，测试其在 8～13GHz 频率范围内的复介电常数及吸波性能。以两种形态聚苯胺为吸波剂的复合材料表现出相似的规律，即在一定厚度（3mm）下，复合材料的介电常数实部和虚部及吸波性能均随着吸波剂含量的增加而增大，且当吸波剂聚苯胺为管状时，材料的电磁参数均值及吸波性能均优于球状颗粒的聚苯胺复合材料。

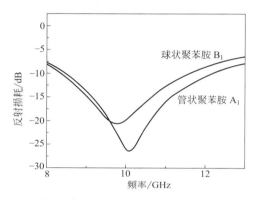

图 5-12　不同形态聚苯胺在含量为 20% 时的反射损耗　($d=3$mm)

如图 5-12 所示管状聚苯胺质量分数为 20% 时，复合材料在频率为 10.07GHz 处的最小反射损耗可达 -26.5dB，-10dB 以下的频宽为 8.5～12.4GHz，而以球形颗粒聚苯胺为吸波剂的复合材料 9.8GHz 处的最小反射损耗为 -20.7dB，-10dB 频宽为 8.4～11.6GHz，通过对聚苯胺吸波机理的初步探讨，计算后发现材料的吸收截面比散射截面大十几个数量级，而且管状聚苯胺的吸收截面比球形颗粒聚苯胺的大。

5.2.3.2　手性聚苯胺的电磁参数及吸波性能

从 1987 年美国宾州大学研究员首次提出"手性具有用于宽频带吸波材料的可能性"之后，人们开始致力于手性吸波材料的研究，目前研究最多的手征媒质吸波材料是指在普通介质中埋入随机取向分布的手性微体如螺线圈等而获得的具有手性的复合材料，因为微小螺旋线圈在电磁场作用下，不仅产生电极化还产生磁极化，具有磁损耗性能，使得手征媒质材料具有良好的吸波效果。具有螺旋构型的手性聚苯胺有可能提高磁损耗性能，有望制备出轻质宽频的吸波材料。由于手性吸波剂介电常数的实部和虚部容易改变从而可拓宽吸收频率，而且具有手性螺旋结构的材料在电磁波入射时引起磁化感应等，可增强其磁导率。

黄艳等用过硫酸铵作引发剂，盐酸掺杂获得盐酸掺杂态聚苯胺（PANI-HCl）；通过氨水脱掺杂后得到本征态聚苯胺（EB），EB 通过手性 CSA 诱导，由于氢键和静电力的作用，聚苯胺主链发生重排，优先向一个方向螺旋卷曲，形成单手征性螺旋构型，得到手性聚苯胺。对手性聚苯胺进行导电性能、磁学性能和电磁学性能等方面的研究分析发现：当 CSA 与 EB 的物质的量比达到 3 时呈最大掺杂水平，其手性程度最强，电导率也达到最大值（0.58S/cm）。手性聚苯胺具有较好的电磁损耗特性，在 2～12GHz 频段主要为介电损耗，12～18GHz 频段主要为磁损耗。手性螺旋构型是聚苯胺磁损耗的主要原因。手性聚苯胺表现出较非手性聚苯胺优越的吸波性能，厚度为 2mm 的平板吸波有效频宽（＞－5dB）达 7GHz，最大电磁波衰减为－10.8dB。

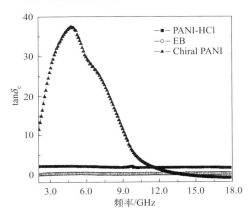

图 5-13 手性聚苯胺、盐酸掺杂态聚苯胺和本征态聚苯胺的介电损耗

图 5-13 为手性聚苯胺、盐酸掺杂态聚苯胺和本征态聚苯胺的介电损耗，可以看到，PANI-HCl 在 2.0～18.0GHz 频率内表现出良好的介电损耗，EB 未表现出介电损耗。PANI-HCl 的电导率大约在 10^2S/cm，而 EB 几乎属于绝缘材料。手性聚苯胺电导率约为 10^{-1}S/cm，较 PANI-HCl 低，但是在 2.0～10.0GHz 频率范围内，手性聚苯胺的介电损耗远远大于 PANI-HCl 和 EB。聚苯胺本身属于介电损耗型吸波材料，有较高的电导率，手性聚苯胺的电导率比 PANI-HCl 低，但在低频段却有较高的介电损耗，认为是手性聚苯胺的螺旋构型增加了聚苯胺在低频段的介电损耗。

图 5-14 为手性聚苯胺、盐酸掺杂态聚苯胺和本征态聚苯胺的磁损耗。从图中可以看出，PANI-HCl 和 EB 均未表现出磁损耗，只有手性聚苯胺在 10.0GHz～18.0GHz 频率范围内表现出磁损耗，随着频率的增加，磁损耗角正切增加，最大磁损耗角正切可达 2.45。由此认为，手性聚苯胺的螺旋构型大大增加了聚苯胺在高频段的磁损耗性能，可改善以介电损耗为主要机制的聚苯胺吸波性能，尤其是宽频特性。

图 5-15 为不同 D-CSA 掺杂量对手性聚苯胺介电损耗角正切的影响，手性聚

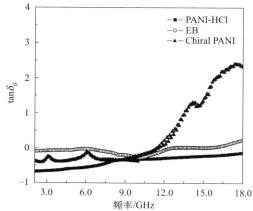

图 5-14 手性聚苯胺、盐酸掺杂态聚苯胺和本征态聚苯胺的磁损耗

苯胺的介电损耗角正切在 2.0～18.0GHz 随频率的增加呈先增加后减少的趋势，在 4.5GHz 左右达到最大值。在 12.0GHz 以后几乎不表现出介电损耗。随着掺杂程度的不同，手性聚苯胺表现的介电损耗也不同，当 D-CSA/EB＝3.0 时，介电损耗角正切最大。因为 CSA⁻ 的作用产生诱导效应，同时由于掺杂的作用产生共轭效应以及螺旋构型的作用，使得手性聚苯胺具有优良的介电损耗性能。L-CSA 掺杂聚苯胺所表现的介电损耗规律与 D-CSA 掺杂聚苯胺相同，说明不同方向的螺旋构型对聚苯胺介电损耗没有明显的影响，聚苯胺介电损耗角正切只与手性程度有关，圆二色性较大，手性聚苯胺在低频段电磁损耗较大。

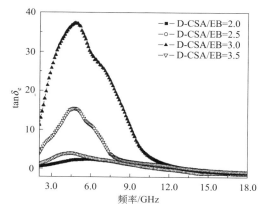

图 5-15 不同 D-CSA 掺杂量对手性聚苯胺介电损耗角正切的影响

图 5-16 为不同 D-CSA 掺杂量对手性聚苯胺磁损耗角正切的影响，手性聚苯胺的磁损耗角正切 $\tan\delta_\mu$，在 2.0～12.0GHz 低频段几乎为负值，没有表现出磁损耗，但在 10.0GHz 以后随频率的增加磁损耗角正切逐渐增加，在 12.0～

18.0GHz 表现出良好的磁损耗,在 16.5GHz 表现出最大磁损耗角正切为 4.5。由于之前报道的聚苯胺主要为介电损耗,因此认为手性聚苯胺的高磁损耗来源于聚苯胺的螺旋构型。随着 D-CSA 用量的不同,聚苯胺的掺杂程度也不同,表现出的手性强弱程度也不同。

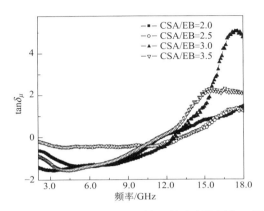

图 5-16 不同 D-CSA 掺杂量对手性聚苯胺磁损耗角正切的影响

聚苯胺手征性的高低对其电磁损耗有着一定的影响,进而对其吸波性能也有影响,图 5-17 讨论了掺杂程度不同时 2.0mm 厚的手性聚苯胺平板的吸波性能。当 CSA/EB＝3.0 时聚苯胺所表现出的手征性最强,从图 5-17 可以看出,当手征性强时手性聚苯胺的吸波反射率较大,在 10.0GHz 左右最大衰减可达－10.8dB,而手性较弱的 PANI-CSA$_2$ 最大衰减为－9.5dB。但优于－5dB 的反射率衰减频宽均为 7GHz 左右。由此得出,手性对聚苯胺吸波性能最大衰减反射率有显著影响,而对衰减频宽的影响不明显。

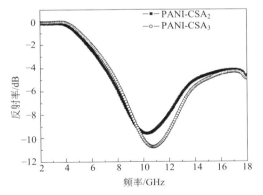

图 5-17 不同手性程度的聚苯胺平板反射率

(样品厚度为 2.0mm)

朱俊廷等研究了非手性聚苯胺(PANI-HCl 和 EB)和手性聚苯胺的平板吸

波反射率。图 5-18 为涂层厚度为 1.5mm 时 PANI-HCl、EB 和手性聚苯胺的吸波反射率。从图 5-18 中可以明显看到，没有电磁损耗的本征态聚苯胺绝缘体不具有吸波性能。盐酸掺杂态聚苯胺表现出较好的吸波性能，在 11.0GHz 处表现出最大衰减为 −10.0dB，优于 −5dB 的反射率衰减频率为 8.0～15.0GHz。盐酸掺杂态聚苯胺与手性聚苯胺相比，手性聚苯胺在 11.0GHz 后的吸波衰减率大于 70%，在 13.6GHz 处表现出最大衰减为 −12.8dB。PANI-HCl 中间频率段的吸波性能较手性聚苯胺好，主要原因是其电导率高于 PANI-HCl；手性聚苯胺在高频段吸波效果更好是由于它在高频段具有磁损耗。综上所述，手性聚苯胺有利于制备频率选择性和针对性的吸波材料。手性聚苯胺拓展了聚苯胺一定的吸波频率宽度，其性能与前面分析的电磁损耗结果相符，有望成为良好的轻质、宽频吸收的吸波材料。

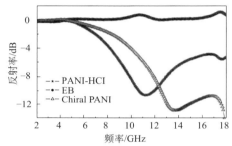

图 5-18 手性聚苯胺和非手性聚苯胺的吸波反射率

图 5-19 为 CSA/EB=3.0 时不同厚度的手性聚苯胺平板材料的吸波反射率曲线。从图 5-19 中可以看出，当涂层厚度为 1.5mm 时，手性聚苯胺在 13.6GHz 处的最大衰减为 −12.8dB，优于 −5dB 的反射率衰减的频段从 11.0GHz 开始，即在高频段。当涂层厚度增加到 2.0mm 时，手性聚苯胺在 10.5GHz 处的最大衰减为 −10.8dB，优于 −5dB 的反射率衰减的频段为 7.7～15GHz，其频宽约为 7GHz。当涂层厚度增加到 2.5mm 时，手性聚苯胺在 8.0GHz 处的最大衰减为 −9.0dB，优于 −5dB 的反射率衰减的频段为 5.0～11.0GHz，其频宽约为 6GHz。当涂层厚度增加到 3.0mm 时，手性聚苯胺在 5GHz 处表现出的最大衰减为 −8.0dB，优于 −5dB 的反射率衰减的频段为 4.0～7.0GHz，其频宽约为 3GHz。由此可以得出，随着吸波涂层厚度的增加，吸波曲线逐渐向低频方向移动，最大衰减反射率随厚度的增加呈逐渐减小的趋势，优于 −5dB 的反射率衰减频宽逐渐减小。

5.2.4　聚苯胺用量对聚苯胺/石蜡复合材料吸波性能的影响

在 9.2GHz 频率下，对聚苯胺/石蜡复合材料所有样品进行了微波吸收测量，

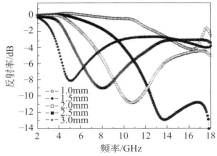

图 5-19　不同厚度手性聚苯胺平板材料的吸波反射率

所得结果如图 5-20 所示。图中反射系数随 PANI 的质量分数增加而减小，70%时吸收最大。就整体曲线而言，PANI-DBSA 和 PANI-HCl 复合样品的微波吸收情况相似，但 PANI-DBSA 复合样品在 7 种质量分数下吸收均强于 PANI-HCl 复合样品。复合材料的微波吸收主要由分散的聚苯胺承担，聚苯胺像孤岛般镶嵌在非导电介质中，整个复合材料是利用电的极化来损耗电磁波能量的，"导电孤岛"是引起界面极化的主要原因。这种极化宏观上表现为相对介电常数 ε 的不同，最终影响到材料电磁参数的匹配，决定材料的电磁波吸收能力。所制样品的吸波能力是随聚苯胺含量变化的，聚苯胺含量越高，"导电孤岛"数量就越多，界面极化增强，吸收能力逐渐提高。但是，吸收能力并不是线性地随导电高分子质量分数增加而增强的。比较图 5-20 和图 5-21 可以得出下列结论：在 $w(\mathrm{PANI}) <$ 20% 之前，吸收明显增加，是吸收剂从无到有的结果；20% 之后到电导率急速增大之前，由于电导率无明显变化，电损耗也无多大变化；然而，随着 $w(\mathrm{PANI})$ 的进一步增大，"导电孤岛"的数量和微观形状及"孤岛"的大小发生改变，界面极化率增加明显，宏观表现出材料的介电常数改变、材料电磁参数匹配的改善以及微波电损耗能力增加。由于 PANI-DBSA 复合样品的电导率提高较容易，因此复合样品在较少的聚苯胺的情况下，得到了较好的微波吸收性能。

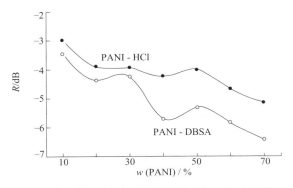

图 5-20　反射系数随 PANI 质量分数变化的曲线

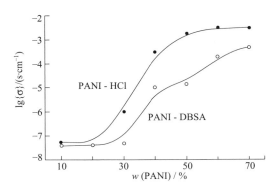

图 5-21　电导率随 PANI 质量分数变化的曲线

5.3　聚苯胺/无机复合吸波材料

一般来说，电磁吸收的特性关键取决于材料的介电和磁性能（分别表示为复介电常数和复合渗透率）。掺杂态聚苯胺的微波吸收特性主要归因于介电常数，因为聚苯胺是非磁性的（$\mu'_r = 1$ 和 $\mu''_r = 0$）。聚苯胺作为电磁吸波材料所面临的问题是如何使聚苯胺及其复合材料发挥最大的吸波能力。一方面，提高聚苯胺及其复合材料的微波电损耗，另一方面，结合磁损耗来达到较好的微波吸收。理论而言，希望得到兼具高相对介电常数和高相对磁导率的理想复合材料，然而这种理想材料在现实生活中几乎不存在。为满足要求，其一是将聚苯胺与无机磁性材料采用物理共混或化学氧化的方式以适当比例复合，减少部分电损耗，增加磁损耗，以达到更好的微波吸收效果；其二是制备具有更好性能的介电损耗复合材料。

5.3.1　聚苯胺/无机磁性复合吸波材料

为了使吸波体的反射系数尽可能低且电磁波被高效地吸收，吸波材料必须具有适当数值的电磁参数匹配。将导电高分子与无机磁损耗材料复合，以牺牲部分电损耗为代价，提高磁导率，进而使电磁参数趋近最佳匹配，对提高聚苯胺/无机磁性复合材料的微波吸收率、展宽频带和使厚度变薄有明显效果。聚苯胺与磁性物质的复合有两种方式：苯胺原位聚合并包覆磁性材料和磁性材料外掺杂聚苯胺。

5.3.1.1　聚苯胺化学原位包覆磁性材料

磁性微粒/聚苯胺复合材料的制备较多采用液相方法，聚苯胺原位聚合包覆磁性材料是最常用的一种。其原理是将无机磁性物质分散于苯胺聚合反应介质中，苯胺低聚物首先吸附在无机磁性物质表面，引发苯胺原位聚合并吸附于磁性物质表面，形成聚苯胺包覆无机磁性物质的初级粒子，随后聚苯胺分子链以此为中心生长，形成外层导电高分子包覆内层磁性物质的导电导磁复合材料，图 5-22 为其结构示意图。Kazantseva 等分析了磁性物质与导电高分子之间的相互作用：掺杂聚苯胺链中每两个苯胺结构单元上带有一个正离子，即包含有孤对电子，使聚苯胺与被包覆的磁性物质之间存在电荷传输，影响其表面苯胺的聚合，因而会改变聚苯胺的结构和性能。而 PANI 会改变磁性粒子表面的电子密度，影响体系的磁性弛豫作用。聚苯胺包覆磁性物质在微波场中会改变两者接触面的界面状况，一方面，表面吸附的聚苯胺提高了磁性物质的表面电导率；同时，磁性物质分布引起的局部消磁作用会增加复合材料的总体磁各向异性，在交变电磁场作用下，使体系具有微波共振吸收特性。另外，聚苯胺包覆磁性物质后对磁性颗粒缺陷如裂缝和粗糙表面起到一定的修复作用，并使其表面光滑。

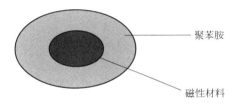

聚苯胺

磁性材料

图 5-22　聚苯胺包覆磁性物质复合材料结构

磁性纳米粒子/导电高分子的复合材料在粒子表面引入附加的界面和更多的极化电荷，所以使微波响应行为更复杂。铁氧体表面导电高分子层的存在改变了在铁氧体颗粒和聚合物之间的界面处微波场的边界条件，因此影响共振频率。Wang 等通过原位聚合已合成了不同的 γ-Fe$_2$O$_3$ 含量的质子化 PANI（ES）/γ-Fe$_2$O$_3$ 纳米复合材料。γ-Fe$_2$O$_3$ 含量显著影响 ES/γ-Fe$_2$O$_3$ 纳米复合材料的电导率，当掺入 10%（质量分数）的 γ-Fe$_2$O$_3$ 时，PANI/γ-Fe$_2$O$_3$ 纳米复合材料的电导率从 9.8S/m 急剧减少到 0.3S/m。当 γ-Fe$_2$O$_3$ 的含量增加到 20% 和 30%（质量分数）时，纳米复合材料的电导率分别降至 0.01S/m 和 0.007S/m。用矢量网络分析仪在频率为 7～18GHz 范围内研究了纳米复合粉末分散在蜡质涂层（2mm 涂层厚度）的微波吸收特性。纯聚苯胺在大约 16GHz 和吸收频带宽度（吸收大于 8dB）为 3.24GHz 时显示出最大的吸收。当掺入 10% 的 γ-Fe$_2$O$_3$，宽度扩大到频率范围为 12.8～17GHz 的 4.13GHz 和一些其他出现在 7～13GHz 的范围内的吸收带（图 5-23）。随着 γ-Fe$_2$O$_3$ 含量的增加（分别为 10%、20% 和 30%），7～18GHz 范围内的介电损耗 tanδ_ε 会降低，而磁损耗 tanδ_μ 会增大。适量的 γ-Fe$_2$O$_3$ 纳米粒子嵌入质子化聚苯胺基质中由于同时调节介电损耗和磁损耗，可以增强微波吸收特性。

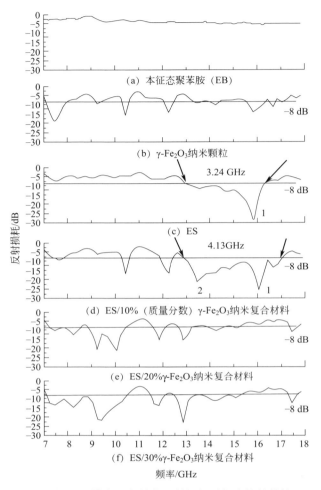

图 5-23　石蜡涂层中粉末反射损耗对频率的依赖性

Kryszewski 等和邓建国等都采用溶液共混法合成出了以 Fe_3O_4 为核、导电聚苯胺为壳的核壳结构 PANI/Fe_3O_4 纳米复合材料，该复合材料同时具有导电性和磁性能，有望在电磁波吸收和电磁屏蔽方面得到实际的应用。对于通过乳液聚合制备的 PANI-DBSA/Fe_3O_4，Fe_3O_4 决定了复合材料的电性能和铁磁性能，在很宽的频率范围内可以改善复合材料的磁损耗和介电损耗，所以由 3cm 波导测试发现 μ'' 和 ε'' 分别增大到 0.72 和 9.62。王海花等使用 γ-氨丙基三乙氧基硅烷（KH550）改性 Fe_3O_4 粒子，以 HCl 为掺杂剂，在甲苯溶剂中用 APS 引发苯胺聚合，合成了 PANI/KH550-Fe_3O_4 复合材料。当掺杂的 HCl 浓度为 0.1mol/L，在 10160Hz 时，涂层厚度约为 1mm，复合材料最大吸收值高达 40.682dB。

李涛等以甲苯为软模板，SDBS 和 HCl 分别为表面活性剂和掺杂剂，用

APS 引发原位聚合，制备了掺杂态 PANI/Fe$_3$O$_4$ 纳米空心球。该复合材料电导率和饱和磁化强度分别为 2.75×10^{-2} S/cm 和 54.26A·m^2/kg，且其在 12.64GHz 处厚度为 2mm 时，最小反射率为 -43.3dB，与未经掺杂的 PANI/Fe$_3$O$_4$ 相比，其吸波性能有较大提升。Sun 等首先通过简便的氧化还原法制备了 Fe$_3$O$_4$ 纳米粒子，然后在 DBSA 存在下原位聚合得到 PANI/Fe$_3$O$_4$ 纳米粒子，即具有 Fe$_3$O$_4$ 核心和聚苯胺壳层的不规则球体，其平均粒径为 72.4nm。在 16.7GHz 处观察到其最佳反射损耗为 35.1dB，厚度为 1.7mm。其优异的电磁性能归因于其特殊核壳微结构的介电共振以及 Fe$_3$O$_4$ 纳米颗粒的自然共振。

Kazantseva 等在含有 Mn-Zn 铁氧体悬浮颗粒的水性介质中合成聚苯胺，结果表明粒径为 60μm 的铁氧体比粒径为 30μm 的铁氧体所得的聚苯胺复合材料具有更高的磁导率和吸波性能，并且表层的聚苯胺改变了 Mn-Zn 铁氧体磁导率的频散性，界面相互作用使共振频率从 MHz 移至接近 GHz。牛志成等通过调节聚苯胺/Mn-Zn 铁氧体复合材料中两组分的质量比，来调节微波电磁参数 ε'、ε''、μ'、μ''，使它们之间达到更好的匹配，结果表明，Mn-Zn 铁氧体的质量分数为 20% 时，其平均衰减为 14.676dB，最大衰减为 40.260dB，衰减大于 10dB 的频宽可达 3.6GHz，是一种性能优良的微波吸收材料。王国强等利用"包埋法"通过液相掺杂法合成了聚苯胺/Mn-Zn 铁氧体的复合材料，并制备了质量分数为 50% 的环氧树脂吸波涂层，其吸收峰值为 -34dB，优于 -10dB 的频宽达 11GHz。

Xu 等不借助任何表面活性剂、有机掺杂剂或模板，通过简单、传统且廉价的一步式原位聚合方法，成功合成了具有新型珊瑚状结构的 PANI/BaFe$_{12}$O$_{19}$ 纳米复合材料。BaFe$_{12}$O$_{19}$ 纳米颗粒涂覆聚苯胺后在 2～18GHz 范围内的反射损耗大大增强，最大反射损耗对应的频率随着 BaFe$_{12}$O$_{19}$ 含量的升高而升高，主要是因为具有较高的各向异性场从而使其变为更高的值。Ting 等通过往原位聚合的 PANI/BaFe$_{12}$O$_{19}$ 中添加不同含量的 PANI 可以获得更宽的吸收频率范围。PANI 质量分数为 50% 的粉末在 7.6GHz 具有反射损耗为 -12dB 的明显吸收带。复合材料反射损耗最大的强度和频率显然还取决于聚苯胺的含量。

当用原位聚合法制备聚苯胺包覆 M 型六角形钡铁氧体（M-Ba-铁氧体）复合粉末时，在钡铁氧体颗粒的表面形成薄的聚苯胺层改变了微波吸收频率分散特性。样品在较高频率下都显示出最大反射损耗。当聚苯胺的体积分数为 15% 时，微波反射损耗具有较小值可能是由于当聚苯胺的体积分数超过临界值时渗透率降低的缘故。

Ma 等通过原位聚合法制备了 PANI/Co$_{0.5}$Zn$_{0.5}$Fe$_2$O$_4$ 纳米复合材料，使用雷达截面（RCS）方法根据国家标准 GJB 2038—1994 在不同的微波频率即 X 波段（8.2～12.4GHz）、U 波段（12.4～18GHz）和 K 波段（18～26.5GHz）测量了反射损耗。结果表明 PANI/$Co_{0.5}Zn_{0.5}Fe_2O_4$ 纳米复合材料的反射损耗高于 PANI。图 5-24 表明 PANI/$Co_{0.5}Zn_{0.5}Fe_2O_4$ 纳米复合材料的最大反射损耗约为 22.4GHz 的－39.9dB，带宽为 5GHz（峰值反应一半的全频宽度）。

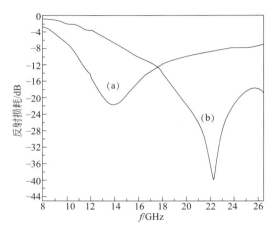

图 5-24　（a）　PANI 和（b）　PANI/$Co_{0.5}Zn_{0.5}Fe_2O_4$ 纳米复合材料的反射曲线

Yuan 等用化学氧化聚合法合成了 PANI/锶铁氧体（$SrFe_{12}O_{19}$）复合材料，当温度从 0℃ 上升到 50℃ 时其电导率随着 PANI 含量的增加而增大，约增大 13%。核壳结构的 PANI/$SrFe_{12}O_{19}$ 和热塑性树脂（TPR）复合试样具有宽频微波吸收，因为使用高频网络分析仪观察到在 10.5GHz 和 11.8GHz 频率之间的反射损耗在－27.3 到－37.4dB 之间。

5.3.1.2　磁性物质再掺杂聚苯胺

利用溶液或干粉共混法使磁性物质再掺杂聚苯胺，一方面聚苯胺上孤对电子与具有空轨道的磁性金属离子如 Fe^{3+} 配位，形成高分子络合物；另一方面磁性物质以物理共混方式掺其中。这两方面都有利于掺杂聚苯胺的导电性以及与磁性物质磁性能的结合。国内外研究者对磁性物质掺杂聚苯胺做了大量研究工作。包蕾等用高能球磨法制备了 PANI/Fe_3O_4 纳米复合材料，随着球磨时间的延长，Fe_3O_4 的粒径迅速减小到纳米级，Fe_3O_4 表面与聚苯胺作用生成了某种顺磁性物质，同时有少量的 α-Fe_2O_3 生成，复合物的电磁性能也明显发生了改变，球磨 210h 后室温下的饱和磁化强度由 41.4Am^2/kg 下降为 10.9Am^2/kg，矫顽力由 25472A/m 变为 74505.6A/m。Xue 等将纤维状 PANI-DBSA 和颗粒状 PANI-HCl/Fe_3O_4 机械混合制备了 PANI/Fe_3O_4 纳米复合材料，表明随 PANI-HCl/Fe_3O_4 含量增大，复合材料电导率呈线性降低，饱和磁化强度增大，矫顽力基本不变。

杨青林等在材料设计二元协同理论的指导下，提出了"修饰-再掺杂法"，即先采用微乳液法合成由导电聚苯胺（PANI-DBSA）的氯仿溶液修饰原位生成了 Fe_3O_4 纳米颗粒的复合物，然后在该复合物存在下使苯胺聚合，磁性导致导电聚苯胺的连续性不好，因此聚苯胺/纳米 Fe_3O_4 复合材料的电导率低于 PANI-DBSA，而磁性能有所增加，同时具有微波电损耗和磁损耗性能。万梅香等在不同 pH 值下将 Fe_3O_4 的水溶液与 PANI 的甲基吡咯烷酮溶液进行混合，制备了具有半导体性和导磁性的 $PANI/Fe_3O_4$ 复合物，该复合物具有一定的微波吸收性能。他们还将高导电性（$\sigma \approx 3.4S/cm$）聚苯胺与氨基苯磺酸共聚物溶解于碱性溶液中，以 $FeCl_2$ 作为掺杂剂，制备 $PANI/\gamma\text{-}Fe_2O_3$ 的电磁复合材料，分析表明，复合物的磁性能依赖于反应液的 pH 值，当 pH 值升高时，其饱和磁化强度 M_s 最大达 33.2emu/g，吸波能力比 $PANI/Fe_3O_4$（$M_s = 20emu/g$）要高。

Pant 等通过在研钵中机械研磨充分混合的 $BaTiO_3$ 和 PANI 粉末制备了 10 个 $PANI/BaTiO_3$ 复合材料样品。即使很小浓度的 PANI（5%）也会非常显著地影响（减少）介电常数值，这可能是由于 $BaTiO_3$ 颗粒与 PANI 通过 N—H 的相互作用。纯 $BaTiO_3$ 在 X 波段显示出相当高的介电常数的实部和虚部值（105-75j）以及高介电损耗正切（0.6）。但是，在混合极少量即 5% 绝缘 PANI 时，复介电常数值和介电损耗正切急剧变化并分别减少到（26-3.8j）和（~0.2）。进一步增加绝缘 PANI 的浓度，从 10% 到 100%，这些值只是逐渐减小，对于纯绝缘聚苯胺，达到（9-18j）和（0.02）的最小值。Abbas 等将不同配比的 $PANI/BaTiO_3$ 以相同体积分数与聚亚安酯混合制备吸波涂层，研究其在 8.2～12.4GHz 的电磁参数及吸波性能，结果表明随着聚苯胺含量增大，吸波效果增大，反射率在 10GHz 时达 -15dB，频宽为 3GHz。

5.3.2　聚苯胺/碳基复合吸波材料

作为新兴碳基材料的一种，石墨烯与聚苯胺复合可降低复合材料的电阻率，同时较大的比表面积促进了电磁散射和多重反射，从而提高了其吸波性能，因此聚苯胺/石墨烯复合材料具有远高于纯聚苯胺的良好吸波性能。程祥珍等采用 APS 为引发剂，在 0℃ 下，成功合成了聚苯胺/石墨烯纳米复合材料。该复合材料的两种组分即聚苯胺与石墨烯之间存在强相互作用，属于非共价键的结合；而且，石墨烯表面均匀地镶嵌了聚苯胺纳米颗粒，聚苯胺粒子之间互相缠结且平均粒径约为 100nm。Yan 等在氨基官能化石墨烯片（AFG）存在下，通过原位聚合制备了具有共价键接枝的聚苯胺纳米棒/石墨烯片材复合材料，电磁数据表明共价键结合的 PANI/AFG（厚度为 2.5mm）的最大反射损耗在 11.2GHz 时可达到 -51.5dB，超过 -10dB 的吸收带宽为 4GHz。

Zhao 等通过原位乳液聚合法制备了 PANI/CNTs 复合材料，在引入蜡后通过同轴线测量其介电常数。在 2~18GHz 频率范围内，与碳纳米管相比，复合材料的复介电常数的实部（ε'）和虚部（ε''）变化不大，并且在低频时很小，这在设计微波吸收材料中很容易和自由空间的阻抗匹配。PANI/CNTs 复合材料的损耗因子 $\tan\delta$ 很高，因此是一种良好的微波剂。赵东林等用原位乳液聚合法在碳纳米管表面包覆聚苯胺，制备出了聚苯胺/碳纳米管一维纳米复合管，聚苯胺在碳纳米管表面以层状和枝晶状两种形态生长，与纯碳纳米管相比，聚苯胺/碳纳米管复合管的介电常数的实部 ε' 和虚部 ε'' 在 2~18GHz 随频率变化较小，在低频波段介电常数值较小，作为微波吸收剂容易实现与自由空间的阻抗匹配，而且它的介电损耗角正切 $\tan\delta_\varepsilon$ 较高，是一种很好的微波吸收剂。

刘平安等采用原位界面聚合方法成功制备了 PANI/CNTs 结构的复合材料，并且探讨了反应温度、反应时间、盐酸的浓度、涂层的厚度等实验条件对其吸波性能的影响。所制备的碳纳米管/聚苯胺复合材料具有核壳结构，并且反应温度为 20℃、反应时间为 6h、盐酸的浓度为 0.05mol/L 时，复合材料在 8~18GHz 频率范围内具有良好的微波吸收性能。Saini 等通过原位聚合制备了高导电的 PANI/MWCNTs 纳米复合材料。PANI/MWCNT 复合材料的电导率（19.7S/cm）甚至优于 MWCNTs（19.1S/cm）或 PANI（2.0S/cm）。随着 CNTs 含量的增加，反射损耗从 −8.0dB 略微增加到 −12.0dB，而吸收损耗表现出快速地从 −18.5dB 增强到 −28.0dB 的趋势，这可归因于复合材料导电性的增加。

Sharma 等将所需质量分数的 CNTs 混合在未掺杂 PANI 溶于 NMP 的过滤溶液中制备了 PANI/CNTs 的复合薄膜，在 8.0~12.0GHz 频率范围内研究了它们的介电特性。PANI/CNTs 复合薄膜的介电常数的实部（ε'）和损耗因子（$\tan\delta$）高于 PANI 薄膜，归因于此 CNTs 与 PANI 分子链之间的相互作用和加入碳纳米管后 PANI 薄膜电导率的增加。图 5-25 显示了 PANI 和 PANI/CNTs 复合薄膜介电常数的实部（ε'）和损耗因子（$\tan\delta$）对频率的依赖性。PANI/CNTs（30%）复合薄膜介电常数的实部（12.48）比纯粹的 PANI（3.47）增加了。对于 PANI/CNTs（50%）复合材料薄膜，介电常数的实部在 10.18GHz 时为 35.21。使用界面的多核模型解释 PANI/CNTs 复合材料介电常数的实部，根据这个模型 PANI 分子链和碳纳米管表面之间的界面可视为包含多层，在内层 PANI 分子链牢固地附着在 CNTs 的表面上，外层聚合物链松散地附着在内层上。PANI 薄膜的电导率 $<2\times10^9 (\Omega\cdot cm)^{-1}$，而 PANI/CNTs（30%）和 PANI/CNTs（50%）的电导率分别为 $2.6\times10^6 (\Omega\cdot cm)^{-1}$ 和 $1.7\times10^3 (\Omega\cdot cm)^{-1}$，表明 PANI 中掺入 CNTs 增加了其电导率。因为介电常数的虚部或损耗因子取决于材料的导电性质，PANI/CNTs 薄膜的损耗因子值与 PANI 薄膜相比要高得多。

炭黑（CB）由于其导电性、耐化学性和低密度，主要作为复合材料中的导

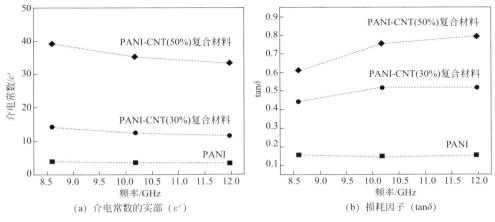

(a) 介电常数的实部（ε'）　　　　(b) 损耗因子（$\tan\delta$）

图 5-25　PANI 和 PANI/CNTs 复合薄膜的参数的频率依赖性

电填料用于电磁干扰屏蔽。Wu 等通过原位聚合法在不同的炭黑含量（质量分数5％～30％）CB 上涂覆 PANI 形成核壳结构复合物。由于导电 CB 颗粒的完全反射，电磁波会在核壳颗粒的 PANI 纳米晶体内反复散射和反射。通过在 PANI 中添加不同含量的 CB 可以获得更宽的吸收频率范围，复合材料中 CB 含量会影响复合材料的微波吸收性能。PANI/CB（质量分数 20％和 30％）的复合材料在雷达波段（2～40GHz）的带宽范围内表现出良好的吸收性能。在 18～40GHz 的频率范围内，PANI/CB（20）表现出比其他样品更大的反射损耗和更宽的带宽。PANI/CB（20）和 PANI/CB（30）吸收带出现在 28GHz 和 35GHz，分别为−11dB 和−16dB，这意味着 PANI/CB（20）和 PANI/CB（30）粉末由于宽频性能从而具有作为微波吸收材料的潜在应用价值。

　　Yu 等使用原位聚合制备的 PANI 涂覆的短碳纤维（SCF）改善了其电磁性能。与 50MHz～2GHz 频段的 SCF 相比，导电 PANI 涂覆 SCF（PASCF）的复介电常数和复合渗透率得到改善，但作为介电损耗材料，磁损耗角正切为 0。但是，非导电 PANI 涂覆 SCF（NPASCF）的复介电常数和复合渗透率减小了，并且磁损耗角正切为 0.09，表现出电磁特性。包含 PASCF 和 NPASCF 漆膜的屏蔽效果（SE）分别约为 17dB 和 8dB。

5.3.3　聚苯胺与其他无机物复合吸波材料

　　Wu 等通过原位聚合法合成了具有不同竹炭/苯胺质量比（BC/An＝1/1，1/2，1/3）的 PANI 包覆竹炭（BC），并引入环氧树脂成为微波吸收剂。使用自由空间方法在 2～18GHz 和 18～40GHz 微波频率范围内通过测量复介电常数、复磁导率和反射损耗来研究微波吸收性质。BC 粉末在 6GHz 和 31GHz 处显示的

反射损耗分别为 $-6.4dB$ 和 $-10.4dB$ 的两个吸收带。PANI/BC 在 7GHz、20GHz 和 33GHz 处展现出了三个相对明显的吸收带，反射损耗分别为 $-4.5dB$、$-8dB$ 和 $-17dB$。

Zhao 等采用和石蜡混合再用波导法测试发现，通过原位聚合制备的 PANI/Si/C/N 复合材料的介电常数 ε'、ε'' 和损耗因子高于纯 Si/C/N，且在 $8.2\sim12.4GHz$ 频率范围内随着频率的增加而减小。它们的 ε' 在 5.16 和 5.88 之间变化，ε'' 在 1.96 和 2.53 之间变化，$\tan\delta$ 上升至 $0.38\sim0.43$。所以 PANI/Si/C/N 复合材料具有良好的微波介电属性。

Soto-Oviedo 等通过乳液聚合法制备了 PANI-DBSA 和有机黏土纳米复合材料（苯胺：有机黏土$=1:1$）并添加到橡胶中。复合材料具有高导电性（导电纳米复合材料质量分数为 40% 时可高达 $10^{-3}S/cm$）和良好的力学性能，并在 $8\sim12GHz$ 频率范围内展现出高微波衰减值。该微波衰减值取决于导电纳米复合材料浓度和薄膜厚度。对于通过乳液聚合合成的 PANI-DBSA/MMT 纳米复合材料，导电翠绿亚胺盐形式 PANI 插入 MMT 层生成了高电导率的纳米复合材料。在 $2\sim18GHz$ 频率范围内测试了质量分数为 50%PANI-DBSA/MMT 纳米复合材料和 PANI-DBSA（2.00mm 厚）试样的复介电常数和复磁导率，PANI-DBSA/MMT 纳米复合材料在 $9.1\sim12.5GHz$ 频率范围内反射损耗大于 $-10dB$，最大反射损耗为 11GHz 处的 $-15.8dB$。

Phang 等使用无模板法制备了己酸掺杂聚苯胺（PANI-HA）/TiO_2 纳米复合材料，并使用矢量网络分析仪 Anritsu 37369C 从 1GHz 到 18GHz 以环形形式进行了测试。具有最高介电常数、异质性和损耗角正切的复合材料最大反射损耗为 10GHz 时的 $-31dB$（$>99.9\%$功率吸收）（图 5-26），并且可能表现出最大的分子极化现象，EM 入射波穿透 PANI-HA/TiO_2 的表面时会感应到电流。PANI-HA/TiO_2 消耗的电能可以显著增强，从而改善所制备的纳米复合材料的微波吸收。由于加入二氧化钛阻碍了 PANI 导电通路，PANI-HA/TiO_2 纳米复合材料的电导率急剧下降。在 0℃ 下合成的纳米复合材料比 25℃ 下合成的具有更高的介电常数和异质性（大量纳米棒/管），因此在 $10\sim13GHz$ 的频率范围内产生了良好的微波吸收性能（$>99.0\%$功率吸收）。在 0℃ 下合成的 PANI 纳米复合材料在较低频率下可用作窄带吸收剂，而在 25℃ 下合成的可用作高频宽带吸收剂。

Sharma 等将纳米 ZnO 粉末混合在未掺杂 PANI 溶于 NMP 的过滤溶液中，通过溶液浇铸法制备 PANI/纳米 ZnO 复合材料薄膜。PANI/纳米 ZnO 复合薄膜的介电常数的实部（ε'）和损耗因子（$\tan\delta$）减少，可归因于 PANI 分子链和纳米 ZnO 颗粒之间的相互作用限制了偶极子的运动。

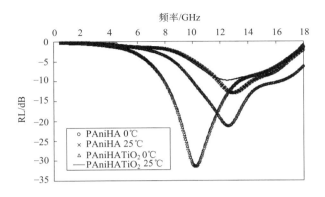

图 5-26 在 0℃和 25℃合成的 PANI-HA 和 PANI-HA/TiO$_2$ 纳米复合材料的反射损耗 RL

5.3.4 三元复合吸波材料

　　Phang 等使用无模板法制备了含有 TiO$_2$ 纳米粒子（介电填料）和碳纳米管（磁性填料，如 SWCNTs 和 MWCNTs）的新型 HA 掺杂 PANI 纳米复合材料。添加的 TiO$_2$、SWCNTs 和 MWCNTs 以及不同的 SWCNTs 的含量等合成参数是影响 PANI 的磁化强度、电介质和电导率以及微波吸收的重要因素。含 20% SWCNTs 的 PANI-HA/TiO$_2$/SWCNTs 表现出最佳的微波吸收（99.2% 吸收），在 6GHz 时反射损耗为 −21.7dB，还具有合适的电导率（1.27S/cm）、磁化率（$M_s = 1.01$emu/g）、最高的 tanδ 和异质性（PANI 层覆盖大量纳米棒/管和 CNTs）。这些可能会导致电荷载体更无序地运动并表现出更大的分子极化现象，如更大的空间电荷松弛、偶极旋转和有限电荷的跳跃。加入大于 20%（例如 60%）SWCNTs 时大量光滑的 CNTs 纤维未被 PANI 层覆盖，当 SWCNTs 含量超过最佳值时很容易发生 CNTs 的聚集，且可能在纳米复合材料内部形成屏障。较低的异质性和聚集将导致退磁效果并优化 PANI 微波渗透率的磁各向异性。因此，这将显著影响 PANI-HA/TiO$_2$/SWCNTs 的微波吸收行为，与含有 20% SWCNTs（RL = −21.7dB，吸收率为 99.2%）的相比，含 60% SWCNTs 的复合物 RL 为 −6.2dB（吸收率为 62%）。

　　Phang 等还使用无模板法分别以 TiO$_2$ 和 Fe$_3$O$_4$ 纳米粒子作为介电填料和磁性填料制备具有不同 Fe$_3$O$_4$ 含量的 PANI-HA/TiO$_2$/Fe$_3$O$_4$ 纳米材料。FeCl$_3$·6H$_2$O 处理后 Fe$_3$O$_4$ 在混合物中的更好分散性可以显著提高纳米复合材料的导电性并激发形成纳米棒/管。用 FeCl$_3$·6H$_2$O 处理的 PANI-HA/TiO$_2$/Fe$_3$O$_4$ 纳米复合材料（99.950%～99.999% 吸收）在 10～13GHz 的频率范围内与未处理的 PANI-HA/TiO$_2$/Fe$_3$O$_4$ 微/纳米复合材料（67.0%～99.4% 吸收）相比表现出更好的微波吸收。因为高导电性、高异质性和适度磁化，含有 $40\%Fe_3O_4$ 的 PANI-HA$/TiO_2/Fe_3O_4$ 纳米复合材料（用 $FeCl_3 \cdot 6H_2O$ 处理）表现出最佳的微波吸收（10GHz 时 99.999％吸收）。郭亚龙等首先将 Fe_3O_4 纳米粒子用柠檬酸三钠修饰，以炭黑的添加量为实验变量，制备了核壳结构的 PANI$/Fe_3O_4/$炭黑微球复合材料。在 2～18GHz 频率范围内，反射损耗峰会因为涂层厚度增加而向低频方向迁移，随涂层厚度一直增大（5.0mm），反射损耗曲线在 C 波段和 Ku 波段分别对应出现 2 个反射损耗峰，说明该复合材料可应用于特定频段吸波材料。

Gairola 等采用热处理技术由天然石墨制成膨胀石墨（EG），将钡铁氧体（BF）与 EG 一起掺入聚苯胺基体中，用 APS 引发原位聚合制备了 PANI/BF/EG 复合材料。嵌入聚合物链中的 EG 和 BF 粒子可有效增加各向异性能量和复合物的界面极化，从而提高复合物电磁屏蔽性能。Abbas 等使用丙酮为介质在研钵中将 $BaTiO_3$、PANI 和导电碳粉末彻底混合，并将混合粉末颗粒分散在聚氨酯基质中。优化合成的 $BaTiO_3$ 和 PANI 复合材料样品样本厚度为 2.5mm 时，在 11.2GHz 显示出最大的反射损耗 $-25dB$（＞99％功率吸收）且带宽为 2.7GHz（最大响应为全频率宽度的一半）。用市售的 $BaTiO_3$ 和 PANI 制备的吸收剂样品具有更高的介电常数和低损耗因子值，表现出的反射损耗仅 $-10dB$。

5.4 聚苯胺/绝缘聚合物复合吸波材料

虽然已发现 PANI 适用于微波吸收材料，但是由于它力学性能差，所以必须和基于聚合物体系的基质混合。处理 PANI 而不改变聚合物结构的方法之一是将其与传统聚合物混合。这些混合物可以结合两种组分的属性，即 PANI 的电导率和聚合物基质的物理和力学性能。根据逾渗理论，当导电填料在绝缘基体中均匀分布且体积分数超过 16％后，该复合物或共混物必定导电，但聚苯胺性质独特，即使导电聚苯胺在复合物或共混物中体积分数远低于 16％，体系也会逾渗，由此有望制备兼具聚苯胺电、磁学性质和基体材料性能的共混或复合材料。其制备方法可分为原位聚合法和机械共混法两类，既可以由苯胺单体在母相聚合物或母相聚合物的单体存在下引发聚合制得，也可以由聚苯胺与母相聚合物机械共混制备。目前常用的有机基体主要有 PU、橡胶、PVC、聚合物电解质和环氧树脂。

5.4.1 聚苯胺/PU 复合吸波材料

PANI/PU 复合材料具有良好的微波吸收性能。将 PANI/PU 复合材料样品片紧夹在两个同轴波导适配器之间并使用矢量网络分析仪进行测量，复合材料的屏蔽效率随着样品的厚度增加，在 2.23GHz 和 8.82GHz 屏蔽效果最好。当样本的长度接近传播波长乘以奇数的四分之一时，发生了微波功率的最小反射或匹配条件，因为在吸收器的表面抵消了入射波和反射波。

Abbas 等将不同比例的 PANI 混合到 PU 黏合剂中，使用 Agilent 网络分析仪（型号 PNAE8364B）在 X 波段（8.2～12.4GHz）测量复介电常数（$\varepsilon'-j\varepsilon''$）和复磁导率（$\mu'-j\mu''$）。PANI/PU 最佳比例为 3:1，样本厚度为 3.0mm，中心频率为 10GHz 时最小的反射损耗为 -30dB（功率吸收率为 99.9%），在整个 X 波段中带宽（最小值一半的全频宽度）为 4.2GHz。PANI-CSA/PU 共混物的微波吸收测量（8～12GHz）显示了涂层性能对掺杂类型、PANI-CSA 浓度以及组分的混合条件的依赖性。一些复合材料在很窄的频率范围内有高达 99% 的衰减入射辐射。

Hoang 等使用遗传算法在微波波段优化多层电磁屏蔽 PANI/PU 导电复合材料。独立薄膜在非常低的逾渗阈值（0.2%）下达到最大电导率为 10^4S/m。随着共混物中 PANI 的质量分数的增加，薄膜电磁屏蔽效率表现出衰减增加了 1～40dB。为了提高电磁屏蔽，研究了三层 PANI/PU 复合材料的电磁屏蔽性能，获得了达到 40dB 或 80dB 更好的衰减。优化结果显示材料厚度 <500μm 可以解决许多工业或军事屏蔽应用方面的问题。用特征基质模型来模拟 PANI/PU 导电复合材料在微波波段中多层电磁屏蔽效能（SE）。仅约 150μm 厚的独立三层 PANI/PU 电磁特性取决于 PANI 中的质量浓度并增加到 55dB，这和基质模型获得的理论值一致。此外，PANI/PU 纳米复合材料显示非常低逾渗阈值，用 PANI 在混合物中的质量分数或通过化学过程可以轻松调整它们的电性能。轻质且具有良好力学性能的单层和三层样品屏蔽效能从 30dB 到 90dB。

5.4.2 聚苯胺/橡胶复合吸波材料

段玉平等研究了不同 PANI-HCl 含量的硅橡胶在低频下的电磁性能，结果表明聚苯胺的电导率、形状对复合材料的电磁性能影响很大。Faez 等研究了 NBR/EPDM/PANI 共混复合物在 8～12GHz 的吸波性能，表明导电高分子含量和涂层厚度对吸波性能有很大影响。随着聚苯胺含量增大吸波效果增强，含量为 30% 时在 11～12GHz 的反射率达 -20dB；且随着厚度的增大，吸收峰向低频移动。Faez 等研究了基于丁腈橡胶、EPDM 橡胶和 PANI-DBSA 的导电三元共混物的机械和微波辐射吸收性能，对共混物中丁腈橡胶和 PANI-DBSA 的浓度特别感兴趣。使用波导结合着 Agilent 合成扫描模型 8375A 和 HP7000 频谱分析仪在 8～12GHz 频率范围内测量混合物反射率。在 11～12GHz 频率范围内，对应着耗散 99% 入射辐射能量或 1% 反射能量，达到 20dB 的反射率。共混物的反射特性源于导电高分子 PANI 的掺杂水平和掺杂剂类型。在混合过程中发生涉及 PANI 的掺杂酸（DBSA）和丁腈橡胶中—C≡N 基团的交联反应，交联度取决于在混合物中掺杂的 PANI 和丁腈橡胶的浓度。三元组混合物可用于频率范围为 8～12GHz 的微波吸收，这个性能取决于导电高分子的浓度和膜厚度。

5.4.3 聚苯胺/PVC 复合吸波材料

John 等在乳液级 PVC 中通过苯胺原位聚合反应已经合成了可溶于环己酮的导电 PANI 复合材料，微波电导率为 12.5S/m。他们使用 HP8510 矢量网络分析仪研究了复合材料的介电性能，特别是介电损耗、导电性、介电性加热系数、吸收系数和渗透深度。发现吸收系数高于 $200m^{-1}$，可用于制作空间应用中的吸收微波剂。同样，John 等在乳液级 PVC 中使用过硫酸铵作为引发剂通过苯胺的化学氧化聚合制备了 PANI/PVC 半互穿聚合物网络，复合物介电特性取决于频率和复合材料的成分。Conn 等用 PANI-CSA 的间甲酚溶液涂覆表面处理后的 PVC 颗粒，这样制备了新型的 PANI/PVC 复合材料。复合物拥有低逾渗阈值（质量分数小于 0.125％），在 PANI 含量较低时具有显著的导电性。因为复合材料的微波性能，该材料具有用作 EMI 屏蔽材料的潜力，可用于构造新型微波设备。

5.4.4 聚苯胺/聚合物电解质复合吸波材料

Barnes 等在 0.5～3.0GHz 的微波频率范围内使用同轴线法表征了聚环氧乙烷-$AgCF_3SO_3$ 聚合物电解质中聚苯胺和银的复合物。施加了 5V 电压时材料显示了一个快速和可逆的微波反射率变化。电场的应用将聚苯胺转化为氧化和高导电状态，导致微波场阻抗的变化。微波反射率出现了 15～20dB 的变化，共振条件下发生了约为 0.25GHz 的位移。根据颗粒组分电导率和 PANI/聚合物电解质/银的微电池内电容的可逆变化讨论了观察结果。

Barnes 等描述了在共振条件下的同轴线测试中施加小电场时组分对复合材料的循环伏安和微波特性的影响。实验数据显示了电化学循环中施加电场时循环伏安图的变化和微波谐振零点深度的大变化相吻合，包括一个并联电阻器和电容器的等效网络模型适合测量的数据。循环和非循环复合材料经扫描电子显微镜研究后表明，在循环过程中，银金属溶解然后再沉淀。材料的初始导电性取决于银金属的浓度，并暗示化学转换引起了电阻变化。转换速度的测试表明复合材料能够在不到 1s 的时间内在不同的状态之间切换。

Barnes 等已经研究了聚合物电解质中 PANI 作为导电高分子组分并以银/$AgBF_4$ 或铜/$Cu（BF_4）_2$ 作为氧化还原活性组分的纳米复合材料，并将纳米复合材料的结果与类似组成的微米颗粒复合材料进行了比较。经过研究发现仅使用电阻控制的单层可调谐微波吸收器的新结构，表明结合着降低厚度出现了宽带和低反射率性能。

5.4.5 聚苯胺/环氧树脂复合吸波材料

张新宇等在 PANI-DBSA 中填充含碳毡的环氧树脂,吸波层中填充一定量的聚苯胺粉末后,复合材料的吸波性能有所增加(8～18GHz 的微波反射率为 -2～-5dB),并且在 X 波段(8～12.4GHz)的增加幅度高,这说明了导电聚苯胺粉末在 X～Ku 波段均有一定的吸波性能,且在 X 波段的吸波性能优于 Ku 波段。

5.5 展望

今后聚苯胺可以有望通过下列途径充分开发和利用其吸波性能:①利用掺杂态聚苯胺的半导体性吸收雷达波,达到雷达隐身目的;②在电子仪器内壁和孔壁上形成聚苯胺涂层,并将其导电能力提高到 10^{-1}S/cm 以上,以实现电子仪器壳内外的电磁波屏蔽;③利用聚苯胺在掺杂前后导电能力的巨大变化,实现防护层从吸收电磁波到透过电磁波的可控切换;④通过分子结构设计和物理改性,使聚苯胺的电损耗与其他材料的磁损耗相结合,开发复合型微波吸收材料;⑤提高聚苯胺及其复合材料的吸波性能,加宽吸收频带;⑥对其吸波机理及结构参数等方面也需要进一步的理论研究;⑦开发适应苛刻环境如耐高温和耐腐蚀等领域的应用;⑧加速推动该领域的研究成果向工业生产的转化。

参 考 文 献

[1] 郑鹏轩,张婕妤,田晓菡,等. 聚苯胺复合吸波材料的研究进展 [J]. 化学推进剂与高分子材料,2018,16(3):25-28.

[2] 陈骁,熊忠,陶雪钰,等. 导电聚苯胺的合成及电磁学性能、吸波性能研究 [J]. 塑料工业,2005(5):5-7.

[3] 颜海燕,陈卫星,寇开昌. 质子酸掺杂聚苯胺的电磁参数及吸波性能研究 [J]. 西安工业大学学报,2011(7):630-633.

[4] 刘学东,卢佃清,云月厚. 掺杂聚苯胺的合成及电磁性能和吸波性能研究 [J]. 塑料科技,2010(4):52-55.

[5] 邹勇,王国强,廖海星,等. 掺杂聚苯胺复合材料吸波性能的研究 [J]. 华中科技大学学报:自然科学版,2001,29(1):87-89.

[6] 葛副鼎,朱静. 吸收剂颗粒形状对吸波材料性能的影响 [J]. 宇航材料工艺,1996(5):42-49.

[7] Boara G,Sparpaglione M. Synthesis of Polyanilines with High Electrical Conductivity [J]. Synthetic Metals,1995,72(2):135-140.

[8] 谷留安. 聚苯胺的制备、改性及吸波性能 [D]. 哈尔滨:哈尔滨工业大学,2009.

[9] Wan M X,Li J C,Li S Z. Microtubules of Polyaniline as New Microwave Absorbent Materials [J]. Polymers for Advanced Materials,2001,12:651-657.

[10] 姚寅芳. 模板法制备聚苯胺及其吸波性能研究 [D]. 上海:东华大学,2011.

[11]　黄艳.手性聚苯胺的制备及其电磁学性能研究 [D] . 成都：西南交通大学，2008.

[12]　朱俊廷，黄艳，周祚万.手性聚苯胺的制备及其电磁学性能研究 [J] . 材料导报，2009，23（12）：32-35.

[13]　Wang Z，Bi H，Liu J，Sun T，Wu X. Magnetic and Microwave Absorbing Properties of Polyaniline/γ-Fe_2O_3 Nanocomposite [J] . Journal of Magnetism and Magnetic Materials，2008，320（16）：2132-2139.

[14]　Ting T H，Wu K H. Synthesis，Characterization of Polyaniline/$BaFe_{12}O_{19}$ Composites with Microwave-Absorbing Properties [J] . Journal of Magnetism and Magnetic Materials，2010，322（15）：2160-2166.

[15]　Yuan C L，Hong Y S. Microwave Adsorption of Core－Shell Structure Polyaniline/$SrFe_{12}O_{19}$ Composites [J] . Journal of Materials Science，2010，45（13）：3470-3476.

[16]　Pant H C，Patra M K，Verma A，et al. Study of the Dielectric Properties of Barium Titanate－Polymer Composites [J] . Acta Materialia，2006，54（12）：3163-3169.

[17]　Saini P，Choudhary V，Singh B P，et al. Polyaniline－MWCNT Nanocomposites for Microwave Absorption and EMI Shielding [J] . Materials Chemistry and Physics，2009，113（2-3）：919-926.

[18]　Sharma B K，Khare N，Sharma R，et al. Dielectric Behavior of Polyaniline－CNTs Composite in Microwave Region [J] . Composites Science and Technology，2009，69（11-12）：1932-1935.

[19]　Wu K H，Ting T H，Wang G P，et al. Effect of Carbon Black Content on Electrical and Microwave Absorbing Properties of Polyaniline/Carbon Black Nanocomposites [J] . Polymer Degradation and Stability，2008，93（2）：483-488.

[20]　Soto-Oviedo M A，Araújo O A，Faez R，et al. Antistatic Coating and Electromagnetic Shielding Properties of a Hybrid Material Based on Polyaniline/Organoclay Nanocomposite and EPDM Rubber [J] . Synthetic Metals，2006，156（18-20）：1249-1255.

[21]　Phang S W，Tadokoro M，Watanabe J，et al. Microwave Absorption Behaviors of Polyaniline Nanocomposites Containing TiO_2 Nanoparticles [J] . Current Applied Physics，2008，8（3-4）：391-394.

[22]　Wang Y. Microwave Absorbing Materials Based on Polyaniline Composites：a Review [J] . International Journal of Materials Research，2014，105（1）：3-12.

[23]　Abbas S M，Chandra M，Verma A，et al. Complex Permittivity and Microwave Absorption Properties of a Composite Dielectric Absorber [J] . Composites Part A：Applied Science and Manufacturing，2006，37（11）：2148-2154.

[24]　Hoang N H，Wojkiewicz J-L，Miane J-L，et al. Lightweight Electromagnetic Shields Using Optimized Polyaniline Composites in the Microwave Band [J] . Polymers for Advanced Technologies，2010，18（4）：257-262.

[25]　Faez R，Reis A D，Soto-Oviedo M A，et al. Microwave Absorbing Coatings Based on a Blend of Nitrile Rubber，EPDM Rubber and Polyaniline [J] . Polymer Bulletin，2005，55（4）：299-307.

[26]　John H，Thomas R M，Jacob J，et al. Conducting Polyaniline Composites as Microwave Absorbers [J] . Polymer Composites，2007，28（5）：588-592.

[27]　Barnes A，Despotakis A，Wright P V，et al. Control of Microwave Reflectivities of Polymer Electrolyte-Silver-Polyaniline Composite Materials [J] . Electrochimica Acta，1998，43（10-11）：1629-1632.

第6章　聚苯胺超级电容器

超级电容器也称电化学超级电容器，是 20 世纪 70～80 年代发展起来的一种介于电池和传统电容器之间的新型储能器件。其电容量比同体积的电解电容器容量大 2000～6000 倍，功率密度比电池高 10～100 倍，具有工作温度范围宽、可大电流充放电、充放电效率高的优点，充放电循环次数可达 10 万次以上，循环效率高（大于 99%），并且免维护。超级电容器可广泛应用于机动车启动、电动工具、太阳能发电、电厂峰谷平衡、国防等领域，其优越的性能及广阔的应用前景受到了各个国家的重视。

根据存储电能机理的不同，超级电容器可分为双电层电容器和赝电容器。双电层电容器使用的电极材料多为碳材料，如活性炭、碳气凝胶、碳纳米管等。赝电容器也叫法拉第准电容器，其产生机制与双电层电容器不同，通常具有比双电层高 10～100 倍的比容量和比能量。目前赝电容器的电极材料主要为一些金属氧化物和导电聚合物。碳材料的电化学稳定性好、无污染，且寿命长，是超级电容器理想的电极材料，部分国家已实现了产业化，但该材料的比电容偏低。在金属氧化物材料中，氧化钌的比电容高、内阻小，但价格昂贵，仅在某些领域有少量应用，而氧化镍等普遍存在电位窗口较窄、循环寿命短和电性能差等问题。导电聚合物材料具有良好的电子导电性；因此制作的电容器内阻小；导电聚合物电极在表面和体相中均储存有电荷使其作为超级电容器电极材料优于高比表面积的活性炭，其比能量比活性炭要大 2～3 倍。相比于 RuO_2 电极活性物质，导电聚合物电容量虽然稍小，但考虑到价格因素，导电聚合物在用作超级电容器电极材料方面具有较大的优势。常见的导电聚合物材料有聚吡咯、聚噻吩、聚苯胺、聚对苯、聚并苯、聚乙炔二茂铁、聚亚胺酯及它们衍生物的聚合物如聚 3-（4-氟苯基）噻吩、聚反式二噻吩丙烯腈等。

6.1　导电聚合物超级电容器

导电聚合物超级电容器电能储存机理是通过电极上聚合物中发生快速可逆的 n 型或 p 型元素掺杂和去掺杂氧化还原反应，使聚合物达到很高的储存电荷密度，由于材料表面及内部分布着大量的可充满电解液的网络结构微孔，电极内电子、离子的迁移可通过与电解液内离子的交换完成，从而产生很高的赝电容达到储能目的。以导电聚合物为电极的超级电容器，其电容一部分来自电极/溶液界面的双电层，更主要的部分是来自电极在充放电过程中的氧化还原反应。在导电聚合物的充放电过程中，电化学反应发生在材料的三维立体结构中而非仅仅在材料的表面。

由于在充放电过程中没有发生相变等结构变化，导电聚合物的充放电行为具有高度可逆性。然而，在掺杂和去掺杂过程中，导电聚合物容易发生溶胀和收缩行为，这往往会破坏电极并使其电化学性能大幅下降。实际上，导电聚合物基超级电容器的循环寿命通常不超过 1000 次，这限制了它们在电极材料中的进一步应用。为了解决稳定性较差的问题，人们提出了以下 3 种方法：①改善导电聚合物材料的形貌与结构，如形成纳米线、纳米管等降低扩散长度，提高电极材料利用率；②采用杂化电极，如将负极的 n 型掺杂导电聚合物电极替换为碳电极，从而提高电极循环寿命；③与金属氧化物纳米粒子、纳米碳材料等复合，以提高体系的电荷传输效率及机械强度。此外，纳米碳材料的高比表面积和多孔结构亦能提高电极的利用率和电解质的扩散速率，使电极材料具有更大的比电容。

6.2　聚苯胺超级电容器

Diaz 等第一次报道了聚苯胺的电化学行为，从那以后，聚苯胺由于其易于电化学聚合和优异的电化学性能成为电化学领域最著名的导电聚合物之一。随着 Conway 建立了超级电容器概念的开创性工作，聚苯胺也成为提供赝电容行为电化学电容器（EC）的有希望的选择。Kaner 等首次研究了聚苯胺作为超级电容器的电活性材料。不久之后，Rudge 等研究了聚苯胺掺杂对超级电容器性能的影响。

聚苯胺作为应用于超级电容器电极材料中最受关注的导电聚合物，具有许多理想的性质，诸如高电化学活性、高掺杂水平、优良的比电容（酸性介质中 400～500F/g）、可调且较高的电导率（0.1～5S/cm）、良好稳定性以及易于加工处理等。此外，聚苯胺还具有很宽的可调节的电容量范围（44～270mA·h/g）。这是由于聚苯胺的电容量与合成路径、聚苯胺形貌、添加剂、黏合剂的用量、种类以及电极的厚度等诸多因素有关。聚苯胺在掺杂过程中，每两个苯环结构可以得到一个电子，在某些特定环境下还可以更高，这意味着聚苯胺中的电荷密度在掺杂状态下，比电容量可以达到 500F/g 以上。聚苯胺具有复杂的内部结构（图 6-1），在电极电位小于 0.2V 时，聚苯胺处于完全还原态，这被称为 leucoemeraldine（LE）；在氧化电位达到 0.2V 时，LE 部分氧化，其结构改变为如图 6-1 所示的翠绿亚胺的结构 emeraldine（EM）；当氧化电位进一步正移时，翠绿亚胺被进一步氧化而生成全氧化态 pernigraniline（PE）。聚苯胺在不同氧化还原态之间发生转化时，所发生的是电化学可逆离子脱掺杂过程，该过程伴随着能量的储存与释放,同时在电极/溶液界面也会产生双电层,但与法拉第准电容相比,它所占的比例很小。

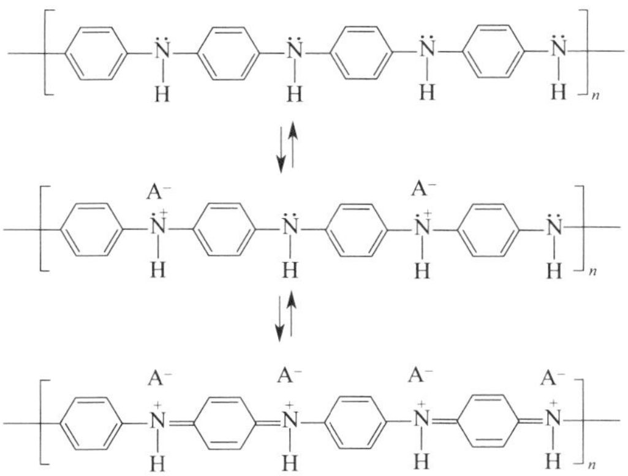

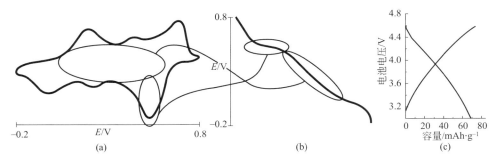

(LE)

(EM)

(PE)

图 6-1 不同开路电位下聚苯胺的结构变化

聚苯胺的循环伏安图通常由很宽电势范围的三个氧化还原反应组成,包括全还原态(绝缘)和质子化翠绿亚胺(导电)之间的氧化还原转变、苯醌和氢醌之间的转变、翠绿亚胺和全氧化态之间的氧化还原转变(图 6-2)。这些氧化还原峰值表示聚苯胺的赝电容性能。

图 6-2 典型聚苯胺电极的(a)循环伏安图和(b)放电曲线,
(c)采用聚苯胺阴极的锂离子电池实验充放电曲线

本征态聚苯胺可通过各种掺杂剂进行掺杂,例如,普通质子酸掺杂、有机酸掺杂以及 Li 盐掺杂等。对聚苯胺掺杂通常有几种目的:当要利用聚苯胺的电导率时,掺杂量、掺杂离子在高分子链上的位置均会对聚苯胺的电导率产生影响;要提高聚苯胺的溶解性,则常采用含亲水性基团的有机酸掺杂;采用 Li 盐掺杂,则是为了提高聚苯胺电极在电解液中的稳定电位窗口,从而起到提高能量密度的作用。

6.3 质子酸掺杂聚苯胺电极材料

采用一系列合成和掺杂方法如化学掺杂、电化学掺杂、光诱导掺杂、离子注入掺杂、质子酸掺杂和二次掺杂均可获得具有新的物理、化学性能的导电聚苯胺。聚苯胺的电化学行为和超级电容器性能强烈依赖于直接受合成路线控制的化学和物理性质。聚苯胺的结构和物理、化学性能强烈依赖于合成和掺杂方法。

6.3.1 制备方法对质子酸掺杂聚苯胺电化学性能的影响

质子酸掺杂聚苯胺的制备方法一般分为化学法和电化学法。不同制备方法得到的聚苯胺产物的结构及性能有所不同，电化学电容性能也存在差别。Ivanov等详细比较了在质子酸掺杂条件下采用化学聚合法和电化学聚合法制备聚苯胺电极材料的表面结构和电化学行为的区别。通过化学聚合法制备的聚苯胺电极具有粗糙且均一的表面结构，而采用电化学聚合法制备的聚苯胺电极具有紧密且呈粒状结构的表面结构。通常情况下，采用电化学聚合法制备的聚苯胺电极材料具有较好的电容量和循环性能，这是由于化学聚合制备的聚苯胺成核速率较快，所形成的高分子链通常呈缠绕结构，不利于电解液中的离子扩散；而电化学聚合制备的聚苯胺，特别是动电位扫描所制备的聚苯胺，由于氧化电位逐渐增大，更有利于聚苯胺在合成过程中的定向聚合和长大。

6.3.1.1 化学聚合法

化学聚合法制备酸掺杂聚苯胺粉末，是指在酸性介质中，用氧化剂使苯胺单体氧化聚合。杨红生等以过硫酸铵为氧化剂，用化学氧化法合成聚苯胺，所获得的聚苯胺具有多层次结构，其二次颗粒由一次颗粒集结而成，一次颗粒的粒径在 $1\mu m$ 以下。组装的模拟电容器在 7mA 和 20mA 的充放电电流下，电极材料的比电容分别可达 408F/g 和 324F/g。100 次充放电循环后，电极材料的比电容没有下降。

苯胺氧化可生成多种产物，且体系中酸的种类、酸度、氧化剂的种类和反应温度等对产物的结构和性能影响很大，因此采用合适的反应体系和条件，才能得到性能优良的聚苯胺材料。化学合成为控制聚合过程中的成核和生长机理提供了更好的灵活性，在化学聚合中苯胺的各种可控参数可以改变所制备的聚苯胺的形态。据报道，改变聚合温度对制备的具有不同形态的聚苯胺比电容和循环特性有显著影响。浓度和温度等常见可控参数对成核和生长机制的影响是众所周知的，因为成核开始和生长过程之间的直接竞争导致形成更多的小颗粒或生成一些更大的颗粒。这一普遍概念已被广泛用于控制聚苯胺的形态，而形态结构控制着聚合物基质氧化还原位点的电化学可及性。调节可控参数可以改变聚苯胺结构，有利于形成更好的电化学性能。聚苯胺的电化学性质直接依赖于聚合物链及其网络、掺杂结构和水平以及决定扩散途径的形态结构。通过形成多孔聚苯胺增加了电化学可接触比表面积，还可以显著提高超级电容器的性能。Sharma 等合成了比表面积为 $1059m^2/g$ 的纳米多孔聚苯胺，可以提供特定的电容（410F/g）。有趣的是，该聚苯胺超交叉链接结构具有良好的循环性，1000 次充放电循环后能保留100％的初始比电容。

另一方面，化学结构控制导电性等聚苯胺的物理性质。用氧化成分（p 型）或还原组分（n 型）掺杂聚合物链改变在 π 轨道上均匀的电荷分布。因为电子与晶格强烈耦合，这会导致晶格畸变，因此，重叠 π 轨道中的电子离域提供了导电的机会，这对聚苯胺的电化学性能是一个关键的要求，也控制氧化还原位点的电化学相互作用。因此，无论是在聚合过程中还是在聚合过程后的掺杂程度决定了赝电容性能。

化学法的优点是产量高，易进行大规模生产，成本低，但存在以下两个主要问题：①合成的聚苯胺材料的电阻一般偏高，导致所制备的电极的可逆性和大电流放电能力较差；②在长期的充放电循环中，掺杂离子的反复嵌脱，使聚苯胺的体积反复变化，造成高分子链的破坏，聚苯胺电极的容量衰减较明显。

6.3.1.2　电化学聚合法

电化学聚合可以直接在基板电极上形成聚苯胺，这对制造无黏合剂的超级电容器是很有价值的。电化学制备纳米结构的聚苯胺在基板上直接生长成薄膜是更实用的方法。用电化学法制备聚苯胺的过程是在含苯胺的电解质溶液中，选择适当的电化学条件，利用电能使苯胺单体在阳极上发生氧化聚合反应，生成黏附于电极表面的聚苯胺薄膜。电化学聚合在控制复合成分的化学相互作用上具有较小的灵活性，但是电活性薄膜直接生长在电极上。在恒电位仪合成中，由于电聚合发生在有限电势范围内，唯一的可控参数是应用中不能大幅改变的电势。这同样适用于恒电流合成中所施加的电流，通过循环伏安法进行电位合成的主要可控参数是电势的扫描速率。Eftekhari 和 Jafarkhani 介绍了一种扫描施加电流的新电聚合方法即电动力学。因为电流范围、扫描速率和扫描方向可以改变，这种方法提供了控制电聚合的更大灵活性。初步比较研究表明，控制这些参数可以显著改变聚苯胺的结构和电化学性能。

Mondal 等考察了在质子酸掺杂条件下，采用恒电流法、恒电位法和动电位扫描法制备聚苯胺的结构特性和电化学行为的差别。采用较快扫描速率的动电位扫描法制备的聚苯胺电极材料具有明显的层状结构，每一层聚苯胺都具有较低的电阻和较理想的电化学活性，这是由于在实施动电位扫描的过程中存在沉积间隙，有利于低分子量的二聚体和低聚体的溶解，从而提高了聚苯胺的纯度；同时由于在高扫描速率条件下制备的聚苯胺电极材料具有明显的微孔结构，而这样的结构更有利于电解液中掺杂阴离子的扩散。

直接在基底电极上电聚合的聚苯胺，具有约 775F/g 的比电容，具有可接受的力学性能稳定性，在 1500 次充放电循环后能保持 92% 的初始电容。Girija 等将 p-甲苯磺酸（TSA）掺杂聚苯胺沉积在不锈钢片上，制备的 TSA 掺杂聚苯胺材料，具有粒径在 100nm 左右的纤维管状结构，在 $3mA/cm^2$ 的电流密度下，比电容高达 805F/g，充放电循环 1000 次后仍有 783F/g。他们还研究了非离子表面活性剂 TX-100 对在镍片上沉积的聚苯胺性能的影响。适当地控制 TX-100 的用量，可得到粒径在 200nm 左右的多孔层状聚苯胺薄膜。这可能是由于吸附在镍片上的 TX-100 影响了基片的表面状态，进而影响着苯胺的电化学聚合进程，使之以一种更紧凑、更有组织的纳米结构生长。这种纳米聚苯胺薄膜的比电容高达 2300F/g，高于不使用 TX-100 制备的聚苯胺薄膜（1280F/g），1000 次充放电循环后，只出现少量的容量衰减。

电化学法制备的具有一维纳米结构（纳米管、线及纤维等）的聚苯胺材料与化学法制备的相比，比电容更高、循环性能更好；但该方法受限于电极面积，难以得到大量产物，不适合大规模生产。寻求酸掺杂聚苯胺电极材料可工业化生产的化学制备法，有效地实现对聚苯胺的形貌及结构的控制，是很有意义的。

6.3.2　不同质子酸对质子酸掺杂聚苯胺电化学性能的影响

不同掺杂质子酸对聚苯胺的结构、稳定性、电化学性能等影响很大。在盐酸介质中采用化学聚合法或电化学聚合法均可制备出质子酸掺杂的导电聚苯胺。张爱勤等在低温下合成了盐酸掺杂聚苯胺，聚合物呈颗粒状堆积，颗粒粒径为 300~500nm；电流密度为 $8mA/cm^2$ 时聚苯胺在酸性电解液中的单电极比电容高达 512F/g，100 次充放电循环后比电容为初始容量的 94.1%，循环性能良好。

采用小分子无机酸（如盐酸）掺杂的聚苯胺具有较好的导电性，但其溶解性和稳定性较差。崔利等选取了两种小分子羧酸即草酸和柠檬酸为掺杂剂。这两种有机酸尺寸小，易于扩散，其掺杂过程比较好控制，而且对环境不会造成污染。将制得的草酸掺杂聚苯胺和柠檬酸掺杂聚苯胺，与盐酸掺杂聚苯胺进行了对比研究，发现 3 种酸掺杂的聚苯胺具有不同的空间结构，电化学性能也有差异。其中草酸掺杂的聚苯胺表现出更优良的电化学电容行为，单电极比电容可达 670F/g。米红宇等利用乙酸为溶剂和掺杂剂制备了掺杂聚苯胺，发现低温（0℃）制备的乙酸掺杂聚苯胺在 $1mol/L H_2SO_4$ 溶液中呈现较好的电容性质，$5mA/cm^2$ 放电时电容值达 407F/g，比室温制备的聚苯胺比电容（212F/g）高 48%。

用大分子有机酸，如磺酸类（对甲苯磺酸等）作为质子提供源，可以有效地解决聚苯胺的加工性能和可溶解性能，这也是目前解决聚苯胺加工性能的一个重要研究方向。张爱勤等制备了十二烷基苯磺酸掺杂的导电聚苯胺材料,研究了以其作为电极材料的超级电容器在不同电解液中的性能。电流密度为 $6mA/cm^2$ 时聚苯胺电容器在酸性电解液（$1mol/LH_2SO_4$）中容量高达 108.4F/g 且循环性能好。吕新美等在低温条件下合成了樟脑磺酸掺杂聚苯胺微管,苯胺单体与樟脑磺酸的物质的量比为 1:1 时所得掺杂态聚苯胺电极具有较好的循环稳定性,单电极比电容达到 522F/g。黄惠等采用复合酸掺杂导电聚苯胺,发现质子酸阴离子越大,聚苯胺的电导率相对越好,复合酸掺杂的聚苯胺电导率最大可达 13.5S/cm。复合酸掺杂的聚苯胺粒度分布比较均匀,约有 90% 的聚苯胺颗粒集中在 $15.4\mu m$;热重分析表明,复合酸掺杂聚苯胺的热稳定性较单一酸掺杂聚苯胺有很大提高。研究表明,无论是在水相电解液中还是在有机非水电解液中,聚苯胺电极材料的性能都相当稳定。

6.4 锂掺杂聚苯胺电极材料

锂盐掺杂聚苯胺材料在有机电解液中的电容行为良好,适合作超级电容器的电极,可使聚苯胺电极的稳定电位得到提高。Ryu 等首先用化学法合成聚苯胺,然后将制得的粉末在含锂盐（$LiPF_6$ 或 $LiClO_4$）的有机溶剂中浸泡,在此过程中,Li^+ 进入聚苯胺高分子链,形成 $PANI\text{-}LiPF_6$ 电极材料。以 Et_4NBF_4/乙腈为电解液,在双电极体系中考察 $PANI\text{-}LiPF_6$ 电极材料的电化学行为,结果发现:充放电曲线在 1~3V 有一个很大的电压降,说明这部分电位区间对整个电容的贡献很小;电容器的稳定电位被有效地提高到了 3V,初始放电比电容可达 107F/g,9000 次充放电循环后,只出现少量的容量损失。他们还考察了 $PANI\text{-}LiPF_6$ 电极在多孔聚乙烯固体电解质中的电容行为,电极的比电容可达 100F/g,充放电循环 5000 次后维持在 70F/g 左右。聚苯胺材料用锂盐掺杂,可以应用到有机电解液中,提高超级电容器的工作电压,这将是超级电容器聚苯胺电极材料今后的发展趋势。电压降过大等问题是制约锂盐掺杂聚苯胺电极发展的瓶颈。如何保证其具有较高的工作电位,同时不至于内阻过大,是下一步研究工作的关键。

6.5 纳米结构聚苯胺电极材料

较小的粒径可使材料具有较大的比表面积,有利于电极活性物质的充分利用。丛文博等合成的纳米聚苯胺在 $1mol/LH_2SO_4$ 溶液中的电容性能表明,放电电流密度为 $1mA/cm^2$、$4.5mA/cm^2$、$10mA/cm^2$ 时,比容量分别为 654F/g、591F/g、525F/g。经恒定电流 10mA 充放电循环 1000 次,衰减仅为初始容量的

10.7%。Gupta 等在恒电位下于不锈钢表面沉积出大面积的聚苯胺纳米线网络，该电极在 1mol/LH$_2$SO$_4$ 溶液中获得比电容达 742F/g，比功率为 16kW/kg。由于聚苯胺纳米线形成的多孔网络使其拥有了更大的比表面积来进行氧化还原反应，因而在大电流密度放电下比非纳米线结构的聚苯胺相具有更好的电化学稳定性。陈宏等采用脉冲电流方法合成了具有一维纳米结构的聚苯胺纳米纤维，其与颗粒状聚苯胺相比具有更大的电容容量，比电容可达 699F/g，比能量为 54.6 W·h/kg，且该材料具有良好的充放电性能和循环寿命。辛凌云等利用界面扩散聚合法制得了樟脑磺酸掺杂聚苯胺纳米管或纳米纤维。聚苯胺纳米管在 5mA/cm^2 放电时比电容值可达 249F/g，比相同条件下聚苯胺纳米纤维的比电容高 14.7%，而比聚苯胺粉末的比电容高 41.5%。

6.6　聚苯胺复合电极材料

聚苯胺在电荷储存方面遇到了两个关键问题：①在充放电过程中聚苯胺主链的胀缩导致循环稳定性差；②电容随充放电电流密度的增大而衰减，成为限制其在超级电容器电极材料推广应用的瓶颈。为提高材料的电化学性能，复合电极材料的研究越来越受到重视。对用于超级电容器的复合材料组分有两个要求：增加比表面积并有助于整体赝电容。

6.6.1　聚苯胺/聚吡咯复合型电极材料

导电高分子如聚苯胺、聚吡咯和聚噻吩等是比较理想的超级电容器电极材料。但小的掺杂剂分子往往容易从单层导电高分子膜内扩散出来，导致膜的电容稳定性差。朱日龙等通过分层聚合方法在不同单体溶液中制备了由 PPY 和聚苯胺复合的多种导电高分子膜，研究了聚吡咯和聚苯胺的沉积顺序对导电高分子材料电容性能的影响。发现以 PPY 为底层的复合型电极的电容性能远高于其他复合型电极或单层膜电极，PANI/PPY/不锈钢和 PPY/PANI/PPY/不锈钢电极的比电容分别高达 196.08F/g 和 212.53F/g。复合型导电高分子具有多层膜结构，能够增加扩散阻力，且热稳定性好，有可能提高电极材料的电容性能。

6.6.2　聚苯胺/金属氧化物复合电极材料

金属氧化物因为在很大的电势范围内可能存在赝电容，有希望成为超级电容器的候选电极材料，但它们通常具有低电导率。RuO$_2$、MnO$_2$、MnO、NiO、V$_2$O$_5$、Fe$_2$O$_3$、TiO$_2$、CuO、ZnO、SnO$_2$、MoO$_3$、WO$_3$ 等各种金属氧化物已用于制备金属氧化物/聚苯胺超级电容器。关键是整体的赝电容不一定是个别组成部分赝电容行为的总和。例如，MoO$_3$ 具有尖锐的氧化还原峰，但与聚苯胺复合时，MoO_3 和聚苯胺的氧化还原峰都在减少。

宋建梅等制备的 PANI-DBSA/V_2O_5 复合材料为片状，V_2O_5 和 PANI-DB-SA 之间有化学键形成；当电流密度为 $0.2\sim0.8mA/cm^2$，电压范围为 $-0.2\sim0.8V$，电解液为 $1mol/LKNO_3$ 溶液时，材料具有良好的电容特性，其比电容比单独的 V_2O_5 明显提高，而循环性能比单独的 PANI-DBSA 好。电压范围为 $-0.2\sim0.8V$，以 $2\sim10mV/s$ 扫描速率进行循环伏安测试时，该复合材料表现出良好的赝电容性能。陈高峰等通过溶胶-水热法制得纳米 RuO_2 粒子，然后在 RuO_2 溶胶体系中由苯胺氧化聚合制备 PANI/纳米 RuO_2 复合材料，RuO_2 质量分数为 5％时复合材料形成致密的表面包覆型结构，电极电容很小。RuO_2 质量分数大于或小于 5％时，RuO_2 粒子呈弥散状分布在聚苯胺中；RuO_2 质量分数为 3％时，复合材料比电容达到极值 $374.6F/g$，这种复合材料具有很好的电化学特性，适于用作超级电容器电极。

也可以在同一反应器中同时进行金属氧化物和聚苯胺的合成，这样金属氧化物均匀地分布在聚苯胺网络上。另一种方法是金属氧化物可以用作引发聚合过程的氧化剂。在这种情况下，聚苯胺直接从金属氧化物上生长，而与纳米级的金属氧化物形成强烈的相互作用。从另一个角度来看，聚苯胺被用作导电剂来提高金属氧化物的固有低电导率。与碳导电剂相比，聚苯胺具有灵活性结构导致两个组件之间更好地进行纳米尺度铸造，这可以伴随产生在纳米复合材料架构中的更好的协同效应。例如 MnO_2 是电池和超级电容器系统中众所周知的电活性材料，但电导率偏低。聚苯胺可以解决这个问题，并提高电化学性能。据报道，PANI/MnO_2 纳米复合材料的最佳条件约为 25％聚苯胺。然而，这种最佳条件高度依赖于纳米复合材料构筑扩散通道的形态结构。用聚苯胺覆盖纳米结构的 MnO_2 可以在提高电导率的同时有助于聚苯胺氧化还原系统产生赝电容。另一方面，因为聚苯胺基质是电化学可渗透的，所以它不阻挡对阴离子到达下方的 MnO_2。然而，以有序的方式生长聚苯胺链是至关重要，这种情况下使用表面活性剂是一种有效的方法，与原始的 MnO_2 或聚苯胺相比可以显著提高比电容。

金属氧化物可以电沉积形成共价键黏附在基质电极上的致密薄膜。导电聚合物也用作基板电极来控制金属氧化物电沉积。Prasad 和 Miura 在聚苯胺上电沉积氧化锰，由此产生的超级电容器提供了 $715F/g$ 的高比电容。在这种结构中，氧化锰和聚苯胺都有助于整体赝电容行为作为比电容。这归因于聚苯胺的 3D 架构提供的高比表面积，超级电容器 5000 次充放电循环后仅显示 3.5％的比电容损失。如果使用有机插层 MnO_2 再用聚苯胺取代有机分子，聚苯胺链的单层在 MnO_2 层状结构内形成。由于这种有序的层间结构，制备的超级电容器具有良好的倍率特性，在放电速率为 $1A/g$ 时比电容为 $330F/g$。

6.6.3 聚苯胺/碳复合电极材料

具有协同作用的聚苯胺/碳（C）纳米复合材料因为存在适当官能团而引起与聚苯胺链的化学相互作用。在这种情况下，聚苯胺的比电容和稳定性可以得到显著提高。聚苯胺和碳之间的化学相互作用可以基于通过化学嫁接过程形成传统的范德华力或共价键。聚苯胺/C 复合电极材料在聚苯胺中的应用可分为两类：一类是将聚苯胺与碳纳米管或者碳纤维复合，其主要作用是为了在碳表面形成一层均匀的聚苯胺包覆层，从而改善聚苯胺颗粒的形貌与分散度，起到控制离子嵌入路径、改善循环性能的作用；同时，利用碳的良好导电性，在聚苯胺/C 复合材料中形成稳定的导电网络，促进电荷地顺畅传输，降低由超级电容器电极材料所引起的内阻值。对于这一类复合电极材料，碳材料在其中所占的比例较小，其电容量的贡献主要来自聚苯胺，双电层电容的贡献几乎可以忽略。另一类是将聚苯胺与高比表面积的活性炭电极材料复合，主要是利用聚苯胺的高赝电容对活性炭材料进行表面改性处理，尽管聚苯胺在其中所占的比例较小，但对整体电容量的贡献可达到 50% 以上。

6.6.3.1 聚苯胺/CNTs 或碳纳米纤维（CNF）复合电极

碳纳米管分为单壁碳纳米管和多壁碳纳米管，由于其独特的结构、良好的导电性能和力学性能，吸引了众多研究人员的关注。碳纳米管是用于改善聚苯胺超级电容器电化学性能的最早类型的高比表面积碳纳米材料。CNTs 和聚苯胺颗粒之间形成了紧密的电荷传输混合体，而不是单纯的弱分子联结。这种电子传输混合体降低了离子扩散阻抗，有益于电荷的传输，改善了电极的功率特性。通常，聚苯胺超级电容器的倍率特性对电导率非常敏感；这种依赖性对于聚苯胺/碳纳米管复合材料更加严重。

通过将聚合物生长到如碳纳米管等高比表面积碳表面制备具有协同作用的聚苯胺碳纳米复合材料，碳纳米管表面官能团用作聚合物成核的活性位点。例如，碳纳米管上羧基的存在可以提高聚苯胺/CNTs 的比容量达 60%。初步报告聚苯胺/SWCNTs 超级电容器可以提供 485F/g 的比电容且有良好的循环性。聚苯胺/MWCNTs 超级电容器在 1mV/s 扫描速率下的比电容为 560F/g，将扫描速率提高到 5mV/s 比电容下降到 177F/g。因为聚合物链的高纵横比及其柔软性，聚苯胺链的无序网络不利于电活性材料内的更快扩散。因此，形成有序的聚合物链的排列可以有益于氧化还原位点的可及性和通过网络更快速的扩散。

Gupta 等用静电位法将聚苯胺沉积在 SWCNTs 上，构造复合电极，发现聚苯胺的沉积量会影响复合材料的微观形貌，进而影响电容行为。当聚苯胺的沉积量为 73% 时，包覆在 CNTs 周围的聚苯胺达到饱和，此时的单电极比电容为

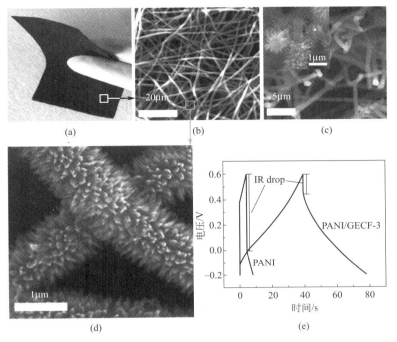

图6-3 （a）聚苯胺涂覆的1D碳制备的柔性膜的照片及其（b）~（d） SEM图像
（e）聚苯胺电极和聚苯胺涂覆1D碳电极的充放电曲线

463F/g，500次充放电循环后，容量损失约为5%；之后的1000次充放电循环后，比电容趋于稳定，显示了PANI/CNTs复合电极良好的循环稳定性。由于碳纳米管可用于制造碳纸，聚苯胺涂覆单个碳纳米管可以导致在碳纸骨架内部形成柔性聚苯胺纸。图6-3显示了如何把聚苯胺沉积在1D碳纳米材料上来制造柔性纸。IR降的显著差异清楚地表明了在聚合物链和集流器之间导电性的重要性。以类似的方式制备的聚苯胺涂覆石墨烯纳米纤维柔性纸显示出特定的比电容（976.5F/g），将放电率提高到10A/g时仍可保持50%。

Jang等用一步蒸发沉积技术，在碳纳米纤维（CNF）表面包覆了一层聚苯胺薄膜，构造聚苯胺/CNF复合电极。复合电极的电容量与沉积的聚苯胺薄膜的厚度密切相关，当薄膜的厚度在20nm左右时，比电容最大，约为264F/g。与纯聚苯胺电极相比，复合电极的比电容和导电性都得到了改善。

6.6.3.2 聚苯胺/活性炭复合电极

聚苯胺/CNTs（CNF）复合电极，可在一定程度上改善电极的循环稳定性和导电性，但CNTs（或CNF）本身贡献的容量很小，因此要牺牲一定的能量密度；同时CNTs（或CNF）的价格昂贵，从实用化的角度考虑，并不理想。活性炭的导电性好、比容量较高、价格低廉，将聚苯胺与活性炭复合，更具有经济性和实用性。

在众多超级电容器电极材料中，活性炭材料因具有较高的比表面积、稳定的化学性质、较长的循环使用寿命，被广泛研究。但是活性炭材料的储能机理是通过双电层机理储能，与氧化还原储能机理的电极材料相比，其能量密度较低。为了得到较高的能量密度，通常在活性炭材料表面引进电化学活性官能团，提高其能量密度。一些导电聚合物如聚苯胺、聚吡咯、聚噻吩等分子链中含有 π-共轭体系结构，将其用作超级电容器电极材料时，其储能主要是通过氧化还原反应来完成的，所以导电聚合物电极材料具有较高的能量密度、电化学稳定性、导电性和电化学氧化还原可逆性。为了综合利用两种电极材料的优势，将聚苯胺等导电聚合物与活性炭材料相结合形成复合电极材料的研究，成为近些年来超级电容器领域的研究重点。聚苯胺作为典型的导电聚合物，其聚合简单，在空气中可以稳定存在，有可转变的掺杂-脱掺杂过程，是研究最多的导电聚合物。将聚苯胺与活性炭材料复合，就可以使所得复合材料在储能过程中同时表现出双电层电容和法拉第电容。另一方面，聚苯胺表面修饰活性炭材料过程中，利用苯胺在活性炭表面的吸附，原位聚合所形成的聚苯胺修饰层提高了活性炭的电导率，同时改进活性炭的孔结构和孔径分布，使得中孔分布比例增大，孔径分布更加平均，电极储存电荷的能力有所提高。

（1）聚苯胺/活性炭复合材料的制备方法　将聚苯胺与活性炭材料简单地机械混合并不能提高复合材料的性能，而是分别表现出两者各自的性质。要得到优化性质的复合材料则主要通过电化学沉积或化学法氧化来制备。

① 电化学沉积法。电化学沉积法是在各种液体酸中（H_2SO_4、HNO_3、$HClO_4$ 等）利用循环伏安、计时电流等电化学手段在适合的电位条件下，将聚苯胺负载在活性炭表面，形成均匀的膜结构。Wang 等用循环伏安法将聚苯胺沉积在活性炭表面，所制得的聚苯胺薄膜均匀地沉积在活性炭表面，形成了相互链接的多孔网状结构。所得复合电极比聚苯胺电极具有更好的循环稳定性。与原碳的比电容 140F/g 相比，复合电极的比电容高达 587F/g。50 次充放电循环后，聚苯胺电极的容量从 513F/g 下降到 334F/g，而复合电极的电容则仅仅从 415F/g 降到 385F/g。

Wu 等将活性炭颗粒加入苯胺与硫酸混合溶液中，再将苯胺经过电化学氧化成聚苯胺，得到聚苯胺/活性炭薄膜。活性炭的掺杂提高了聚苯胺的聚合度，降低了聚苯胺的缺陷密度。其中活性炭颗粒的加入不但提高了聚苯胺的电化学有效比表面积和导电性，而且降低了聚苯胺-电解液界面上的电荷传递阻力。尽管聚苯胺的加入能大幅度提高复合材料的比容量，但 Chen 等认为过量的聚苯胺颗粒会阻塞活性炭的孔结构，所以对于聚苯胺的量要适当控制。一方面，在电化学聚合时采用低扫描速率，在－0.2～0.8V 之间进行了 3 次扫描速率为 0.3mV/s 的循环伏安扫描；另一方面，降低苯胺溶液的浓度，电解液为苯胺浓度为 10mmol/L 的 H_2SO_4 溶液，该聚苯胺/活性炭复合电极的比电容可达到 160F/g。在 1mol/L H_2SO_4 中可充放电循环 1000 次。Ko 等将活性炭粉末制成电极，将有亲水表面的 SiO_2 粉末加入 1mol/L H_2SO_4 中制成电解液。根据 SiO_2 含量的不同，电解液呈现出液态、凝胶和固态 3 种形态。$1cm^2$ 的活性炭粉末电极在包含 20mmol/L 苯胺的 1mol/L H_2SO_4 溶液中，通过电位区间为 －0.2～1.0V 的 60 次循环伏安扫描将苯胺聚合在活性炭粉末表面。包含液态、凝胶和固态 3 种 SiO_2 的电解液中得到的聚苯胺/活性炭粉末电极的电导率分别为 0.26S/cm、0.23S/cm 及 0.15S/cm，比电容最高可达 270F/g。

传统电沉积方法是用含苯胺的硫酸溶液作为电解液，这样使得活性炭与苯胺离子在充放电过程中结合时有较大的阻力。为了解决该问题，Lin 等对电沉积聚苯胺的方法进行改进，将活性炭电极先在苯胺溶液中浸渍，再将电极在不含苯胺的 H_2SO_4 中循环伏安扫描进行电沉积。这样的改进方法提高了聚苯胺在氧化还原反应中的储电能力，并且由于具有更高的开路循环电位，所以电容提高了 50％以上。用改进法沉积 5％的聚苯胺材料所获得的电容量，传统方法需沉积 22％的聚苯胺才能达到。

② 化学氧化法。化学氧化法制备聚苯胺/活性炭复合材料是将苯胺单体与活性炭材料混合，再用氧化剂将苯胺氧化成聚苯胺，使其负载在活性炭表面，形成膜或其他结构。Bleda-Martinez 等将多孔活性炭在 900℃ 下进行热处理，使其表面产生含氧基团，再通过化学法将苯胺聚合。所得聚苯胺/活性炭与原活性炭和纯聚苯胺相比，具有更大的比表面积及 20％电容量的提高。同时证明了聚苯胺的负载情况与活性炭的表面化学条件有关。在聚苯胺/活性炭复合材料中，聚苯胺与活性炭的配比、活性炭的比表面积、氧化剂的用量等因素都会对该复合材料的性能产生影响。张钦仓等研究了化学法制备的聚苯胺/活性炭材料中聚苯胺与活性炭的比例对复合材料比电容的影响。当活性炭含量为 20％时，复合材料的电阻率最小。充放电测试结果显示：与活性炭相比，复合材料的比电容可获得很大提高，最高达到 400F/g。毛定文等研究了不同氧化剂用量、活性炭的不同比表面积等对苯胺转化率及制得的复合材料电极性能的影响。在活性炭与苯胺物质的量之比较小时，随着氧化剂量的增加，苯胺转化率逐渐提高，制得复合材料的电容值却显著下降。在保持苯胺与氧化剂物质的量之比不变时，提高活性炭与苯胺的配比，可以一方面提高苯胺转化率，另一方面提高复合材料的比电容。当活性炭、苯胺、过硫酸铵的物质的量之比为 7：1：1 时，苯胺转化率可达 95％以上。制得电极材料的比电容由纯活性炭的 239F/g 提高到 409F/g，提高

近 71.1%。

（2）提高聚苯胺/活性炭材料电容性质的方法

① 添加离子。为了提高化学氧化法制备的聚苯胺/活性炭复合材料的电容性质，在合成过程中添加一些离子，如加入钴离子、锂离子等。添加钴盐改性时钴离子的作用可能是在聚合过程中改变苯胺的聚合行为，使得聚苯胺在活性炭表面包覆得更均匀，从而改善体系的电荷传输行为。循环伏安结果表明，添加钴盐改性时复合材料的电化学活性提高，恒流充放电实验结果显示其电容量从不添加钴盐改性时的 387F/g 提高到 530F/g，并显示出良好的大电流充放电特性。掺杂锂盐后的复合电极材料的比容量有明显的提高，由未掺杂锂时的 372F/g 提高到 466F/g，多次循环充放电后电容量的保留率也有显著的提高。主要是因为掺杂锂后，活性炭表面的聚苯胺由未掺杂锂时的致密网状结构变为堆砌在活性炭表面的纳米级颗粒状结构，提高了整个体系的均匀性和流动性，从而改善了体系的电荷传输行为。另外，锂离子的掺杂可能会在聚苯胺分子链间形成连续的不规则片段结构，有利于聚苯胺载流子的传输。

② 添加两性分子。将甲基橙等两性分子引入聚苯胺/活性炭复合材料的合成过程中，制备出活性炭/甲基橙/聚苯胺复合材料，利用甲基橙与苯胺单体之间的静电力加强了聚苯胺与活性炭之间的相互作用，并且甲基橙中的磺酸根可以作为苯胺聚合的掺杂剂，提高了苯胺的聚合度，并提供活性位点，有利于电子和电解液离子的传递。因此与未加入甲基橙的聚苯胺/活性炭复合材料相比，有更好的电容性质，并具有一定的环保意义。

聚苯胺/活性炭这种优良的电极材料逐渐成为许多科研人员的共同课题。聚苯胺/活性炭复合材料的电容性质与单纯活性炭和聚苯胺相比，具有优良的电容性质和稳定性，是合适的超级电容器的电极材料。尽管聚苯胺/活性炭复合材料研发技术日渐成熟，但实现聚苯胺与活性炭的有效复合，充分发挥并优化两种材料电容性质和机械性质的协同作用，获得具有良好电容性质的电极材料，仍然是该领域研究重点，也成为超级电容器电极材料研究过程中亟待解决的问题之一。

6.6.4 聚苯胺/石墨烯复合电极材料

石墨烯（Gr）是一种由碳原子以 sp^2 杂化轨道组成的、六角型呈蜂巢晶格的、只有 1 个碳原子厚度的二维材料。其独特的晶体结构赋予它许多优异的性能，例如，高的比表面积（2630m^2/g）、优异的导电性能［电荷载流子迁移率是 200000cm^2/（V·s）］和良好的力学性能（杨氏模量是 1100GPa；断裂应力是 125GPa）。并且，通过对石墨的氧化还原法可以大规模、低成本制备化学改性的 Gr。虽然 Gr 具有上述诸多优点，但是作为超级电容器电极材料，其比电容值只有 100～200F/g。聚苯胺超级电容器利用聚苯胺材料在充放电过程中发生高度可逆的氧化还原反应来储存电荷和能量，理论比电容值高达 2000F/g。但是，它在长期的充放电过程中容易发生体积的膨胀和收缩。因此，将聚苯胺和 Gr 在纳米尺度上进行复合，一方面可以弥补 Gr 比电容值低的缺点；另一方面利用 Gr 与聚苯胺之间形成相互作用力（范德华力、氢键和 π-π 吸引）来解决聚苯胺材料作为超级电容器电极材料循环性能差的缺点，充分利用各组分间的协同效应来提高聚苯胺/石墨烯电极材料的整体性能。

石墨烯不但有助于电活性材料的导电性，而且为离子扩散开放通道。结构和化学的不规则决定了其与第二种复合物成分的有效相互作用，导致了高度机械稳定性，使得贯穿纳米复合物基质的电荷容易传输。事实上，石墨烯是各种用于储能和转化纳米复合材料的骨干。聚苯胺与石墨烯的纳米复合材料导致分层结构的形成，其中单层聚苯胺链由石墨烯片均匀地分开，这可以促进离子沿石墨烯扩散，并使电导率提高一个数量级，显著降低内在的 IR 降。聚苯胺/石墨烯超级电容器已被广泛研究。

6.6.4.1　聚苯胺/石墨烯复合电极的制备方法

通过不同方法合成的聚苯胺/石墨烯复合材料，在结构、形貌和电化学性能等方面都有差异。目前，制备聚苯胺/石墨烯复合材料的方法主要有原位聚合法、电化学合成法、油水界面聚合法、层层自组装法、分散液共混、石墨烯的界面修饰等，可以得到负载在三维或二维 Gr 片上的聚苯胺。

（1）原位聚合法　原位聚合法制备聚苯胺/石墨烯复合材料，是在 Gr 或 GO 的酸性溶液中加入苯胺（An）单体和氧化剂（引发剂），在 Gr 或 GO 表面进行 An 氧化聚合反应，如果是 GO，需要进一步还原，即可得到聚苯胺/石墨烯复合材料。

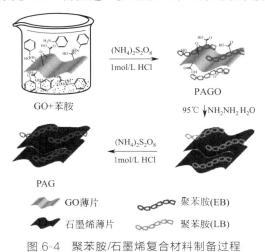

图 6-4　聚苯胺/石墨烯复合材料制备过程

Zhang 等首次报道了通过原位聚合法制备聚苯胺/石墨烯纳米纤维复合材料，在 GO 的酸性溶液中加入 An，然后快速加入 APS，通过原位聚合法得到 PANI/GO 纳米纤维复合材料，再将复合材料进行还原和再掺杂，得到聚苯胺/石墨烯复合材料（图 6-4）。通过控制 GO 和苯胺质量比来研究聚苯胺/石墨烯纳米纤维复合材料的电化学性能。由扫描电镜和透射电镜图可以发现，聚苯胺纤维均匀地吸附在 Gr 表面或者填充在 Gr 片层间。电化学测试结果表明，当 GO 和 An 质量比是 20∶80（PAG80）、充放电电流密度是 0.2A/g 时，PAG80 复合材料的比电容值是 480F/g。但是，在这种方法中，聚苯胺/石墨烯复合材料中的聚苯胺要经过还原和再氧化掺杂，这会对聚苯胺的化学结构和电子结构带来不可逆转的变化，从而影响复合材料的电化学性能。因此，在超级电容器中聚苯胺/石墨烯复合材料作为电极材料最重要的是保持 Gr 和聚苯胺的本征结构。

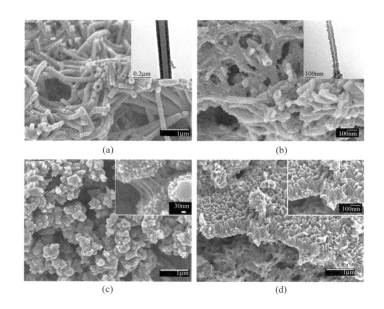

图 6-5　PANI/GO 复合材料的 SEM 图和形成机理示意（a）在 An 浓度是 0.1mol/L 下的聚苯胺纳米管；（b）在 An 浓度是 0.06mol/L 下的聚苯胺纳米管；（c）聚苯胺纳米球；（d）聚苯胺纳米纤维阵列

Huang 等通过原位聚合法，研究了反应液酸度、An 浓度和反应温度对聚苯胺在 GO 表面形貌的影响，制备了不同形貌的 PANI/GO 复合材料。在 An 浓度为 0.1mol/L、盐酸浓度为 0.05mol/L、反应温度为 0℃和反应时间为 90min 的条件下聚合，可以得到外径为 250nm 的聚苯胺纳米管 [图 6-5（a）]，随着 An 浓度从 0.1mol/L 降低到 0.06mol/L，聚苯胺纳米管的外径可缩小到 45nm [图

6-5（b）]，由此可知，An 浓度对于聚苯胺纳米管的外径影响很大。随着溶液酸度从 0.05mol/L 增加到 0.2mol/L，可以得到聚苯胺纳米球 [图 6-5（c）]。随着反应温度增加到 50℃，聚苯胺纳米纤维阵列负载在 GO 表面 [图 6-5（d）]。

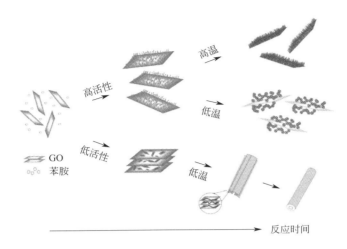

图 6-6　PANI/GO 复合材料通过原位聚合法形成不同聚苯胺形貌的机理

　　PANI/GO 纳米管、纳米球和纳米纤维阵列的形成机理如图 6-6 所示，在低溶液酸度下，An 单体氧化产生插层聚苯胺链，头部是类吩嗪苯胺单元，尾部是对联苯胺单元。以类吩嗪苯胺单元为轴，在本征态聚苯胺质子化产生的驱动力下通过自卷曲过程可形成聚苯胺纳米管；在高溶液酸度下，在初始反应阶段形成线形聚苯胺链，这些线形链作为模板在 GO 表面进一步增长形成纳米棒，随着反应时间的延长，在反应温度较低时，这些纳米棒继续增长形成纳米球；在高的反应温度和低的 An 浓度下，棒状聚苯胺的二次增长被有效地抑制，从而在 GO 表面形成聚苯胺纳米纤维阵列。

　　Wang 等通过原位聚合法制备 PANI/GO 复合材料，研究不同目数石墨（12500 目和 500 目）、复合材料中 GO 与聚苯胺含量比对复合材料电化学电容性能的影响。在 0.2A/g 时，最高初始比容量分别是 746F/g（12500 目，GO：An = 1：200）和 627F/g（500 目，GO：An = 1：50）。研究发现，制备 GO 时的初始碳源石墨的尺寸对于 PANI/GO 复合材料电化学电容性能影响很大，尺寸越小，对于最终复合材料电化学性能的提高越有利。在此研究的基础上，他们提出，GO 与聚苯胺之间存在静电吸引、氢键和 π-π 堆积作用力（图 6-7）。Mao 等采用表面活性剂对 Gr 进行改性，使其可以稳定地分散在水溶液中，以此 Gr 为基体通过原位聚合法制备 PANI/Gr 纳米纤维复合材料，电化学测试表明，在 0.2A/g 时，其比电容值可以达到 526F/g，并且具有很好的稳定性。该方法在一

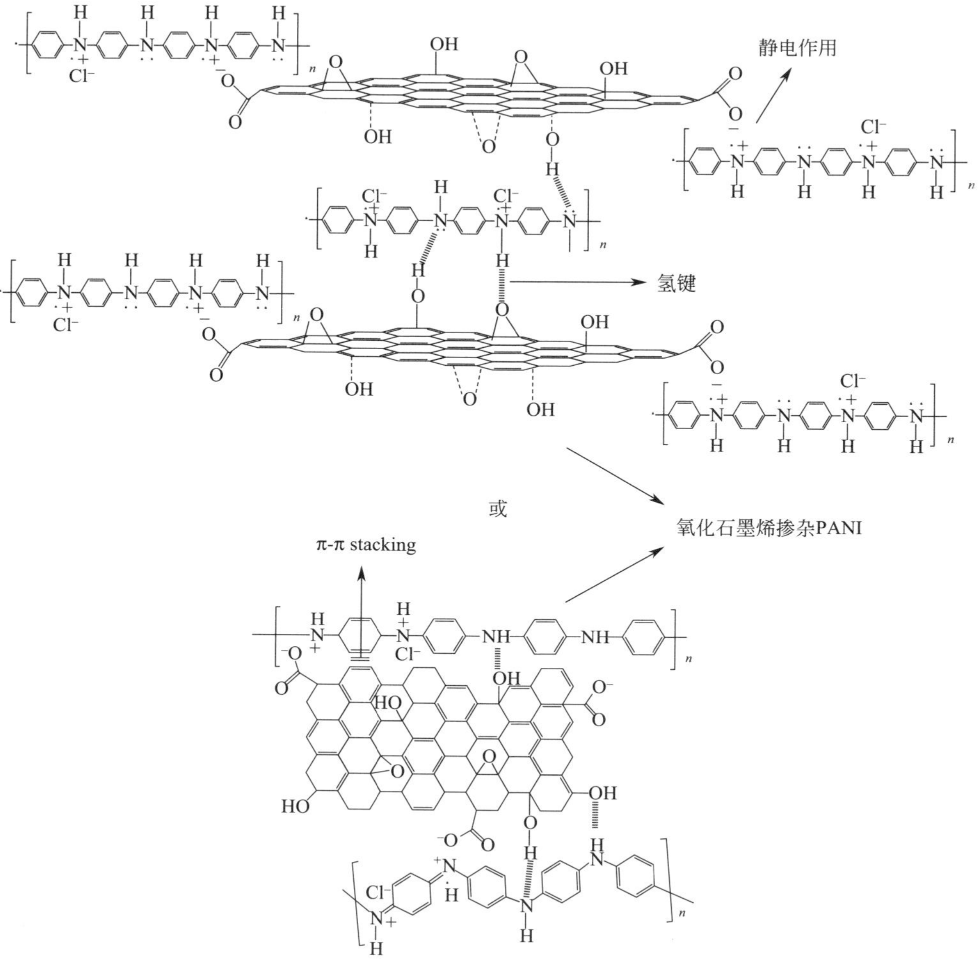

图 6-7　PANI/GO 复合材料之间可能结合的模型

定程度上保证了聚苯胺的化学和电子结构，但是 Gr 表面负载有表面活性剂，必然会对复合材料的电化学性能带来不利的影响。

　　合理调控聚苯胺在 Gr 上的结构对复合材料电化学性能影响很大。Meng 等在 GO 的水溶液中加入 Ca^{2+}，然后通入 CO_2，在形成三维孔状结构 $CaCO_3$ 的同时又将 GO 吸附在其表面，然后通过还原将 GO 转化为 Gr，再去除 $CaCO_3$ 模板，这样就得到了三维网状结构的 Gr。以此为模板，通过稀释原位聚合法制备 PANI/Gr 纳米线阵列复合材料。电化学测试表明，在电流密度为 1A/g 时，复合材料的比电容为 362F/g。在经过 5000 次充放电循环后，复合材料比容量保持率是 88%。

表6-1 原位聚合法制备的聚苯胺/石墨烯复合材料及其电化学性能

GO 还原法	PANI 形貌	比容量（电流密度或扫描速率）/（F/g）	循环性能
热碱溶液	纳米颗粒	1126.0(1mV/s)	84.0%(1000 周)
葡萄糖	纳米片	329.5(5mV/s)	—
水热还原	纳米纤维	553.0(1A/g)	98.0%(50000 周)
溴化氢	纳米线	525.0(0.3A/g)	91.0%(200 周)
微波辅助法	蜂窝状	361.0(0.3A/g)	80.0%(1000 周)
微波辐照法	纳米颗粒	261.4(0.1A/g)	—
碳管开管	纳米棒	340.0(0.25A/g)	90.0%(4200 周)
酰基氯化法	纳米纤维	623.1(0.3A/g)	—
一水合肼	纳米颗粒	1046.0(1mV/s)	—
化学气相沉积法	纳米纤维	346.0(4A/g)	—
硼氢化钠	纳米片	435	83.2%(500 周)

为了加快电解质离子在聚苯胺表面的扩散，Liu 等制备了三维高度有序的 PANI/Gr 复合材料。通过氢键和 π-π 吸引将磺化三嗪（sulfonatedtriazine，ST）连接到 Gr 片上，引入 ST 的目的是提高 Gr 在水溶液中的分散性，垂直分布在 Gr 表面的 ST 使 An 聚合具有方向性。在 ST 改性 Gr 的酸性溶液中通过 An 原位氧化聚合法得到 PANI/Gr 纳米棒复合材料。聚苯胺纳米棒垂直地分布在 Gr 上下表面。当聚苯胺和 ST 改性 Gr 质量比为 10:1、电流密度为 1A/g 时，复合材料的比电容可以达到 1225F/g。高的比容量正是来自聚苯胺纳米棒在 Gr 上的垂直分布，这种结构有利于电解质离子的扩散。

为了提高聚苯胺在 Gr 表面的结合力，抑制 Gr 团聚和 sp^2 网格破坏，对 GO 表面的含氧官能团进行改性成为一种有效方法。表 6-1 列出了原位聚合法制备的 PANI/Gr（GO）复合材料及其电化学电容性能。由表 6-1 可知，GO 的还原方法和聚苯胺在 Gr 上的形貌对复合材料的电化学电容性能有明显的影响。

（2）电化学合成法 化学氧化聚合更易应用于大批量的工业制备，而通常只能得到粉状样品，使用时需要与聚四氟乙烯、Nafion 等黏合剂共混来增强超级电容器电极的机械强度。引入绝缘的黏合剂不仅会使制备流程更复杂，也会降低电极电导率，并在多余的内电阻上消耗能量。而电化学合成法则更倾向于直接制备具有超高性能的电极，人们更希望通过电化学沉积法等方法直接制备具有高电导率的聚苯胺/石墨烯薄膜。电化学沉积可以精确地控制电压和电流密度等电化学参数来控制聚合反应，因而此方法便于调控沉积在石墨烯上的聚苯胺纳米结构。

Feng 等通过在 ITO 上旋涂氧化石墨烯/苯胺溶液，进而电化学还原氧化石

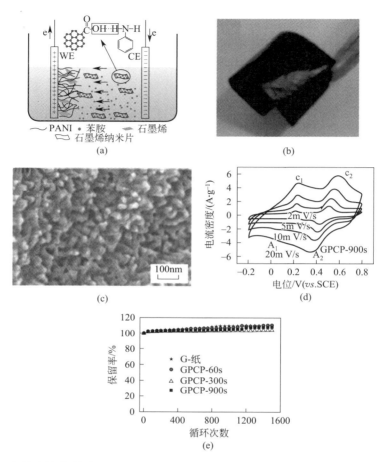

图 6-8 （a）纳米棒/聚苯胺/石墨烯复合膜的原位电化学聚合工艺，（b）柔性石墨烯/聚苯胺纸（3cm×1.5cm）的照片，（c）石墨烯/聚苯胺纸表面的 SEM 图像，（d）在 $1mol/LH_2SO_4$ 中从 2mV/s 至 20mV/s 的循环伏安曲线和（e）在 50mV/s 下测量的聚苯胺/石墨烯复合纸（GPCP）和 G/纸的循环稳定性

墨烯并同时沉积聚苯胺，得到了比电容为 640F/g 的复合物薄膜，其经过 1000 次充放电循环后仍保留了 90% 的初始电容。Hu 等利用类似的方法，在置于可逆胶束电解质内的 ITO 基板上原位电化学聚合苯胺，得到了高度多孔的石墨烯/纳米棒状聚苯胺薄膜，其示意图如图 6-8（a）所示。在 1A/g 的电流密度下，复合薄膜的比电容达 878.6F/g。经过 1000 次充放电循环后，其仍具有 725.1F/g 的比电容。

Jiang 等报道了一种简易电化学工艺来制备的电化学还原石墨烯（rGr）/聚苯胺复合材料。这个工艺类似两电极电池，正负电极均由 GO 和 An 沉积在导电基体上制得，用隔膜将正负电极分开，电解质是酸性溶液，通过加入交流电压信号，在将 GO 还原的同时进行 An 电化学聚合。扫描电镜结果显示，聚苯胺颗粒均匀地分散在电化学还原 GO 表面。复合材料表现出很高的机械稳定性能，具有优异的弹性模量和导电性能（电导率为 68S/cm）。电化学测试结果表明，在 100mV/s 时，复合材料的比电容达到 195.34F/g，经过充放电循环 20000 次后电容保持率是 83%。王宏智等以 An 和 GO 为原料，采用电化学方法制备了 Gr/PANI（GP）复合材料。复合材料保持了 Gr 的基本形貌，聚苯胺颗粒均匀地分散在 Gr 表面，复合材料在 500mA/g 的电流密度下比电容达到 352F/g，1000mA/g 下比电容为 315F/g，经过 1000 次的充放电循环后比容量保持率达到 90%，远大于 Gr 和聚苯胺的比电容。复合材料放电效率高，电解质离子易于在电极中扩散和迁移。

Zhang 等研究了氧化石墨烯的起始浓度对薄膜最终电化学性能的影响。5～25mg/mL 的氧化石墨烯溶液均能提高聚苯胺的电化学活性，但在过高的浓度下，导电性能较差的氧化石墨烯会影响电极表面的电荷转移。此外，由于氧化石墨烯实际上具有双电层电容行为，浓度提高后，氧化石墨烯的电化学比表面积反而会有所下降，使得总的比电容减小。在最优化的氧化石墨烯起始浓度下（10mg/mL），复合薄膜具有高达 1136.4F/g 的比电容，约为纯聚苯胺的 2.5 倍。Gao 等通过电沉积法将聚苯胺纤维沉积在石墨片上，形成多层结构的聚苯胺/石墨烯纤维复合材料。与聚苯胺材料相比，复合材料具有高比容量（5.16F/cm^2）和稳定的循环性能（充放电循环 1000 次后容量保持率是 93%）。

Liu 等发现在制备石墨/聚苯胺修饰电极时，在电化学聚合初期，所得电极的电化学活性随着扫描次数（1～6 次）的增加而增加，但继续增加循环伏安扫描次数后，在底层沉积的聚苯胺没有贡献，因而电极的电化学活性将不再增加。Xue 等通过在还原石墨烯表面电化学沉积聚苯胺纳米棒，制备了一种在较高放电电流密度下（2.5A/g）具有超高比电容（970F/g），以及良好循环寿命（1700 次充放电循环后仅损失 10% 的电容）的微型超级电容器。电化学性能的显著提高是由于垂直生长的聚苯胺纳米棒阵列减小了在掺杂/脱掺杂过程中因应力松弛而导致的主链降解。此外，具有较好力学性能的还原石墨烯纳米片可以抑制聚苯胺纳米棒在氧化还原反应中的机械形变，避免了电极材料在充、放电过程中的破坏，从而有利于维持较好的循环使用性能。

此外，Yu 等也制备了一种具有低密度（0.2g/cm^3）及金属光泽（15 Ω/sq）的还原石墨烯纸，随后采用原位电化学沉积在石墨烯纸上垂直生长聚苯胺纳米棒［图 6-8（c）］。他们得到的聚苯胺/石墨烯薄膜具有突出的柔韧性［图 6-8（b）］和良好的电化学活性，其比电容达到了 763F/g，1000 次充放电循环后的电容量损失也相对较小（18%）。

Cheng 等首次通过电化学沉积法制备得到拉伸强度为 12.6MPa、比电容为

233F/g 的聚苯胺/石墨烯薄膜，如图 6-8（d）和图 6-8（e）所示，他们发现薄膜的电化学性能与电化学沉积时间有关，且反应 900s 所得到的薄膜具有最优异的电化学活性和循环寿命。由于在制备过程中采用过滤方法，石墨烯的大比表面积没有得到充分利用。

（3）油水界面聚合法　与原位聚合法不同，界面聚合反应通常发生在水相和有机相的界面之间，是制备 Gr/聚苯胺复合材料常见的方法之一。An 单体溶于有机相中，常见的有甲苯、氯仿或者苯的有机溶剂，常用 APS 作为氧化剂分散在酸性的水溶液中，同时 Gr 或者其衍生物则分散在水相或有机相中，混合之后引发剂引发 An 单体聚合制得 Gr/聚苯胺复合材料。油水界面聚合法可以有效地将纤维状聚苯胺和 An 单体分离而避免二次生长。这是因为纤维状聚苯胺在界面生成，它的亲水性大于亲油性，它会向水相迁移，从而远离油相反应区，避免了二次生长。通过油水界面聚合法可以很好地控制聚苯胺的形貌。

Hao 等首次采用油水界面聚合的方法制备了磺化石墨烯（SGE）/聚苯胺复合材料 SGEP。SGE 不仅可以用作掺杂剂，而且还可以作为模板负载聚苯胺。通过添加额外掺杂剂（盐酸）和改变 SGE 在复合材料中的含量可以调控聚苯胺负载在 SGE 上的形貌。在额外掺杂剂盐酸存在下，所制备的两种不同比例的 SGEP 复合材料的比电容分别是 793F/g 和 931F/g，不过经过充放电循环 100 次后，容量保持率分别只有 77% 和 76%。Ma 等以 SGE 的酸性溶液为水相，An 单体的三氯甲烷溶液为油相，采用界面聚合法制备了 SGEP 复合材料。采用两电极体系测试复合材料电化学性能的结果表明，在 0.2A/g 时，比容量可以达到 497F/g，经过循环 2000 次后，容量保持率是 94.3%。Shen 等通过界面聚合法制备 SGE/c-MWCNT/PANI 复合材料，并通过热还原和 KOH 活化方法制备孔状石墨烯（aGNS）。以所制复合材料作为正极和 aGNS 作为负极，制备了非对称超级电容器。电化学测试结果表明，在功率密度为 25kW/kg 时能量密度为 20.5W·h/kg，经过充放电循环 5000 次后，容量保持率是 91%。

Jin 等采用界面聚合法制备 GO/PANI 复合材料和 SGE/PANI 纤维复合材料，通过界面聚合可以很好地控制聚苯胺在 Gr 或 GO 表面纤维上的形貌。由于聚苯胺和 Gr 的协同效应，复合材料的比电容值明显高于聚苯胺和 Gr，一方面Gr 提供了较高的比表面积，另一方面聚苯胺插入到 Gr 的层间又增加了复合材料的导电性，并且有利于电解质离子的传输和电子在电极材料内的传输，因此使得复合材料保持了较高的充放电倍率性能。

（4）层层自组装法　层层自组装法制备 PANI/Gr 复合材料的原理是，GO本身带有负电，在聚苯胺表面带上正电荷后，就可以通过静电吸引，进行交替沉积，然后再将 GO 还原，就可得到多层 PANI/GO 层状复合材料。Luo 等以 GO和 An 作为起始材料，采用自组装法制备了层状 PANI/Gr 纳米蜂窝状复合材料。

在充放电电流密度为 0.5A/g 时，复合材料的比电容是 488.2F/g。Zhou 等利用正电荷聚苯胺和负电荷 GO，采用自组装方法制备了 PANI/GO 复合材料，然后再经过还原，得到 PANI/Gr 复合材料。电化学测试结果表明，经过充放电循环 1000 次，电容保持率是 73.7%，在功率密度为 738.95W/kg 时，能量密度为 19.5W·h/kg。

Sarker 等利用该法制备了双层聚苯胺/电化学还原 GO 复合材料。在电流密度为 3A/cm³ 时，复合材料的比电容达到 1563F/cm³。Fan 等以磺化聚苯乙烯微球为模板，在其上表面负载一层聚苯胺层，然后通过四氢呋喃将聚苯乙烯洗掉，得到空心结构的聚苯胺微球。然后，通过液相共组装法制备了聚苯胺空心球/电化学还原 Gr 核壳结构复合材料。聚苯胺空心结构大大增加了材料的比表面积，提供高电活性区域，并且缩短了电荷和离子扩散通道。电化学还原 GO 包覆在聚苯胺空心球外，可以大大提高复合材料的导电性能。在电流密度为 1A/g 时，复合材料比电容可以达到 614F/g，经过充放电循环 500 次后，比容量保持率在 90%。Sarker 等采用碘化氢、一水合肼和高温热解法这 3 种还原方法将 GO 转化为 Gr，以它们为基体材料，采用层层自组装法制备了聚苯胺/石墨烯复合材料。

(5) 分散液共混　分散液共混是制备 PANI/Gr 电极材料最简便的方法。由于聚苯胺等导电聚合物在许多溶剂中溶解性较差，石墨烯亦容易发生聚集沉淀，直接物理共混制备存在一定困难。Shi 等通过分散液共混后再进行真空抽滤，制备了 PANI/Gr 薄膜，所得薄膜在 0.3A/g 的扫描速率下比电容为 210F/g，约为纯聚苯胺薄膜的 10 倍。此外，由于石墨烯网络的存在，聚苯胺纤维在循环过程中的溶胀、收缩行为被抑制，使得超级电容器的电化学稳定性大幅提高。

(6) 静电吸附法　静电吸附法受到了研究者更多的关注。Yang 等首次报道了利用静电吸附原理制备聚苯胺/石墨烯材料。首先在石墨烯上吸附带有负电荷的聚对苯乙烯磺酸钠，再使带正电荷的聚苯胺纳米纤维吸附到石墨烯片上，最后通过真空抽滤的方法制得电极材料。所得材料的比电容最高可达 301F/g，并且认为具有高比表面积、双电层电容特性的石墨烯与赝电容较大的聚苯胺间的协同效应是材料电化学性能得以改善的主要原因。Wang 等采用静电吸附法，将聚苯胺纳米纤维吸附到石墨烯上，其比电容可达 236F/g。Liu 等首先制备了聚苯胺空心球，然后利用静电吸附，使带负电荷的氧化石墨烯包裹在带正电荷的空心球表面，再通过电化学还原方法得到还原石墨烯，制得比电容为 614F/g 的电极材料，其比电容经过 500 次充放电循环后仅损失了 10%。

(7) 其他方法　Wu 等将化学改性 Gr 与聚苯胺纤维通过真空过滤形成聚苯胺/石墨烯纤维复合材料膜。包含有 44%Gr 的复合材料膜的电导率是 550S/m，是纯聚苯胺膜的 10 倍。在电流密度为 0.3A/g 时，复合材料的比电容为 210F/g。与纯聚苯胺材料相比，复合材料的电化学循环稳定性和倍率性都得到了提高。卢向军等用真空抽滤 GO 与聚苯胺纳米纤维的混合分散溶液，流动组装得到自支撑聚苯胺/石墨烯复合薄膜，再利用气态水合肼还原其中的 GO，最后重新氧化和掺杂还原态聚苯胺，制备了自支撑聚苯胺/石墨烯复合材料薄膜。0.1A/g 和 3A/g 的电流密度下的比容量分别是 495F/g 和 313F/g。经过连续充放电循环 2000 次后，仍有 90% 的电容保持率，表明该复合材料具有良好的电化学稳定性。

6.6.4.2　石墨烯的界面修饰

石墨烯/聚合物复合材料的性能不仅取决于聚合物的种类、含量和结构等因素，也与石墨烯的几何尺寸、表面官能团、缺陷数目以及石墨烯/聚合物的界面相互作用密切相关。当采用原位化学氧化法或电化学沉积法制备聚苯胺/石墨烯电极材料时，人们通常选择氧化石墨烯、还原石墨烯或其他化学改性石墨烯（CCG）作为聚苯胺的载体。

尽管氧化石墨烯比石墨烯电导率低，因为活性官能团和聚苯胺链有化学相互作用，它在聚苯胺纳米复合物中是一种很吸引人的组分。氧化石墨烯/聚苯胺纳米复合材料中聚苯胺可以弥补氧化石墨烯的低电导率。聚苯胺与在表面上形成的官能团的化学相互作用可以显著增强比电容并减少电荷转移电阻。氧化石墨烯表面存在诸如羟基、羰基、环氧、羧基等大量含氧官能团，可通过超声均匀分散在水相分散液中。此外研究结果表明，氧化石墨烯的羧基可与聚苯胺主链上的氨基发生相互作用，也有利于苯胺单体在纳米片上的均匀吸附。因此，制备聚苯胺/石墨烯材料的第一步通常是在氧化石墨烯表面原位沉积聚苯胺。氧化石墨烯还原为还原石墨烯所带来的电导率及力学性能的提高，有效限制了聚苯胺的体积变化。氧化石墨烯导电性较差且在电化学反应中不稳定，当添加到一定程度时会阻碍电极内有效的电荷传输并导致循环寿命的降低。因此，导电性好及稳定的还原石墨烯片是更理想的选择。实验结果表明，对氧化石墨烯/聚苯胺复合材料进行化学还原或电化学还原处理后，材料的电化学性能可以得到明显提高。

由于聚苯胺与石墨烯之间仅通过范德华力和 π-π 共轭作用等连接，非共价修饰的杂化电极材料在使用过程中均存在聚苯胺容易从石墨烯表面脱落的问题。此外，聚苯胺/石墨烯界面缺乏有效的应力转移，使电极材料的力学性能仍需改进。通过改变聚合物修饰的途径（共价键或非共价键）以及在石墨烯与聚合物本体间引入柔性的中间相结构，两者的界面相互作用强弱亦可得到调节。

人们也通过对石墨烯表面进行官能化修饰或共价接枝聚苯胺，进一步提高石墨烯与聚苯胺的相容性和界面相互作用。Liu 等首先采用草酸与氧化石墨烯片层上的大量含氧官能团进行反应，得到羧基化氧化石墨烯（CFGO），然后再与苯胺溶液混合并进行原位氧化聚合［图 6-9 (a)］。与直接利用石墨烯边缘羧基进行的修饰不同，聚苯胺主链上氨基的氮原子可以与氧化石墨烯面内的大量含氧官能团发生相互作用，因而聚苯胺在石墨烯上的修饰密度更高且更均匀。他们制得的杂化电极材料显示了良好的电化学性能，如比电容达到了 525F/g，远高于未经修饰的氧化石墨烯/聚苯胺的比电容（323F/g）。Shen 等研究了氧化石墨烯、还原石墨烯、氮掺杂还原石墨烯（N/RGO）以及氨基修饰的还原石墨烯（NH₂/RGO）四种载体对聚苯胺/石墨烯杂化电极材料性能的影响 [图 6-9（b）]。石墨烯的表面化学对聚苯胺的原位生长非常重要，甚至会导致比电容产生数量级的改变。氨基修饰还原聚苯胺/石墨烯杂化材料具有高达 500F/g 的比电容，且在 680次充放电循环后没有电容量的明显损失。然而，氮掺杂还原聚苯胺/石墨烯的比电容仅为 68.47F/g，远低于还原聚苯胺/石墨烯的比电容（207.11F/g）。究其原因，可认为氨基修饰还原石墨烯中的氨基可以与质子发生反应形成亚胺或质子化的氨基，从而消耗了电介质中的 H⁺，并使硫酸的电离平衡向电离方向移动。这有助于聚苯胺的掺杂与去掺杂过程，因而提高了杂化电极材料的比电容。

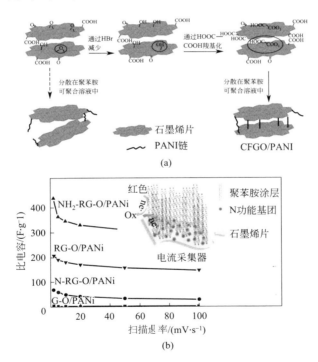

图 6-9　（a）CFGO-聚苯胺构筑的示意图，（b）不同表面功能化石墨烯加载 10%聚苯胺后的比电容与扫描速率（2mV/s 至 100mV）的函数关系

Liu 等提出了一种在石墨烯表面共价接枝聚苯胺的方法，通过 SOCl₂ 与石墨烯反应使其酰氯化后再与聚苯胺上的氨基反应形成酰胺键，实现了聚苯胺纳米纤维在石墨烯上的共价修饰。修饰后的电极材料具有良好的电导率和比电容，其比

电容最高可达 623.1F/g。此外，Tao 等也利用酰胺化反应在石墨烯表面接枝上巯基乙胺修饰的聚苯胺纳米纤维。目前，聚苯胺共价接枝主要围绕着形成酰胺键来进行，其他共价键修饰的方法仍有待进一步研究。

此外，在原位聚合过程中，石墨烯在分散液中的润湿性也会对最终性能产生影响。由于在制备过程中采用了惰性气氛下的热还原，氮掺杂还原石墨烯纳米片表面存在着许多石墨化区域和以吡啶氮形式掺杂的氮原子。因此，氮掺杂还原石墨烯在水相分散液中的润湿性较差，不利于聚苯胺的吸附和原位聚合。相反，还原石墨烯和氨基修饰还原石墨烯表面均保留了一定数目的羟基等官能团，具有较好的润湿性。由这两者制得的杂化电极材料性能，相比于氧化聚苯胺/石墨烯均有明显提高。

具有功能化表面的石墨烯可以有助于聚合中的成核过程。这可以控制聚合物链生长，同时将聚合物链共价键合到石墨烯层上。此特征已用于聚苯胺垂直排列生长到功能化石墨烯上以提高聚苯胺用作超级电容器的电化学可及性。由于聚苯胺和石墨烯之间的强键，所以电活性材料显示出良好的循环性。Liu 等发现当聚苯胺有序排列在石墨烯基面上时可以达到最佳性能。Erdenedelger 等证明聚苯胺/石墨烯的最佳比例为 80 : 20 时有最积极的协同效应。依赖石墨烯片的排列，纳米复合材料具有不同的结构，直接影响超级电容器的性能。

6.6.4.3　聚苯胺/石墨烯杂化电极材料的结构优化

尽管用于超级电容器的聚苯胺/石墨烯杂化电极材料取得了长足发展，目前仍有一些关键因素制约着此类材料电化学性能的进一步提高。第一，由于较高的表面能和片层间强烈的 π-π 相互作用，石墨烯非常容易聚集。石墨烯基超级电容器中的石墨烯往往不是以单层形式存在，从而造成电解质离子无法进入部分表面。第二，在化学修饰过程中通常难以避免在石墨烯表面引入缺陷位点和杂原子，这将显著降低化学改性石墨烯的电导率（通常小于 10^2 S/cm）。第三，石墨烯在水和其他有机溶剂中的表面润湿性不佳，使苯胺和电解质中的离子难以在石墨烯表面完成反应并交换电荷。尽管这些能够通过化学修饰部分得到解决，但通常是建立在牺牲石墨烯导电性质的基础上。第四，聚苯胺的电容性能与其合成路径、聚合物形态、添加剂和电极厚度等因素密切相关。考虑到聚苯胺与石墨烯之间存在着一定程度的相互作用，聚苯胺的微观结构往往会受到石墨烯局部环境的影响，因而微观结构的调控也将在一定程度上影响电极性能。为了解决上述问题，人们已经尝试了多种优化聚苯胺/石墨烯复合材料结构的方法。例如制备聚苯胺/石墨烯导电薄膜、构建石墨烯三维多孔网络结构、引入碳纳米管及金属纳米粒子等。

（1）复合薄膜　聚苯胺/石墨烯薄膜相较于其粉状固体颗粒，通常具有更优异的力学性能和电导率，而且在使用时无需添加聚四氟乙烯（PTFE）等黏合剂。考虑到其制备工艺相对简单，薄膜厚度及形貌可以通过各种参数控制，聚苯胺/石墨烯薄膜在超级电容器领域显示出良好的发展前景。

聚苯胺/石墨烯复合薄膜通常是采用电化学沉积法制得的，通过控制施加电压、电流密度、反应时间等来控制薄膜的厚度与微观形态。除此之外，层层组装（LBL）和真空抽滤（VASA）也是制备石墨烯基薄膜的常用方法。真空抽滤的方法较为简便，可以通过控制溶液浓度及用量来控制薄膜的组成与厚度。然而，由于抽滤过程中石墨烯容易发生聚集，所得产物的可进入比表面积往往较小，电化学性能也较差。相比之下，尽管 LBL 方法复杂、耗时，但其能够精确控制复合薄膜的厚度与微观形貌，也能够保证石墨烯以单层形式存在。因此，LBL 方法也逐渐被各研究课题组采用。Sarker 等通过 LBL 方法在硅片或 ITO 基板上构筑了由 15 层氧化聚苯胺/石墨烯组成的超薄复合膜，通过改变聚苯胺或氧化石墨烯的浓度控制薄膜形貌。在低浓度（0.5mg/mL 氧化石墨烯，2mmol/L 聚苯胺）下更能充分保留石墨烯的大比表面积。通过圆二色谱表征，每层氧化石墨烯的厚度仅为 1.32nm，与单层的文献值（1.3nm）非常接近。此外，当进一步采用氢碘酸还原时，可使薄膜的电导率从 2.33S/cm 大幅提升至 53.35S/cm。在 3A/cm^3 的电流密度下，所得电极的体积比电容达到了 584F/cm^3，远高于在 4 倍和 2 倍初始浓度下制备的杂化电极（213F/cm^3 和 389F/cm^3）。Lee 等认为，LBL 方法不仅能够精确控制杂化电极的厚度、内部结构和柔韧性，也能够在充放电循环中提供更好的化学稳定性和良好的电导率。他们发现热处理后的聚苯胺/石墨烯薄膜具有更好的比电容（375.2F/g），充放电循环 500 次后也可保留 90.7% 的电容性能。

Xu 等在 2010 年首次报道了构建导电聚合物/石墨烯层次结构的研究。他们在石墨烯表面垂直生长聚苯胺纳米棒，并调节了三维结构中孔径的大小［图 6-10（a）～（e）］。在 0.2A/g 的放电电流下，复合物电极具有 555F/g 的比电容，几乎达到了没有层次结构的杂化电极（298F/g）的 2 倍。他们认为，电化学性能的改善主要源于聚苯胺具有更大的可进入比表面积（即电解质离子能够进入并交换电荷的比表面积），而这也是与层次结构电极中聚苯胺的含量密切相关的。继续增加聚苯胺的含量有可能会导致密集堆积纳米棒的形成，反而会使电极的可进入比表面积和离子迁移效率有所降低［图 6-10（f）］。与纯聚苯胺相比，聚苯胺/氧化石墨烯三维结构显示出明显改进的比容量和循环稳定性［图 6-10（g），(h)］。Yu 等亦报道了聚苯胺/石墨烯薄膜在含有质量分数为 22.3% 的聚苯胺时具有较高的比电容（763F/g，1A/g），继续增加聚苯胺的含量（33%），反而使得电极的比电容降低至 620F/g。Jiang 等通过调节苯胺和氧化石墨烯的质量比，采用化学原位聚合法合成了具有层状结构的氧化聚苯胺/石墨烯自支撑膜。当两者质量比为 67:1 时，薄膜的层间距约为 1.36nm，并具有更优异的电化学活性。

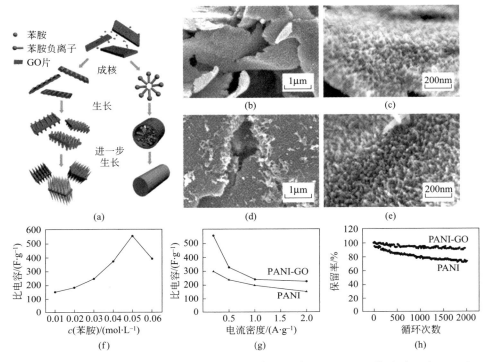

图 6-10 （a）制备聚苯胺/GO 薄膜的示意图，（b，c）0.05mol/L 苯胺时和（d，e）0.06mol/L 苯胺时获得的聚苯胺/GO 的 SEM 图像，（f）聚苯胺/GO 随着苯胺浓度变化的比电容，（g）聚苯胺和聚苯胺/GO 在不同的电流密度下的比电容，（h）聚苯胺和聚苯胺/GO 电极的循环稳定性

　　表面层厚度和有效多孔结构/离子迁移是聚苯胺/石墨烯杂化电极的两个关键要素。Li 等发现这两个关键要素对石墨烯基超级电容器性能的重要影响。通过控制苯胺在石墨烯表面原位聚合的时间，他们在石墨烯多孔薄膜表面涂覆了 24%～67%（质量分数）的聚苯胺薄膜。其中，48% 聚苯胺薄膜的厚度应该小于 1nm。当聚苯胺的含量从 24% 提高至 67% 时，在 10A/g 的电流下，聚苯胺的比电容从 1739F/g 急剧下降至 574F/g，相差了近 3 倍。另外，含有 48% 聚苯胺的杂化电极表现出了极优异的大电流放电能力和循环寿命。当电流密度从 10A/g 提高到 100A/g 时，其原有的 96% 比电容得以保留。在 100A/g 充放电速率下循环 10000 次后，杂化电极仅损失了 7% 的比电容。然而，由于在干燥过程中多孔结构会发生塌缩，干燥后样品仅保留了 66% 的比电容。对聚苯胺/石墨烯超级电容器而言，抑制缓慢的还原过程并提高离子迁移速率是至关重要的。上述结果为优化石墨烯基超级电容器的结构与性能提供了坚实的基础。

　　（2）三维层次结构　三维多孔材料通常是由许多孔径大小不同的纳米孔相互

连通而成的。通过对聚苯胺/碳杂化电极材料的研究，人们已经注意到，介孔结构有利于电解液离子的进入和提升比电容。譬如，以模板法制备的介孔炭材料孔径可控且分布窄，结构规则，因而电化学性能优良。同样地，引入石墨烯三维网络多孔结构能够有效提高电极材料的电化学性能。在这种层次结构中，直径大于50nm的大孔有利于电解质离子渗透并浸润石墨烯的内表面，从而提高电极的功率密度和循环寿命；直径在 $2\sim50$ nm 的介孔和小于 2nm 的微孔则可以显著增加复合材料的比表面积和比电容。Chen 等通过在硫酸铵溶液中还原氧化石墨烯，得到了孔径在 $2.2\sim20$ nm 的多孔结构。所得还原石墨烯比表面积达到了 $615m^2/g$，比电容为191F/g，并且经过 2000 次充放电循环后，仍有 95% 的比电容得以保留。另外，由于在原位聚合的过程中，苯胺单体的扩散行为得到改善，所制得的聚苯胺纳米颗粒也显示出可控的尺寸和形貌。

Dong 等通过镍泡沫作为模板，采用化学气相沉积（CVD）法制备得到具有三维多孔结构的石墨烯。在酸性环境下原位聚合苯胺单体，即可在此石墨烯泡沫上沉积聚苯胺，所得聚苯胺/石墨烯杂化电极材料具有较高的比电容（在 4A/g放电电流下为 346F/g）。此方法可大量制备超轻、价格便宜的石墨烯泡沫，并可应用于能源储存等领域。通过将新制备的氧化石墨烯置于玻璃瓶中，在真空下加热至 150℃ 并恒温 45min，Liu 等也制得了具有三维网络结构和高度导电性的石墨烯材料。当在这些网络上进行聚苯胺原位聚合时，所得杂化电极的比电容可达463F/g。

尽管目前有不少研究工作证实了三维网络结构对提高超级电热器性能的重要性，但值得注意的是，他们制得的超级电容器仍未充分利用石墨烯的超高比表面积。Liu 等所得电容器的 BET 测试结果仅为 $78m^2/g$，远低于石墨烯的理论值 $2630m^2/g$。这是因为目前的工作主要集中在大孔网络的制备上，对介孔和微孔的引入还相对有限，这使得杂化电极的可进入比表面积和比电容没有产生实质性的改进。介孔和微孔的引入可以通过 KOH 活化实现。通过控制反应条件可以在石墨烯表面刻蚀出直径为 $0.6\sim5$ nm 的微孔和介孔，从而显著提高材料的比表面积，其比表面积高达 $3100m^2/g$，甚至超过了石墨烯的理论值。由此制得的超级电容器具有良好的循环活性，其能量密度可达 $20W\cdot h/kg$，在 5.7A/g 放电电流下的功率密度可达 75kW/kg，分别是商用碳基超级电容器的 4 倍和 10 倍。

此外，Chen 等也提出了一种制备层次结构石墨烯电极的新方法。只需少量氧化石墨烯（质量分数 1%～5%），一些工业聚合物如蔗糖、纤维素和聚乙烯醇等可通过水热处理转化为单层石墨烯构成的三维结构［图 6-11 (a),(b)］，KOH活化可产生高达 $3523m^2/g$ 的比表面积以及能量密度为 $98W\cdot h/kg$（电解质为 $EMIMBF_4$）的石墨烯电极。这些突出性质是源于其超高的可进入比表面积和合理的孔径分布［图 6-11 (c)］，后者能使电解质离子在多孔结构中快速迁移。这种改进的电解质离子迁移效率使得电极在充放电循环 5000 次后仍可保持 99％以上的电容性能［图 6-11（d）］。尽管三维结构对于改进电容器性能是重要的，但目前将其应用于聚苯胺/石墨烯杂化电极材料中的研究仍不多见。

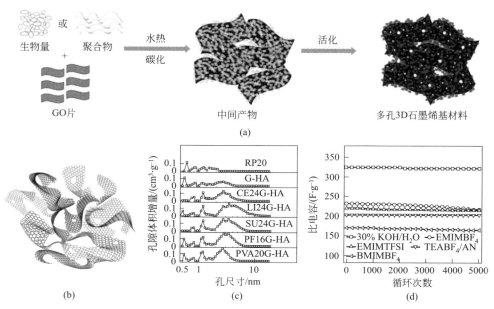

图 6-11 （a） 3D 石墨烯网络的制备路线，（b） 3D 石墨烯网络的示意图，（c）不同石墨烯网络孔尺寸的分布（d）基于 PF16G-HA 的超级电容器在不同电解质中 1A/g 时的循环稳定性

聚苯胺/石墨烯超级电容器研究取得了长足发展，有望广泛应用于高性能的能量储存设备中。对高性能的超级电容器而言，理想的能量密度和功率密度、良好的大电流放电能力以及较长的循环寿命都是不可或缺的，这又主要取决于对电极组成和结构的合理设计。直至目前，聚苯胺/石墨烯超级电容器的发展仍然处于起始阶段，许多基础问题需要进一步研究。如何解决石墨烯在电极材料中的聚集、改善化学修饰石墨烯的电导率和表面浸润性，提高电极材料的可进入比表面积，以及优化聚苯胺的微观结构仍然是目前所面临的几个关键问题。

并且如果想要达到商业应用的要求，仍然面临很大的挑战：①目前实验室制备的 Gr，大多数都是采用石墨的氧化还原法，这种方法的优点是简单、可低成本、大规模生产，但是会带来大量废酸，必然会对环境带来一定的破坏性；②GO 氧化程度对聚苯胺/石墨烯复合材料的结构、形貌和电化学性能的影响，目前还不是很清楚；③前驱体 GO 表面的含氧官能团对聚苯胺的形貌的影响，目前也尚不清楚；④采用不同方法对 GO 进行还原，对聚苯胺/石墨烯复合材料电化学电容性能的影响，仍需要进一步深入研究；⑤对于聚苯胺/石墨烯复合材料的商业应用，开发一种低成本和环境友好的合成方法，仍然是未来的一个重大课题。随着人们对于这些挑战的深入研究，聚苯胺/石墨烯复合材料必将作为一种具有发展潜力的超级电容器的电极材料，聚苯胺/石墨烯超级电容器有望在能量转换、航天系统、通信工程、计算机及微电子器件领域发挥重要的作用。

（3）引入第三组分　由具有强赝电容金属氧化物、高比表面积碳和聚苯胺组成的三组分纳米复合材料最近成为开发超级电容器的一个有吸引力的选择。这个想法就是所有这些三个组分都有助于比电容，通过利用每个优点并避免其缺点来获得更高的电导率、更高的比表面积以及氧化还原点更好的电化学可接近性。此外，通常认为协同效应也有助于超级电容器的性能，但尚未在这方面提供令人信服的证据。

为了提高聚苯胺/石墨烯复合材料导电性和比容量，Sawangphruk 等将高电导性的银纳米颗粒（AgNPs）引入到聚苯胺/石墨烯复合材料中，研究表明，当 AgNPs、聚苯胺和 Gr 质量比是 0.1∶1∶1 时，将复合材料涂覆在碳纤维纸上，材料表现出很好的电容特性和循环稳定性。在电流密度是 1.5A/g 时，最大比容量为 828F/g，经过 3000 次充放电循环后，容量保持率是 97.5%。Liu 等对 MWCNTs 部分开管，得到三维 Gr 纳米带-CNTs（GNR-CNT）材料。在其表面进行 An 单体原位氧化聚合负载聚苯胺纳米颗粒，得到 PANI/GNR-CNT 复合材料。两电极电池电化学测试的结果表明，在电流密度是 0.5A/g 时复合材料的比电容为 890F/g，GNR-CNT 材料是 195F/g，纯聚苯胺是 283F/g。经过 1000 次充放电循环后，容量保持率是 89%。Maiti 等在 Gr 的酸性溶液中进行 $CoCl_2$ 掺杂 An 原位聚合制备 $CoCl_2$ 掺杂的聚苯胺/Gr 纳米片复合材料（PGC），其在 10mV/s 时，最大比容量和能量密度分别达到 634F/g 和 427W·h/kg。通过控制 Gr 和 $CoCl_2$ 掺杂的聚苯胺的比例，可以使复合材料具有很好的导电性。

为了提高复合电极材料的电容性质，金属氧化物经常被引入而形成三元复合体系，其中导电聚合物和金属氧化物复合材料可以结合并充分发挥两者各自的优点。$Gr/Fe_2O_3/PANI$ 的纳米复合材料可以提供 638F/g 的比电容，5000 次充放电循环后容量保持率为 92%。在一般结构中，金属氧化物可以很好地固定在石墨烯上，提供了基底固定聚苯胺的极好效果。即使在聚苯胺电沉积到活性物质的过程中，关键步骤是在电极表面形成金属氧化物，聚合物链适当地锚固到基板表面上。石墨烯/金属氧化物衬底为聚苯胺垂直生长提供了可能性。例如，在石墨烯/ZrO_2 上生长的聚苯胺显示的比电容为 1360F/g。Giri 等通过原位水热法制备 Gr/ZrO_2 复合材料，在 ZrO_2 表面进行 An 氧化聚合合成 $Gr/ZrO_2/PANI$ 三元复合材料（GZP）。研究发现，聚苯胺形貌与 ZrO_2 含量有很大的关系，当 ZrO_2 与 An 质量比大于 1 时，形成的聚苯胺为球形；当比例是 0.5 时，主要形成的聚苯胺为管状；当比例是 1 时，形成的聚苯胺形貌是纳米纤维状。这主要是由于 Gr

表面 ZrO_2 对于 An 的合成起到催化和掺杂的作用。所得管状 GZP 材料比表面积为 $207.1m^2/g$，电导率为 $70.8S/cm$。电化学测试结果表明，在 $1mV/s$ 时，比容量为 $1359.99F/g$。

6.7 聚苯胺混杂型超级电容器

混杂型超级电容器又称为不对称超级电容器，含聚苯胺的混杂型电容器通常是指在电极两侧的电极物质不同，一侧以聚苯胺为主，另一侧以多孔活性炭电极材料为主。在储能过程中，一侧发生可逆的氧化还原反应，而另一侧则发生体相内可逆的氧化还原反应。由纯聚苯胺制备的超级电容器的电位稳定窗口通常较低，一般小于 $0.6V$。通过采用活性炭和聚苯胺制备的混杂型超级电容器可以明显提高电极的稳定电位窗口，从而有效地提高超级电容器的能量密度。Wang 采用化学氧化聚合法制备了纯聚苯胺电极材料，同时以二次活化法制备了高比表面积的活性炭材料。以聚苯胺为正极，以活性炭为负极，以 38% 的硫酸溶液为电解液，组成的超级电容器的稳定电位窗口可达 $1.4V$，其最大比能量和比功率可达 $15.5W \cdot h/kg$ 和 $2.4W/kg$，同时与双电层电容器相比，该混合电容器还具有较低的自放电率。张庆武等以聚苯胺/C 为正极，以活性炭电极材料为负极，同样将混杂型电容器的稳定电位窗口提高到了 $1.4V$，其能量密度达到 $8.4W \cdot h/kg$；Khomenko 则以聚苯胺/碳纳米管为正极，以聚吡咯/碳纳米管为负极组成了混合电容器。该电容器模型表现出了良好的循环性能，单电极的比电容量可达到 $320F/g$，但由于两侧都发生了可逆的氧化还原反应，对电极材料稳定电位提高的幅度不大，仅能达到 $0.6V$。

6.8 聚苯胺全固态超级电容器

小型化、薄膜化是目前所有电子元器件的发展方向，而采用液态电解质的超级电容器限于封装、密闭等问题，很难实现小型化和薄膜化。超级电容器通常使用的液态电解液可以分为两类：一类是水系电解液，另一类是有机系电解液。对水系电解液而言，尽管具有电导率高、原料易得等优点，但采用水系电解液通常电位稳定窗口都比较低，不超过 $0.9V$，而且由于酸碱的强腐蚀性，极易因器壁的腐蚀而造成元器件的泄露。当采用有机系电解液时，由于有机溶剂分解电压较高，其稳定电位可达到 $2.5V$，但有机电解液必须完全隔绝水和空气，所以必须严格封装。与上述两种电解液相比，采用固体电解质的全固态超级电容器具有便于装配、无渗漏、自放电小等优点。在使用固体电解质制备全固态超级电容器时，电解质与电极材料之间的电荷传递是亟须解决的关键问题。

当选用多孔碳材料作为电极材料时，由于其储能原理是电解质中的电荷在电极表面形成双电层结构，电解质必须完全包覆电极材料，同时电解质中的离子要能够扩散到电极材料的孔隙中去，而黏度大、流动性差的固体电解质很难实现这一点；但当采用聚苯胺作电极材料时，在储能过程中，在电极表面所发生的是质子或其他离子在体相内发生的可逆的氧化还原反应，只要电解质与电极材料接触即可使离子嵌入体相从而完成脱掺杂过程。Ko 采用不同配比的 H_2SO_4 与亲水性 SiO_2 反应，分别制备了液态、凝胶态和固态电解质，其中固态电解质的电导率可达到 $1.5×10^{-1}S/cm$。

制备聚苯胺全固态超级电容器必须保证在固体电解质中有可自由移动且能在聚苯胺高分子链上自由脱掺杂的离子，由于质子是聚苯胺掺杂的主要离子，所以质子导电高分子膜就成为制备聚苯胺类全固态超级电容器的首选。常用的质子导电膜主要是 Nafion 树脂，但由于 Nafion 树脂膜的价格昂贵，很难实现大规模的使用。Sivaraman 采用磺化聚醚醚酮为固体电解质，以聚苯胺为电极材料制备了全固态超级电容器，电位稳定窗口为 0.75V，固体电解质与电极材料的界面阻抗为 1.65Ω，但聚苯胺的电极容量仅 28F/g。这是由于固体电解质中可自由移动的硫酸根含量太低。

6.9 聚苯胺超级电容器的显著特征

（1）柔性超级电容器 由于对各种便携式设备电化学电源需求的不断增加，柔性已成为关键优势和严重需求。这对超级电容器来说更容易实现，因为反应优选在电极表面进行，不同于电池的氧化还原反应发生在电极材料的深处。基于聚苯胺的超级电容器具有类似于可充电电池的氧化还原机制，但这些导电聚合物是高度灵活的。因为机械拉伸不会破坏电活性材料，聚苯胺有希望制备成柔性超级电容器。

最常见的方法是直接在 1D 碳纳米材料（例如纳米管、纳米纤维等）上沉积聚苯胺，随后可用于制备柔性片。另一种制备柔性纳米复合材料的方法是，在碳布上沉积聚苯胺。在这种情况下，制造的超级电容器不仅是柔性的而且还可以提供 1079F/g 的高比电容，因为整个碳布纳米结构中扩散途径的可接近性更好。

聚苯胺也可以电沉积在柔性石墨烯基底上。由于聚苯胺基质是自然柔韧，基材的柔韧性不会导致机械性外层破裂。此外，制备柔性超级电容器还有简单的新方法。铅笔石墨涂在普通纸上可以用作电沉积聚苯胺的石墨基材，制造的超级电容器电容为 $355.6mF/cm^2$，10000 次充放电循环后电容保持率为 83%。当然，还有其他制备聚苯胺/碳纤维的方法，可用于制备柔性片。例如，聚苯胺和碳纳米纤维可以排列以形成复合纤维，可以用于制造柔性微超级电容器。

（2）智能超级电容器 在能量存储系统的现代应用中，外部电子设备总是用于报告充放电的程度。由于最近智能材料的发展，有可能直观地显示充放电的程度。为此，所有电活性材料应显示视觉响应而改变整体透明度。聚苯胺是一个众所周知的电致变色材料，因此能够形成显示其储能状态的电致变色材料纳米复合材料。Tian 等使用氧化钨作为电致变色材料制造超级电容器；虽然性能仅可以接受，但电池可以明显地显示其充放电程度。

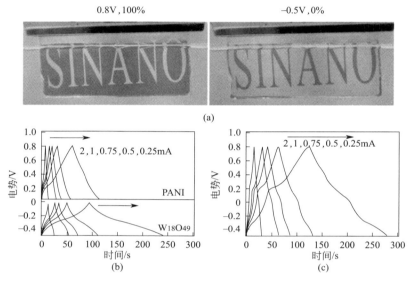

图 6-12　视觉变化如何显示充放电的程度

图 6-12（a）超级电容器电极在几种典型状态下的图像显示通过图案颜色方案识别传送的存储能量。图像是从保持在石英池的 H_2SO_4 水溶液中的电容过程中拍摄的视频的帧序列中提取的。当电容器充满电时，图案区域是透明的，而背景是蓝色的。当放电完成时，图案在透明背景上是蓝色的。通过简单地阅读电容器的配色方案，可以很容易地判断充电状态，这是超级电容器发展的重要一步。图 6-12（b）基于 $W_{18}O_{49}$ 纳米线和聚苯胺的电极分别在 0.5～0V 和 0～0.8V 下在不同电流密度下工作的恒电流充电放电曲线。图 6-12（c）智能超级电容器在不同电流密度下显示 0.5～0.8V 的加宽工作窗口的恒电流充电放电曲线。

（3）高倍率超级电容器　由于聚苯胺超级电容器是基于聚苯胺氧化还原系统的赝电容，聚合物基质内的固态扩散降低倍率特性并朝着电池性能方向改变电化学行为。在微超级电容器中，因为电活性薄膜不厚，电化学反应主要在聚苯胺表面进行。在这种情况下，聚苯胺是能够以非常高的倍率（1000V/s）实现超级电容器性能的。

（4）电解电容器　电解电容器是最古老的电化学类型电容器，其中两个铝箔被电介质电解质隔开。由于成本低，它们在商业上很受欢迎，但是液体电解质的泄漏是一种严重的安全风险。聚苯胺有希望成为电解电容器的固体电解质。一种新颖简单的设计已被用于将聚苯胺层夹在两层之间的石墨烯薄膜层中制造一种独立的纸。

（5）聚苯胺作为碳前驱体　除了是一种很有前景的超级电容器电活性材料，聚苯胺可以作为用于双层超级电容器的碳质纳米材料合成的前驱体。各种有机材料可以碳化形成碳质纳米材料。对于超级电容器的应用，众所周知，由于氮杂原子把化学不均匀性引入到碳有序结构中，氮掺杂可以显著改善电化学性能。聚苯胺作为碳原料的优点是天然存在氮，可以固有地掺杂在碳结构中。该方法的主要优点是苯胺聚合是一个简单而直接的过程，因此，可以在各种作为模板的材料上轻松进行。例如，细菌纤维素已被用作骨架制备用于转化为超级电容器碳的聚苯胺。在另一方面，聚苯胺衍生的碳用于超级电容器具有优势，因为前驱体具有电化学活性，不完全碳化不是问题。

6.10　超级电容器用导电聚苯胺的发展方向

聚苯胺的电化学行为主要取决于本身的结构特点，与碳电极材料相比，聚苯胺电极材料主要通过快速可逆的脱掺杂氧化还原反应来完成储能过程，与 MnO_2、NiO 等利用法拉第准电容进行储能的金属氧化物电极材料相比，聚苯胺的整个体相均发生了氧化还原反应，所以与碳电极材料和普通金属氧化物材料相比，其单电极的比电容量可达到 $450F/g$，远大于水系中碳电极材料和金属氧化物材料的比电容量（$200F/g$）。

超级电容器作为一种能量储存器件，其性能的衡量指标主要有：比电容、内阻、能量密度、功率密度等。对聚苯胺电极材料而言，电极高比电容是其最显著的优点，但限于聚苯胺的结构特点和储能特性，聚苯胺在超级电容器方面的应用也受到了限制，例如：在电极的充放电过程中，在充电和放电结束时，聚苯胺电极材料分别处于全掺杂态和全脱掺杂态，而在这两种状态下，聚苯胺的电导率都很低，这使超级电容器的内阻升高。同时由于在充放电过程发生的是整个体相掺杂的氧化还原反应，掺杂离子的反复嵌入和脱出使得聚苯胺的体积反复膨胀和收缩，这会造成高分子链的破坏，使得聚苯胺电极的比电容量迅速衰减，循环性能变差。同时，由于聚苯胺质子脱掺杂发生在固定的电位范围内，所以聚苯胺的稳定电位窗口较低，从而影响到了能量密度。鉴于上述原因，为拓展聚苯胺在超级电容器领域的应用，常常采用各种措施改善其结构上的缺陷，例如利用碳和聚苯胺的复合以提高电导率和聚苯胺的分散度，通过锂盐掺杂或者通过与碳电极组装成混合电容器以提高其稳定电位窗口等。

今后超级电容器用聚苯胺的发展方向可集中在以下几个方面。

（1）合成工艺条件和掺杂剂的优化　　通过对合成工艺条件和掺杂剂的优化，可进一步明晰在氧化还原过程中聚苯胺分子链上发生的结构变化，制备出稳定的聚苯胺高分子骨架，在保证聚苯胺电极材料高比容量的同时，改善其循环性能。

（2）薄膜超级电容器的制备　　由于聚苯胺链的强刚性与链间强的相互作用使其溶解性极差，相应地可加工性也很差，很难直接制备聚苯胺高分子导电薄膜，但倘若采用与其他力学性能良好的高分子薄膜（如聚氨酯）进行共聚或者复合，同样可以制备出薄膜高分子电极。与薄膜高分子电解质联用制备出薄膜超级电容器，将会在集成电路等微电子领域进一步拓展超级电容器的应用领域。

（3）聚苯胺电极材料的形貌控制　　Barsukov 和 Volfkovich 提出了聚苯胺电极的离子扩散与赝电容模型，聚苯胺的电容特性可以看成是由高分子链与掺杂阴离子形成多个微电极的集合，而聚苯胺电极材料的电化学性能则是聚苯胺的内在结构（结晶度、孔隙度、高分子链的形状与聚集状态）的外在表现。在聚苯胺电极材料的充放电过程中，电解液中掺杂阴离子的扩散过程，包括通过微孔结构扩散到聚苯胺表面和在聚苯胺电极内部的扩散，是决定聚苯胺电极材料电化学性能的主要因素。当聚苯胺电极材料具有均匀分布且均一的孔隙，以及在聚苯胺内部具有均一柔顺的分子链时，将有利于阴离子的扩散和电化学活性的保持。聚苯胺的形貌控制主要有控制电位电沉积法、模板法和液相界面聚合法等，其主要目的都是通过特定的条件来控制苯胺的定向聚合和生长，使聚苯胺高分子链沿特定方向均匀分布，从而有利于阴离子在电极材料内部的扩散，有效抑制在脱掺杂过程中的溶胀现象，改善循环性能，同时提高高分子链上活性位置的有效利用率，保证较高的能量密度。

参 考 文 献

[1]　杨蓉，康二维，崔斌，等．超级电容器聚苯胺电极材料的研究进展［J］．工程塑料应用，2010，38（5）：85-88.

[2]　李晶，赖延清，李颉，等．导电聚苯胺电极材料在超级电容器中的应用及研究进展［J］．材料导报，2006，20（12）：20-23.

[3]　Eftekhari A，Li L，Yang Y. Polyaniline Supercapacitors［J］．Journal of Power Sources，2017，347：86-107.

[4]　Conway B E. Transition from "Supercapacitor" to "Battery" Behavior in Electrochemical Energy Storage［J］．Journal of The Electrochemical Society，1991，138（6）：1539-1548.

[5]　卢海，张治安，赖延清，等．超级电容器用导电聚苯胺电极材料的研究进展［J］．电池，2007，37（4）：309-311.

[6]　Ivanov S，Mokreva P，Tsakova V，et al. Electrochemical and Surface Structural Characterization of Chemically and Electrochemically Synthesized Polyaniline Coatings［J］．Thin Solid Films，2003，441（1-2）：44-49.

[7]　Mondal S K，Prasad K R，Munichandraiah N. Analysis of Electrochemical Impedance of Polyaniline

Films Prepared by Galvanostatic，Potentiostatic and Potentiodynamic Methods［J］. Synthetic Metals，2005，148（3）：275-286.

［8］ 崔利，李娟，张校刚. 新型质子酸掺杂聚苯胺的合成及其电化学电容行为［J］. 功能高分子学报，2008（3）：301-305.

［9］ 米红宇，张校刚，吴全富. 聚合温度对乙酸掺杂聚苯胺电化学电容行为的影响［J］. 高分子材料科学与工程. 2007，23（4）：128-131.

［10］ 吕新美，吴全富，米红宇，等. 低温合成樟脑磺酸掺杂聚苯胺微管的电化学电容行为［J］. 物理化学学报，2007（6）：820-824.

［11］ Ryu K S，Kim K M，Park N G，et al. Symmetric Redox Supercapacitor with Conducting Polyaniline Electrodes［J］. Journal of Power Sources，2002，103（2）：305-309.

［12］ 陈高峰，徐杰，周寻，等. 氧化钌/聚苯胺复合材料的制备与电化学性能研究［J］. 石油化工高等学校学报，2009，22（4）：1-4.

［13］ He S，Hu X，Chen S，et al. Needle-like Polyaniline Nanowires on Graphite Nanofibers：Hierarchical Micro/nano-architecture for High Performance Supercapacitors［J］. Journal of Materials Chemistry，2012，22（11）：5114-5120.

［14］ 贾羽洁，刘姝娜，蒋剑春，等. 应用于超级电容器中聚苯胺-活性炭复合材料的研究进展［J］，太阳能学报，2012，33：103-107.

［15］ Ko J M，Song R Y，Yu H J，et al. Capacitive Performance of the Composite Electrodes Consisted of Polyaniline and Activated Carbons Powder in a Solid-like Acid Gel Electrolyte［J］. Electrochimica Acta，2004，50（2-3）：873-876.

［16］ Wu G，Li L，Li J H，et al. Polyaniline-carbon Composite Films as Supports of Pt and PtRu Particles for Methanol Electrooxidation［J］. Carbon，2005，43（12）：2579-2587.

［17］ Chen W C，Wen T C，Teng H. Polyaniline-Deposited Porous Carbon Electrode for Supercapacitor［J］. Electrochimica Acta，2003，48（6）：641-649.

［18］ Bleda-Martínez M J，Morallón E，Cazorla-Amorós D. Polyaniline/Porous Carbon Electrodes by Chemical Polymerisation：Effect of Carbon Surface Chemistry［J］. Electrochimica Acta，2007，52（15）：4962-4968.

［19］ 张钦仓，宋怀河，陈晓红，等. 聚苯胺/活性炭复合材料的制备及电化学性质［J］. 电源技术，2008（2）：109-112.

［20］ 金玉红，王莉，尚玉明，等. 超级电容器用石墨烯-聚苯胺复合材料的研究进展［J］. 化学通报，2014，77（11）：1045-1053.

［21］ Huang Y F，Lin C W. Facile Synthesis and Morphology Control of Graphene Oxide/Polyaniline Nanocomposites via in-situ Polymerization Process［J］. Polymer，2012，53（13）：2574-2582.

［22］ Zhang K，Zhang L L，Zhao X S，et al. Graphene/Polyaniline Nanofiber Composites as Supercapacitor Electrodes［J］. Chemistry of Materials，2010，22（4）：1392-1401.

［23］ 陈仲欣，卢红斌. 石墨烯-聚苯胺杂化超级电容器电极材料［J］. 高等学校化学学报，2013，34（9）：2020-2033.

［24］ 魏祥，裴广玲. 石墨烯/聚苯胺复合材料在超级电容器中的研究进展［J］. 高分子通报，2016（3）：6-15.

［25］ Wang H，Hao Q，Yang X，et al. Effect of Graphene Oxide on the Properties of Its Composite with Polyaniline［J］. ACS Applied Materials & Interfaces，2010，2（3）：821-828.

[26] Mao L，Zhang K，Chan H S O，et al. Surfactant-Stabilized Graphene/Polyaniline Nanofiber Composites for High Performance Supercapacitor Electrode [J]. Journal of Materials Chemistry，2011，22：80-85

[27] Meng Y，Wang K，Zhang Y，et al. Hierarchical Porous Graphene/Polyaniline Composite Film with Superior Rate Performance for Flexible Supercapacitors [J]. Advanced Materials，2013，25（48）：6985-6990.

[28] Liu Y，Ma Y，Guang S，et al. Facile Fabrication of Three-Dimensional Highly Ordered Structural Polyaniline - Graphene Bulk Hybrid Materials for High Performance Supercapacitor Electrodes [J]. Journal of Material Chemistry A，2014，2：813-823

[29] Feng X M，Li R M，Ma Y W，et al. One-Step Electrochemical Synthesis of Graphene/Polyaniline Composite Film and Its Applications [J]. Advanced Functional Materials，2011，21（15）：2989-2996.

[30] Jiang X，Setodoi S，Fukumoto S，et al. An Easy One-Step Electrosynthesis of Graphene/Polyaniline Composites and Electrochemical Capacitor [J]. Carbon，2014，67：662-672.

[31] Gao Z，Yang W，Wang J，et al. Electrochemical Synthesis of Layer-by-Layer Reduced Graphene Oxide Sheets/Polyaniline Nanofibers Composite and Its Electrochemical Performance [J]. Electrochimica Acta，2013，91：185-194.

[32] Wang D W，Li F，Zhao J，et al. Fabrication of Graphene/Polyaniline Composite Paper *via In Situ* Anodic Electropolymerization for High-Performance Flexible Electrode [J]. Acs Nano，2009，3（7）：1745-1752.

[33] Zhang Q，Li Y，Feng Y，et al. Electropolymerization of Graphene oxide/polyaniline composite for high-performance supercapacitor [J]. Electrochimica Acta，2013，90：95-100.

[34] Xue M，Li F，Zhu J，et al. Structure-Based Enhanced Capacitance：In Situ Growth of Highly Ordered Polyaniline Nanorods on Reduced Graphene Oxide Patterns [J]. Advanced Functional Materials，2012，22（6）：1284-1290.

[35] Cong H P，Ren X C，Wang P，et al. Flexible Graphene - Polyaniline Composite Paper for High-Performance Supercapacitor [J]. Energy & Environmental Science，2013，6：1185-1191.

[36] Ma B，Zhou X，Bao H，et al. Hierarchical Composites of Sulfonated Graphene-Supported Vertically Aligned Polyaniline Nanorods for High-Performance Supercapacitors [J]. Journal of Power Sources，2012，215：36-42.

[37] Luo Y，Kong D，Jia Y，et al. Self-Assembled Graphene@PANI Nanoworm Composites with Enhanced Supercapacitor Performance [J]. RSC Advances，2013，3：5851-5859.

[38] Zhou S，Zhang H，Zhao Q，et al. Graphene-Wrapped Polyaniline Nanofibers as Electrode Materials for Organic Supercapacitors [J]. Carbon，2013，52：440-450.

[39] Sarker A K，Hong J D. Electrochemical Reduction of Ultrathin Graphene Oxide/Polyaniline Films for Supercapacitor Electrodes with a High Specific Capacitance [J]. Colloids and Surfaces A：Physicochemical and Engineering Aspects，2013，436：967-974.

[40] Wu Q，Xu Y，Yao Z，et al. Supercapacitors Based on Flexible Graphene/Polyaniline Nanofiber Composite Films [J]. ACS Nano，2010，4（4）：1963-1970.

[41] Zhang K，Mao L，Zhang L L，et al. Surfactant-Intercalated，Chemically Reduced Graphene Oxide for High Performance Supercapacitor Electrodes [J]. Journal of Materials Chemistry，2011，21

(20): 7302-7307.

[42] Khomenko V, Frackowiak E, Béguin F. Determination of the Specific Capacitance of Conducting Polymer Nanotubes Composite Electrodes Using Different Cell Configurations [J]. Electrochimica Acta, 2005, 50 (12): 2499-2506.

[43] Sivaraman P, Kushwaha R K, Shashidhara K, et al. All Solid Supercapacitor Based on Polyaniline and Crosslinked Sulfonated Poly [ether ether ketone] [J]. Electrochimica Acta, 2010, 55: 2451-2456.

[44] Tian Y, Cong S, Su W, et al. Synergy of $W_{18}O_{49}$ and Polyaniline for Smart Supercapacitor Electrode InteGrated with Energylevel Indicating Functionality [J]. Nano Letters, 2014, 14: 2150-2156.